高等职业教育系列教材

印刷材料（第二版）

艾海荣　主编

艾海荣　陈欢　杨品　编著
周玉松　主审

图书在版编目（CIP）数据

印刷材料 / 艾海荣主编. —2版. —北京：中国轻工业出版社，2024.12

教育部高职高专印刷与包装专业教学指导委员会双元制示范教材

ISBN 978-7-5184-0974-7

Ⅰ.①印… Ⅱ.①艾… Ⅲ.①印刷材料–高等职业教育–教材 Ⅳ.①TS802

中国版本图书馆CIP数据核字（2016）第123642号

责任编辑：杜宇芳

策划编辑：林　媛　杜宇芳　　责任终审：劳国强　　封面设计：锋尚设计
版式设计：王超男　　　　　　责任校对：吴大朋　　责任监印：张京华

出版发行：中国轻工业出版社（北京鲁谷东街5号，邮编：100040）

印　　刷：三河市万龙印装有限公司

经　　销：各地新华书店

版　　次：2024年12月第2版第8次印刷

开　　本：787×1092　1/16　印张：15

字　　数：340千字

书　　号：ISBN 978-7-5184-0974-7　　　定价：59.80元

邮购电话：010-85119873

发行电话：010-85119832　010-85119912

网　　址：http://www.chlip.com.cn

Email：club@chlip.com.cn

版权所有　侵权必究

如发现图书残缺请与我社邮购联系调换

242318J2C208ZBW

序

  20世纪80年代初，随着中德两国政府教科书印刷援助合作项目落户安徽，先进的印刷设备与普遍落后的员工技术素质之间的矛盾便日益凸显出来。对此，中德业界的有识之士们很快意识到，单纯地依靠技术援助和设备引进根本不可能快速提高中国的印刷技术水平和印品质量，而全面提升中国印刷从业人员的技术素质和规范化理念才是达成项目合作目的的关键。在这种共识上，"合肥中德印刷培训中心"（德文简称CDAD）便在中德双方的通力合作下于1995年底诞生了。该项目合作的开宗明义便是"引进德国'双元制'职业教育模式，培养中国印刷包装行业生产一线急需的应用型技能人才"。"双元制"职业人才培养模式在德国的职业教育所取得的巨大成功是举世闻名的，借鉴"双元制"人才培养模式探索中国印刷职业教育道路便从一开始即成为CDAD人的主攻课题。

  "双元制"强调把人才培养的着眼点始终放在应用技能的养成和提升上，寻求理论知识与应用技能操作的最佳结合点，并根据工种、岗位的特征合理设计基础理论传授和应用操作技能指导的最佳配比，将一线岗位对人才能力结构的要求扎实贯彻到人才培养的全过程，从而实现以就业为导向、技能为核心的职业教育定位。

  十余年来，在CDAD项目的支持下，已有十多所德国印刷职业院校的教师和企业专家来我院指导教学工作、培训教师，学院也先后派遣四十多位专业教师到德国相关院校和企业进行专业进修。经过不断的学习和摸索，我们在借鉴德国"双元制"教育经验，探索适合中国国情的"双元制"印刷职业教育过程中得出几条非常重要的结论：一是学校的专业设置永远处于动态演进的过程中，必须始终以企业的实际需求为导向；二是传统的课程体系必须进行改革，遵循专业基础知识必需、够用，着力操作技能培养的原则；三是紧扣职业教育特点，坚持"双纲"（即理论教学和实训教学）教学，不可片面追求理论教学的知识系统性和完整性，而应强调基础理论的应用性，将模块化的技能操作训练贯穿全部专业教学的始终。

  为此，我们组成由德国相关中高级职业院校的专家教授和中德著名印刷企业和设备制造商的工程技术专家、一线教师参与的教学指导委员会，设计编制课程教学计划、教学大纲。在此基础上，认真分析吸收国内现行教材的优点，借鉴德国印刷行业以及职业院校的专业教材，组织教师编写了主要课程的讲义，几经试用，反复修订、推敲打磨，逐渐形成了基本能反映"双元制"教学特点的印刷专业系列教材。这便是现在所呈现的这套教材。试用本教材的学生的专项技术能力和综合能力有了很大提升，并得到企业用人单位对毕业生职业素质的认可。本套教材是适应印刷包装行业对一线应用型人才培养需要而编写的，力求突破传统教材中以学科体系的模式，尝试以新的结构体系、新的表现形式、新的教学方案来体现当今印刷企业对技术人才的要求，并且融入近几年我院在理论和实践教学中的一些教学研究和教学改革成果，实践以就业为导向，以技能为核心的高职教育定位。编写过程中，我们力图使这套教材体现以下特点：

  1. 在教材内容上以企业对岗位能力的需求为出发点，体现高职教育以就业为导向；同时，结合职业技能等级证书的考核标准，融入了相应工种的技能等级水平的相关要求。

  2. 在教材设计上主要按照"生产任务驱动"和"案例教学"等教学模式安排教材的

结构和内容。每本书都配有相关多媒体课件、资料扩展等立体化的教材，以便于老师的备课教学及学生的学习。

3. 教材表现形式上增加示意图和实物图，以增加教学的直观性，选用的案例也尽量体现当前企业技术要求的实际，并留有技术更新和工艺提升的空间，便于学生理解和进一步提高。

新课题就意味着挑战。在我们的艰辛探索中尽管得到了德国乌帕塔尔大学、斯图加特媒体学院以及莱比锡经济技术文化大学专家教授的悉心指导，但毕竟中德两国国情不同，我们的队伍也相对年轻，因而这套教材难免存在缺点和疏漏，试用中恳请专家同行能不吝赐教。

安徽新闻出版职业技术学院　教授
程德和

出版说明

"双元制"职业人才培养模式是德国经济起飞和持续繁荣的"秘密武器",借鉴"双元制"人才培养模式,探索中国印刷职业教育道路也是本届印刷与包装类专业教指委关注的课题。

"双元制"强调把人才培养的着眼点始终放在应用技能的养成和提升上,寻求理论知识与应用技能操作的最佳结合点,并根据工种、岗位的特征合理设计基础理论传授和应用操作技能指导的最佳配比,将一线岗位对人才能力结构的要求扎实贯彻到人才培养的全过程,从而实现以就业为导向、技能为核心的职业教育定位。

"合肥中德印刷培训中心"于1995年底诞生,落户安徽新闻出版职业技术学院。该项目合作的开宗明义便是"引进德国'双元制'职业教育模式,培养中国印刷包装行业生产一线急需的应用型技能人才。"为此,他们组成由德国相关中高级职业院校的专家教授和中德著名印刷企业和设备制造商的工程技术专家、一线教师参与的教学指导委员会,借鉴德国印刷行业以及职业院校的专业教材,组织教师编写了主要课程的讲义,这套讲义经过他们几经试用和反复修改,逐渐成为本土化的适合中国国情的"双元制"示范教材,这就是我们教指委首批呈现给大家的这7本教材。它们是:《包装印刷设备》《现代胶印机的使用与调节》《包装加工工艺》《印刷材料》《印前图文信息处理》《印刷工艺》《印刷包装专业实训指导书》。

这套教材的特点是:

1. 以就业为导向,以培养印刷包装高级技术型人才为目标,以技术能力为主线,注重理论联系实际,注重实用。同时,结合职业技能等级证书的考核标准,涵盖相应工种的技能等级水平的相关要求,以体现职业教育双证融通的特点。

2. 在教材设计上主要按照"生产任务驱动"和"案例教学"等教学模式安排教材的结构和内容,明确每一教学单元的培养目标和知识点、技能点。

3. 教材根据学习内容编写技能训练和考核项目,及时帮助学生强化所学知识和技能,在题目的设计上,注重实用性,每章都安排一定量需学生独立完成的题目,尽量不设计背诵记忆类题目,有助于学生解决实际问题能力的培养。

4. 教材表现形式上增加示意图和实物图,以增加教学的直观性,降低学习难度,选用的案例也尽量体现当前企业技术要求的实际,并留有技术更新和工艺提升的空间,便于学生理解和进一步提高。

5. 尽量使教材立体化,每本教材都配有相关课件、资料扩展等多媒体,助学助教。

这套教材是理论专家和实践专家合作的结晶,首批推出的7本教材克服了传统教材的不足,有利于促进高职高专印刷与包装类专业的教学改革、师资建设和专业发展,为我国印刷包装产业高技能人才培养作出贡献。同时,由于教材编写是一项复杂的系统工程,难度较大,也希望行业内专家学者不吝赐教,以便再版修订。

全国高职高专印刷与包装类专业教学指导委员会

前言（第二版）

习近平总书记在二十大报告中指出：加快建设国家战略人才力量，努力培养造就更多大师、战略科学家、一流科技领军人才和创新团队、青年科技人才、卓越工程师、大国工匠、高技能人才。坚持把发展经济的着力点放在实体经济上，推进新型工业化，加快建设制造强国、质量强国、航天强国、交通强国、网络强国、数字中国。

习近平总书记强调："我国经济要靠实体经济作支撑，这就需要大量专业技术人才，需要大批大国工匠。" 实践充分证明，技术工人队伍是支撑中国制造、中国创造、中国建造的重要基础，对推动经济高质量发展具有重要作用。大力弘扬工匠精神，培养更多高素质技术技能人才、能工巧匠、大国工匠，才能为全面建设社会主义现代化国家、实现中华民族伟大复兴的中国梦提供有力人才和技能支撑。

立足新发展阶段、贯彻新发展理念、构建新发展格局、推动高质量发展，实现中国制造向中国创造转变、中国速度向中国质量转变、中国产品向中国品牌转变，离不开技能人才，离不开工匠精神。

各级党委和政府要高度重视技能人才工作，大力弘扬劳模精神、劳动精神、工匠精神，激励更多劳动者特别是青年一代走技能成才、技能报国之路，培养更多高技能人才和大国工匠，为全面建设社会主义现代化国家提供有力人才保障。高等职业教育就是肩负培养高技能人才、能工巧匠的使命任务，为了保证人才培养质量，需要在教材改革中大胆创新，把最新的技术、材料、工艺引入到教材中，基于此，《印刷材料》教材进行了改版。

《印刷材料》自2009年3月出版以来，受到各使用院校教师和学生的好评，至今已印刷7次。随着印刷技术和材料发展，第一版有些知识和信息已经滞后，在调查研究和查阅相关资料的基础上，结合各位教师实际教学提出的建议，本书于2015年进行修订，出版《印刷材料》第二版。二十大召开后，再次对书稿进行了更新。修订后本书的结构基本与原版相同。修订内容主要针对最新的国家标准对部分专业术语进行更新；同时为了方便师生使用，对材料适性检测实验进行了实验数据表格的制作，把教材和实验指导书融为一体。对一些新材料方面的信息进行了更新，以近二年的统计数据为依据。修订后的第二版在内容上更加帖近印刷材料的实际情况，在编排上更加注重教学的可操作性。

本次修订工作在主编艾海荣老师的指导下进行，具体分工如下：吴谦老师编写第一部分项目一；艾海荣老师编写第一部分项目二、项目三；胡维友老师编写第一部分项目四；陈欢老师编写第三部分项目一、项目二；杨品老师编写第二部分项目一、项目二；张长泉老师编写第三部分项目三。尽管参加本书修订的同志有着丰富的专业知识和教学经验，但难免还存在许多不足之处，希望使用本教材的教师和印刷材料方面的专家、同行及读者提出宝贵意见。

编者
2022年12月

前言（第一版）

《印刷材料》是高职高专印刷类专业的专业基础课。印刷材料在整个印刷工艺各个阶段都起着关键的作用，是影响印刷质量和印刷技术发展的重要因素。随着印刷技术的新工艺、新设备的不断出现，对印刷材料也提出了更高的要求，因此也不断地有新材料应用于印刷。

《印刷材料》课程是一门知识性、理论性、实践性很强的课程。本书在编写时根据编者多年一线教学的体会，结合高职高专教育的特点，在编写体例上大胆创新，采用项目驱动法编写。全书围绕着正确选用印刷材料这一总项目，分成纸张和油墨两个子项目，再分成若干个小子项目，一个一个项目完成，最终完成总项目。编写的指导思想是：理论知识够用，加强实践能力，理论与实践相结合。本书立足中国职业教育实际，借鉴德国"双元制"职业教育做法，增加了大量锻炼学生动手操作能力的技能训练环节。本书编写的特点可以体现以下四点：

一、图文并茂，通俗易懂。很多枯燥的概念、定义，我们用简洁明了的文字叙述加以直观形象的示意图和实物图予以说明。文字通俗易懂，图像赏心悦目。

二、思路清晰，逻辑性强。突破传统教材的系统性、完整性。本书把各个知识点加以梳理后相对独立出来，最后进行有机的统一。避免重复，突出重点。比如纸张的吸收性质只讲吸墨性，不讲吸湿性，把吸湿性列出来专门一节详细讲解。

三、知识够用，实用性强。每个知识点都尽量以实际应用实例引出来，再加以分析，重点分析其在印刷中的应用，使学生学习时做到有的放矢，提高其学习的积极性。

四、格式新颖，知识更新。跟传统教材相比在格式上增加了本书涉及到的专业术语介绍，因为以往学生碰到相关的专业词汇（不是本书的重点）时不好理解，所以本书以专业术语的方式解释碰到的相关专业词汇，帮助学生理解。还有知识拓展板块，主要把与材料相关的一些历史、制造、现状、发展等信息列出来，增加知识面，供学生课后自学用，也是对所学知识的一个丰富与发展。知识更新方面，突出对当今应用广泛和正在呈上升趋势材料的介绍，一些淘汰的或很少用到的材料则省去或点到为止。如凸版纸则在本书中没有详细介绍，而合成纸则涉及；旧的凸版油墨在本书中也没有再介绍，而是增加了新型油墨如混合油墨等。

本书共分三篇九章，其中第一章、第二章、第三章、第四章由艾海荣老师编写；第七章，第八章第一节、第三节、第四节、第九章由陈欢老师编写；第五章、第六章、第八章第二节由杨品老师编写。全书由艾海荣老师主编并统稿，周玉松主审。本书在编写过程中得到安徽新闻出版职业技术学院程德和院长和吴鹏副院长的关心和帮助，也得到芬欧汇川纸业有限公司的大力支持。在此一并表示衷心的感谢和崇高的敬意。

由于专业技术水平有限，难免存在不足之处，敬请广大读者批评指正。

编者
2008年8月15日

教学建议

本书是根据印刷技术、印刷设备及工艺和包装技术等相关专业的专业特点，结合高职高专学生的知识结构特点，依托德国先进的双元制职业教育教学模式的特点而编写的，现提供以下教学安排供大家参考。

教学内容和学时安排建议

序号	课程内容		学时数		
			合计	讲授	实验
1	纸张	纸张的组成与结构	26	2	10
		纸张的性质与检测		10	
		常用纸张的质量标准		2	
		纸张的计量		2	
2	包装印刷材料	纸板与瓦楞纸板	4	3	1
		塑料薄膜			
3	油墨	油墨的基本知识	24	2	8
		油墨的基本性能		2	
		油墨的颜色性能		2	
		油墨的流变性能		6	
		油墨的干燥性能		2	
		常用印刷油墨的性质		2	
总计			54	35	19

在教学中要积极改进教学方法，以学生为主，根据实际情况，采用适合于学生知识需求的教学法教学。课程教学应尽量多采取实物、照片、投影仪、多媒体等现代化教学手段，以增强学生的感性认识。加强技能训练，理论联系实际，在教学过程中可根据实际条件开展教材中的技能训练内容，提高学生学习的兴趣、主动性、积极性，加深各知识点的印象，使学生真正掌握所学的材料知识并能主动应用于生产实际。同时多注意材料学方面的新发展，新工艺，结合当时的情况和教材内容，适时引进新的教学内容，向学生介绍一些材料学方面的新发展、新技术，来培养学生的专业兴趣，适应社会发展的需要。为方便广大院校使用本教材，我们提供本教材的教学大纲和教学课件查询网址，网址http://www.ahcbxy.cn，或致电0551-63812390。

目录

第一部分 纸张 ………………………………………………………………… 1

项目一 纸张的基本知识认知 ………………………………………………… 2

知识点1 纸张的组成与结构 ……………………………………………… 3
一、纸张的组成 …………………………………………………………… 3
二、纸张的结构 …………………………………………………………… 8

知识点2 纸张的分类 ……………………………………………………… 8
知识拓展 …………………………………………………………………… 9
任务 技能训练 …………………………………………………………… 16

项目二 纸张的性质与检测 …………………………………………………… 18

知识点1 纸张的基本性质 ………………………………………………… 18
一、外观质量 ……………………………………………………………… 18
二、基本质量指标 ………………………………………………………… 22
三、纸张的两面性和方向性 ……………………………………………… 25
任务1 技能训练 ………………………………………………………… 29

知识点2 纸张的机械强度 ………………………………………………… 32
一、抗张强度 ……………………………………………………………… 32
二、耐折度 ………………………………………………………………… 34
三、撕裂度 ………………………………………………………………… 35
四、挺度 …………………………………………………………………… 36
任务2 技能训练 ………………………………………………………… 37

知识点3 纸张的表面性质 ………………………………………………… 41
一、平滑度 ………………………………………………………………… 41
二、可压缩性 ……………………………………………………………… 43
三、表面强度 ……………………………………………………………… 44
任务3 技能训练 ………………………………………………………… 48

知识点4 纸张的吸收性质 ………………………………………………… 51
一、纸张吸墨性的概念及理解 …………………………………………… 51
二、纸张吸墨性大小的影响因素 ………………………………………… 52
三、纸张吸墨性与印刷的关系 …………………………………………… 52
四、纸张吸墨性的测定 …………………………………………………… 52
任务4 技能训练 ………………………………………………………… 53

知识点5 纸张的光学性质 ………………………………………………… 55
一、白度 …………………………………………………………………… 55
二、纸张光泽度 …………………………………………………………… 58

三、纸张不透明度 ·· 60
　　任务5　技能训练 ·· 63

知识点6　纸张的吸湿性
　　一、纸张水分（含水量）的定义 ··· 66
　　二、纸张含水和吸水的原因 ·· 66
　　三、纸张吸水的规律 ·· 66
　　四、纸张水分对印刷的影响 ·· 68
　　五、纸张含水量的控制 ··· 70
　　六、纸张含水量的测量 ··· 72
　　任务6　技能训练 ·· 72

知识点7　纸张的酸碱性
　　一、纸张酸碱性的定义及理解 ··· 74
　　二、纸张具有酸碱性的原因 ·· 75
　　三、纸张酸碱性对印刷的影响 ··· 75
　　四、纸张酸碱性的测量 ··· 76
　　任务7　技能训练 ·· 76

项目三　常用纸张的质量标准分析 ·· 78
　　一、新闻纸 ··· 78
　　二、胶印书刊纸 ·· 80
　　三、胶版印刷纸 ·· 81
　　四、铜版印刷纸 ·· 84
　　五、铸涂纸 ··· 86
　　六、轻涂纸 ··· 88
　　七、字典纸 ··· 89
　　八、其他常用纸张 ··· 91
　　九、新型纸张 ··· 93
　　知识拓展 ·· 97
　　任务　技能训练 ·· 101

项目四　纸张的计量 ·· 102
　　一、平板纸的计算 ··· 102
　　二、卷筒纸质量的计算 ··· 104
　　知识拓展 ·· 105
　　任务　技能训练 ·· 106

第二部分　包装印刷材料 ··· 107

项目一　纸板与瓦楞纸板认知与应用 ·· 108

知识点1　纸板
　　一、纸张与纸板的辨别 ··· 108
　　二、纸板的分类 ·· 109
　　三、常用纸板的性能 ·· 109

知识点2　瓦楞纸板
　　一、瓦楞纸板的定义 ·· 112
　　二、瓦楞纸板的组成 ·· 112

三、瓦楞形状 ··· 113
　　四、瓦楞的种类 ··· 113
　　五、瓦楞纸板的作业适性 ··· 115
　　知识拓展 ··· 116

项目二　塑料薄膜认知与应用 ··· 118
　　一、塑料的基本知识 ··· 118
　　二、常用塑料薄膜的鉴别 ··· 119
　　三、常见塑料薄膜的印刷性能 ·· 119
　　四、塑料薄膜的印前处理及静电控制 ·· 124
　　知识拓展 ··· 127
　　任务　技能训练 ··· 131

第三部分　油墨 ·· 133

项目一　油墨的基本知识认知 ··· 134
　知识点1　油墨的组成 ·· 134
　　一、色料 ·· 135
　　二、填充料 ··· 139
　　三、连结料 ··· 140
　　四、助剂 ·· 144
　知识点2　油墨的结构 ·· 146
　知识点3　油墨的分类 ·· 146
　　一、按印刷版型分类 ·· 146
　　二、按连结料组成分类 ··· 147
　　三、按干燥形式分类 ·· 147
　　四、按承印材料分类 ·· 147
　　知识拓展 ··· 147

项目二　油墨的性能及其控制 ··· 153
　知识点1　油墨的基本性能 ··· 153
　　一、密度 ·· 153
　　二、细度 ·· 154
　　三、着色力 ··· 155
　　四、透明度 ··· 155
　　五、光泽度 ··· 156
　　六、耐抗性 ··· 157
　　任务1　技能训练 ·· 159
　知识点2　油墨的颜色性能 ··· 163
　　一、GATF推荐的油墨颜色质量评价的四个参数 ····························· 164
　　二、GATF色轮图 ·· 165
　　三、常用标准四色油墨 ··· 166
　　四、油墨的颜色调配 ·· 167
　　任务2　技能训练 ·· 168

3

知识点3 油墨的流变性能 170
　　一、黏度 170
　　二、屈服值 172
　　三、触变性 174
　　四、黏性 176
　　五、油墨的拉丝性 178
　　六、油墨的流动性 180
　　任务3　技能训练 181

知识点4 油墨的干燥性能 184
　　一、连结料的组合 185
　　二、常用油墨的干燥类型 186
　　知识拓展 193
　　任务4　技能训练 196

项目三　常用印刷油墨的性质分析 199

知识点1 平版印刷油墨 199
　　一、单张纸胶印油墨 199
　　二、卷筒纸胶印油墨 201
　　三、印铁油墨 202
　　四、软管油墨 203
　　五、无水胶印油墨 203
　　六、混合油墨 204

知识点2 凹版印刷油墨 206
　　一、雕刻凹版油墨 207
　　二、照相凹版油墨 207

知识点3 柔性凸版印刷油墨 208

知识点4 丝网印刷油墨 209
　　一、织物丝网油墨 209
　　二、金属/玻璃丝网油墨 209
　　三、陶瓷贴花丝网油墨 210

知识点5 特种油墨 210
　　一、能量固化油墨 210
　　二、金银墨 213
　　三、珠光油墨 214
　　四、荧光油墨 215
　　五、示温变色油墨 216
　　六、导电油墨 217
　　七、磁性油墨 218

知识点6 数字印刷油墨 219
　　知识拓展 222
　　参考文献 228

第一部分 纸张

项目一 纸张的基本知识认知
项目二 纸张的性质与检测
项目三 常用纸张的质量标准分析
项目四 纸张的计量

第一章 纸张的基本知识

众所周知,我们生活中到处都能见到纸制品,如图1-1所示。尤其在印刷行业中,纸是一种应用最广泛的承印材料。本章将从纸张的定义、组成、结构和分类等方面对纸张进行详细的介绍。

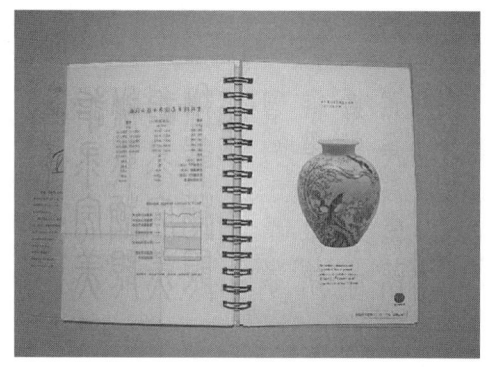

(a)

(b)

(c)

图1-1 常见纸制品
(a) 书籍 (b) 手提袋 (c) 卫生纸

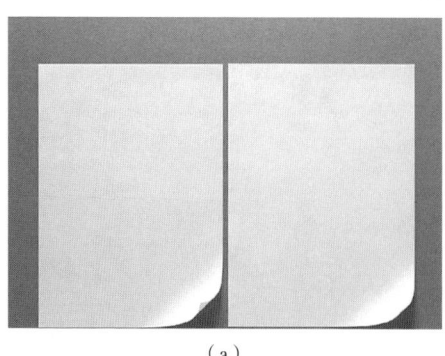

(a)

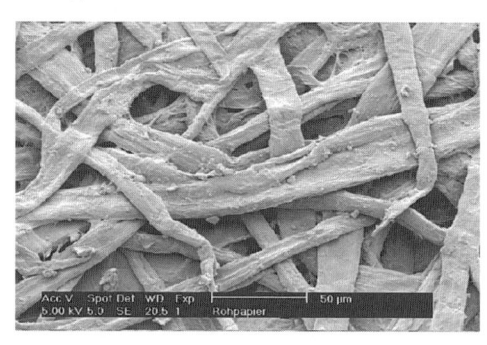

(b)

图1-2 纸张示意图
(a)纸张平面图 (b)纸张表面放大图

什么是纸？

定义：中华人民共和国国家标准（GB/T 4687—2007）规定，所谓纸就是从悬浮液中将适当处理（如打浆）过的植物纤维、矿物纤维、动物纤维、化学纤维或这些纤维的混合物沉积到适当的成型设备上，经干燥制成的平整均匀的薄片，如图1-1-2所示。

理解：纸张是以加工处理的纤维为主要成分，结合使用目的加入适量的填料、胶料和助剂，在网上或帘上交织形成纤维间相互黏结的薄片物质，如图1-1-3所示。

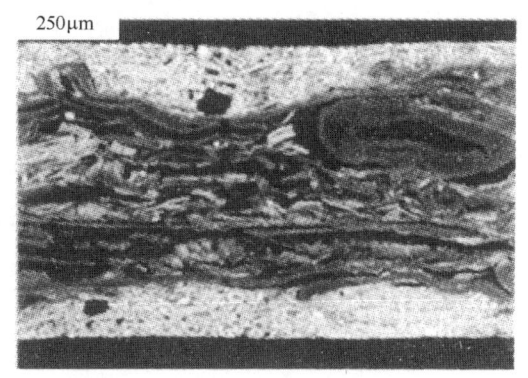

图1-1-3　纸张横切面放大图

知识点1⊕纸张的组成与结构

一、纸张的组成

传统纸张由植物纤维、胶料、填料、色料等组成成分构成。但是随着科学技术的发展，合成纤维（聚乙烯、聚丙烯等）、无机纤维（玻璃丝、云母等）、金属纤维等纤维正在成为造纸的新型原料。但是对于印刷用纸来说，由于要求其具有一定的吸收性能，因此纤维还是以植物纤维为主。

1. 植物纤维

植物纤维是纸张最主要的成分，如图1-1-4所示。

植物纤维是存在于自然界的植物体中的一种细长细胞。自然界中的植物有千百万种，但能作为造纸原料的只有几十种，这是由从植物体中分离纤维的难易程度、植物中纤维含量、纤维中的纤维素含量及该植物的储藏量和运输等因素决定的。可用于造纸的植物原料归纳如下，如图1-1-5所示。

图1-1-4　植物纤维示意图
（a）植物纤维原料图　（b）植物纤维放大图

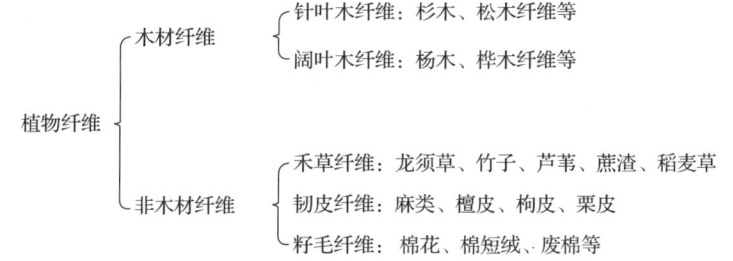

图1-1-5 造纸植物原料
（a）落叶松　（b）杨木　（c）芦苇　（d）甘蔗　（e）棉花

植物纤维的化学组分中，纤维素、半纤维素和木素是主要成分，其性质直接关系到纸张的性质。

（1）纤维素　纤维素是一种天然高分子化合物，无色、无味，化学性能不活泼，不溶于水，由葡萄糖分子聚合而成，分子通式是$(C_6H_{10}O_5)_n$，如图1-1-6所示，其中n为聚合度，指聚合成大分子的单体分子个数。聚合度越高，造出的纸张机械强度越高。如棉花中纤维素的聚合度n在5000~6000，木材中纤维素的聚合度n在2000~2500，芦苇中纤维素的聚合度n为1000左右，稻草中纤维素的聚合度n为600~1000。

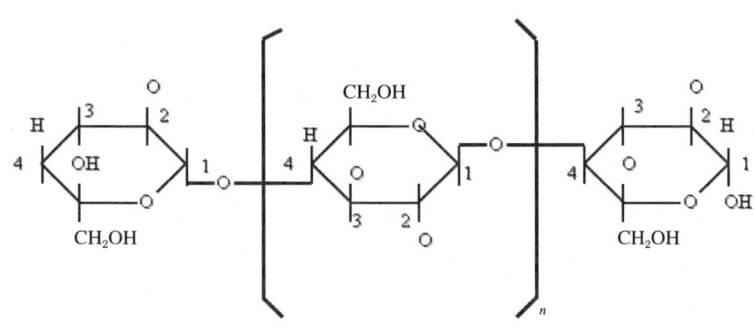

图1-1-6 纤维素分子

棉花的纤维素含量最高，为70%~90%，针叶木和阔叶木相近，一般为43%~53%，草类原料最低，在35%~48%。

纸张亲水性好，是因为纤维素分子$(C_6H_{10}O_5)$是由许多个葡萄糖分子组成的。葡萄糖上带有许多羟基（—OH），羟基具有极性，水分子也有极性，能互相吸引。纸张有结合强度的原因,是因为纤维素分子之间产生了氢键的作用,如图1-1-7所示。

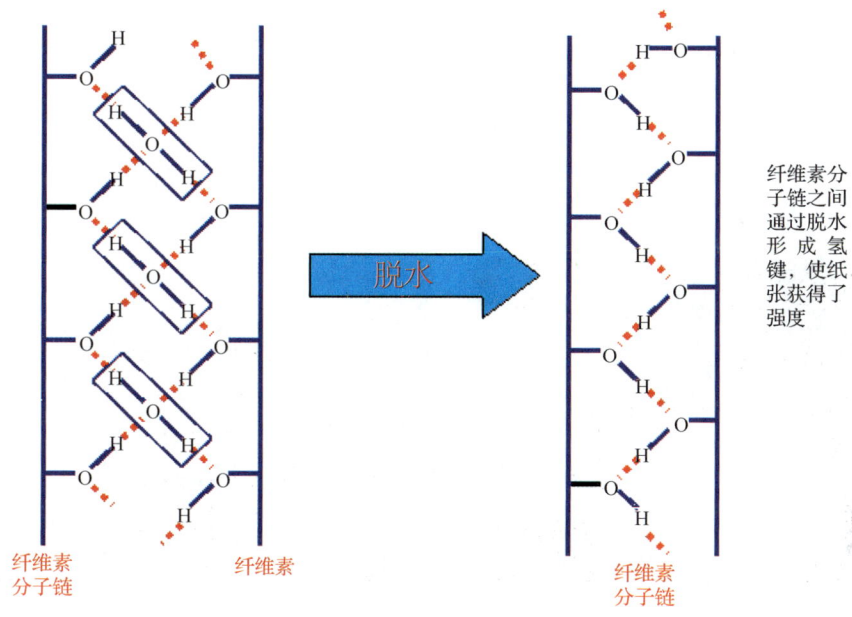

图1-1-7　纤维素分子与水分子或纤维素分子间形成的氢键

纤维素长分子链中有许多羟基(—OH),这些羟基具有亲水性,水分较大时,纤维素中羟基与水形成"水桥",干燥时则是利用加热使水分在蒸发的同时,与纤维素分子结合的"水桥"遭到破坏。由于蒸发时表面张力的作用,迫使纤维间靠拢,从而使纤维分子中相邻羟基的距离在0.255~0.275nm时,一个羟基的氢原子与另一个羟基中的氧原子结合,而形成为氢键,其结果表现为纤维之间的结合力,使纸张具有一定的强度。

(2)半纤维素　半纤维素是类似于纤维素的多糖类有机化合物,聚合度一般在200左右(与纤维素相比,不过半数,故而得名),是纤维素原料在20℃浸于17.5%或18%的氢氧化钠溶液经过45min后溶解的部分。半纤维素易降解,易吸水润胀,便于打浆,其含有大量的羟基,因而吸水、润胀能力较纤维素大。在造纸过程中,如果纸浆内含有一定数量的半纤维素,会使打浆工序变得易于操作,使纤维易于水化和润胀,有利于纤维间交织,可适当增加纸张的断裂强度、耐折强度、透明性和防油性,所以在制浆蒸煮时有必要保留一些半纤维素。但是不能太多,否则纸张成型后会影响其形稳性。

(3)木素　木素是一种立体网状结构的大分子,结构复杂,坚硬,呈黄褐色,不溶于水,能被氧化剂氧化。由于木素是疏水物质,不易吸水润胀,在日光和空气的作用下,使纸张质地发脆,不便于纤维的相互交织,使纸张机械强度下降,并且发黄。木素是纸张中的有害成分,所以制浆过程中要尽量去除木素。新闻纸易发黄、变脆、耐久性差的主要原因是木素保留在成纸中,受光照日晒时容易被氧化产生发色基团使纸张变黄。

在造纸过程中,需尽可能保持植物纤维中的纤维素成分,适当地保留半纤维素成分,必须除去木素成分,这样才能保证纸张的质量,提高纸张的耐久性。

⊕ 专业术语

氢键　化合物分子中凡是和电负性较大的原子相连的氢原子都有可能再和同分子或另

一分子内的另一电负性较大的原子相连接,这样形成的键叫氢键。

2. 填料

纤维经过加工交织在一起形成薄页,经放大后肯定能看到其表面有空隙,凹凸不平。印刷时油墨就不能转移到下凹的部分。为了克服这个缺点,所以在造纸过程中会加入一种材料——填料。

填料是一种白色的细小的固体颗粒,常用的填料有滑石粉、高岭土、钛白粉和碳酸钙,如图1-1-8所示。

（a）

（b）

图1-1-8　常用填料
（a）滑石粉　（b）高岭土

填料的作用是可以增加纸张的平滑度、不透明度、紧度和白度,也可以提高纸张的定量和降低成本。填料可在纸页中形成更多细小的毛细孔,而且填料粒子本身比纤维更易被油墨润湿,因而可以改善纸张对油墨的亲和力。

填料加入的量最大可在25%,不能过多,否则会对纸张带来一些不良影响,造成纸张的强度降低和施胶效果下降,在印刷中易发生掉毛、掉粉现象,甚至出现因脱落的毛粉引起的糊版现象。填料有摩擦作用,会磨损印版,使印版的耐印力下降。

3. 胶料

纸张因为植物纤维的化学成分中含有大量亲水的羟基,还有纤维与纤维之间存在着大量的毛细孔而极易吸收水。在这样的情况下,纸张在印刷时,油墨会迅速浸透和扩散,造成字迹图像模糊不清和透印。因此在造纸过程中需添加一种抗水物质——胶料,来降低其吸水性即提高其表面抗水性。胶料如图1-1-9所示。

施胶方法有内部施胶和表面施胶两种。

（1）内部施胶　大多数纸都是通过浆内施胶来提高它们对水性墨水的抗渗透能力。即在造纸过程中向纸浆中加入胶料,使胶料沉淀在纤维上再抄造成具有憎液性纸的方法,称为内部施胶。内部施胶所用的胶料有松香胶、聚烷基烯酮胶料、烷基丁二酸酐等。

图1-1-9　胶料

（2）表面施胶　印刷纸的表面施胶发生在造纸机的干燥部分，使用不同的施胶剂控制纸张渗透性和印刷油墨在其表面扩散。它也把小纤维连接到纸张上，防止平版印刷过程中黏性油墨使其掉毛。除此之外，表面施胶还可以提高纸张的机械强度，提高纸张的耐久性和耐磨性，可以减少纸张的两面差。常用的表面施胶的胶料有改性淀粉、动物胶、聚乙烯醇（PVA）、改性纤维素［羧甲基纤维素（CMC）、甲基纤维素（MC）］等。

衡量纸张抗水能力的一个指标是施胶度。施胶度是指试验纸对墨水书写不洇、不渗透的程度。它是用专用的划线器或鸭嘴笔蘸以特制的标准墨水于2~3s内在试样纸上画一条长度不小于10cm的线，以墨水线条不渗透、不扩散的宽度来表示，单位为mm。线条越宽，说明试样纸抵抗墨水的洇渗能力越强，也就表明施胶度越大。胶版纸的施胶度一般为0.75~1.25mm，涂料纸的施胶度为0.5~0.75mm，书写纸的施胶度为0.5~1.25mm，而新闻纸一般不施胶。

4. 色料

生活中我们常见的纸张大都是白色，也有有色纸。但造纸中纤维素具有呈现黄色至灰白色的性质，虽经漂白也很难彻底去除。所以在造纸过程中需加入某些色料来纠正色偏，使其呈现我们所需要的颜色，色料如图1-1-10所示。白纸一般加入品蓝、湖蓝，利用它们吸收穿过的红光、绿光，从而使纸张更白。然而，尽管纸张具有均匀的白色，但由于白光的反射减少会使亮度降低。生产带颜色的纸，如标语纸、广告纸、彩色牛皮纸等，则需要进行染色，染色时一般加入染料。

图1-1-10　色料

色料的作用就是改变和调整纸张的颜色。色料分为溶于水的染料和不溶于水的颜料。除此之外，在造纸中，为了增加纸张的白度和亮度，还会用到一种荧光增白剂（又叫荧光染料），它是一种几乎无色的物质，将它加到浆料中、表面施胶的胶料或涂料中，能够将入射紫外光激发为可见光，使纸和纸板的白度产生一个明显的改进。它本身能够吸收一部分紫外光，增加蓝光反射黄光，然后增加反射系数，因而能够起到增白增亮的作用，如图1-1-11所示。

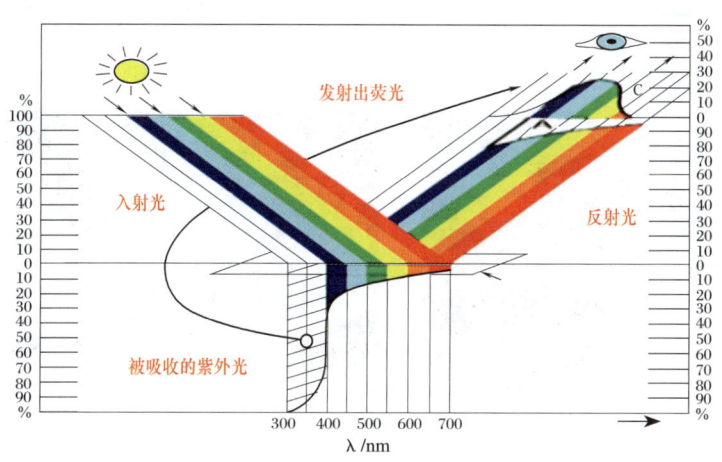

图1-1-11　荧光增白剂作用原理图

二、纸张的结构

纸张是一种具有一定强度、多孔性的平面结构。纸张的强度与纤维的粗细、长度、纤维的交织力有关,但更重要的是取决于纤维之间的结合力,即氢键结合力。纤维之间的交织网络形成了纸张的孔隙结构,是纸张吸收油墨的基础。纸张的结构如图1-1-2、图1-1-3所示。

知识点2 纸张的分类

为了使大家能够从众多的纸中更好地选择所需要的类型,根据不同的分类依据,一般将纸分类如下:

(1)根据纸张的包装形式分 卷筒纸(图1-1-12)和平板纸(图1-1-13)。

图1-1-12 卷筒纸

图1-1-13 平板纸

(2)根据纸张表面是否涂布涂料分为涂布纸和非涂布纸。

(3)根据定量的大小分 在我国,一般200g/m² 以下,厚度500μm以下的,称之为纸,在此以上的称之为纸板。国际标准化组织中则规定一般超过250g/m²的称为纸板。

纸板如图1-1-14所示。

(4)依据实际用途分 文化(印刷、办公)用纸(图1-1-15)、生活用纸(图1-1-16)、包装用纸(图1-1-17)和技术用纸(图1-1-18)。

图1-1-14 纸板

图1-1-15 文化用纸

图1-1-16 生活用纸

图1-1-17　包装用纸

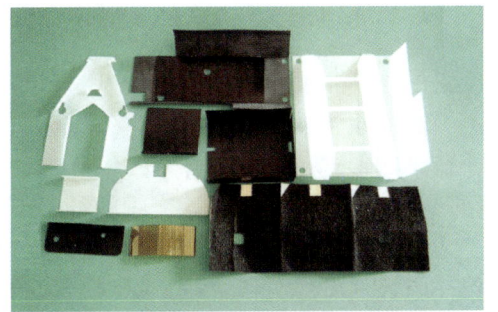
图1-1-18　技术用纸

知识拓展

纸张的发展史

造纸术是我国古代劳动人民智慧的结晶，是我国古代四大发明之一。2008年北京奥运会开幕式就表演了中国古代造纸技术，向全世界展示了中国这一伟大发明。公元105年，东汉和帝时期的宦官蔡伦采用树皮、麻头、废布和旧渔网为原料，抄制成质地优良、可供书写记录的纸张，如图1-1-19所示。

图1-1-19　古代造纸

这种以树皮、竹子、麻头为原料加工成纸浆，用手工方法在竹帘上抄制成纸的造纸技术，从我国先后传到朝鲜、日本，大约在公元751年传播到阿拉伯半岛的撒马尔罕，然后再辗转传到欧洲各国，从而促进了世界文明的发展。一直到现在，这种以青檀皮为主要原料精工制作成的手工纸——宣纸，仍被中国、日本等国家的书画艺术家视为珍品。今天的造纸技术虽有了较大的发展，但其基本原理还是根据蔡伦所总结完善的造纸术发展而来的。随着人类物质、文化、生活水平的提高和科学技术、工农业生产的发展，纸的应用领域越来越广泛。从最初仅被用于书写的纸，在发明印刷术后又作为承印物而被应用。现在乃至将来，虽然存在着电子媒体对纸媒体的冲击，纸作为信息表现的重要载体，在信息产业中仍占有重要的地位。目前，纸张的品种多达5000种以上，全世界年总产量达4亿t。我国的纸张品种也有500种以上，2021年全国纸及纸板生产企业约2500家，全国纸及纸板生产量12105万t，居世界第一位。

现代造纸工艺简介

纸张的生产主要包括以下两个基本步骤：

第一步制浆：从原料中分离出纤维素纤维，除去所有不希望含有的物质，使纤维转变成适于造纸的形式。

第二步造纸（或抄纸）：交织的纤维变成纤维团成品，组成纸张。

上述纸张生产的两个基本步骤又可以分成以下三个阶段：

第一阶段：纤维分离过程。纤维分离过程就是木材或其他植物原材料到变成纤维素浆料的过程。

第二阶段：浆料的准备过程。造纸机浆料的准备，包括纤维的打浆或精磨和填料、胶料助剂的添加。

第三阶段：脱水干燥和后处理过程。在造纸操作过程中，其本身就是水从浆料中逐步脱离的过程。然后再进行处理，提高或改善纸张的表面性能。

造纸工业流程如下：

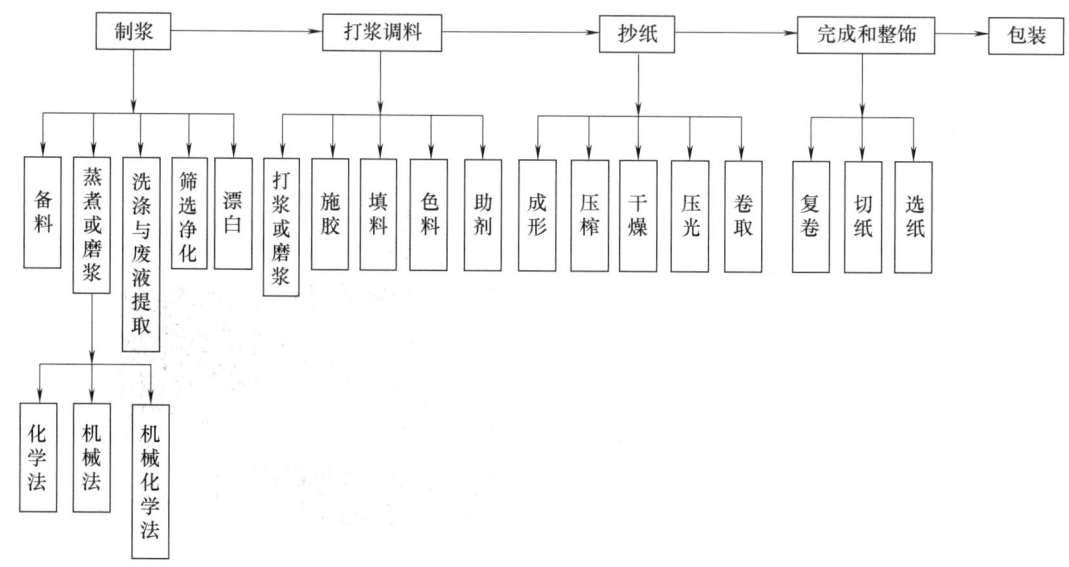

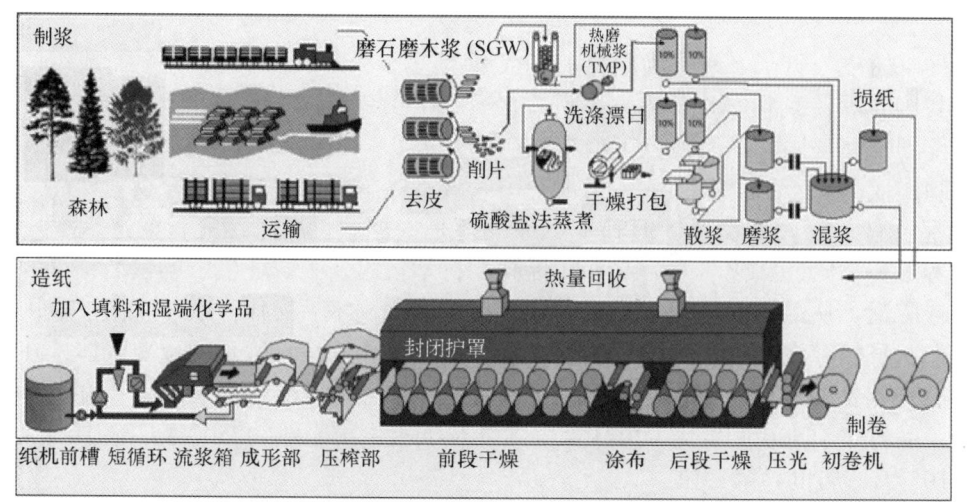

图1-1-20　木材到纸张生产流程——造纸过程

1. 制浆

制浆是将植物纤维离解成纸浆的生产过程,是造纸流程的第一步。

(1) 备料　备料是在制浆前对植物纤维原料进行加工处理,包括原料的收集、储存、切削、除尘与筛选,如图1-1-21所示。

图1-1-21　备料

(2) 离解纤维

① 机械制浆:机械法制浆分磨石磨木浆和木片磨木浆。磨石磨木浆是把去皮后的原木通过旋转磨石磨木机分离成纤维的制浆方法,如图1-1-22所示。木片磨木浆把去皮后的木片通过盘磨机分离成纤维的制浆方法,如热磨机械浆(TMP)。机械法制浆的得浆率一般在90%以上。机械制浆法得到的浆料称为机械浆,也叫磨木浆。机械浆中木素没有去除,造出的纸强度低,易变色变脆。主要用于生产新闻印刷纸和廉价的平装书本纸。

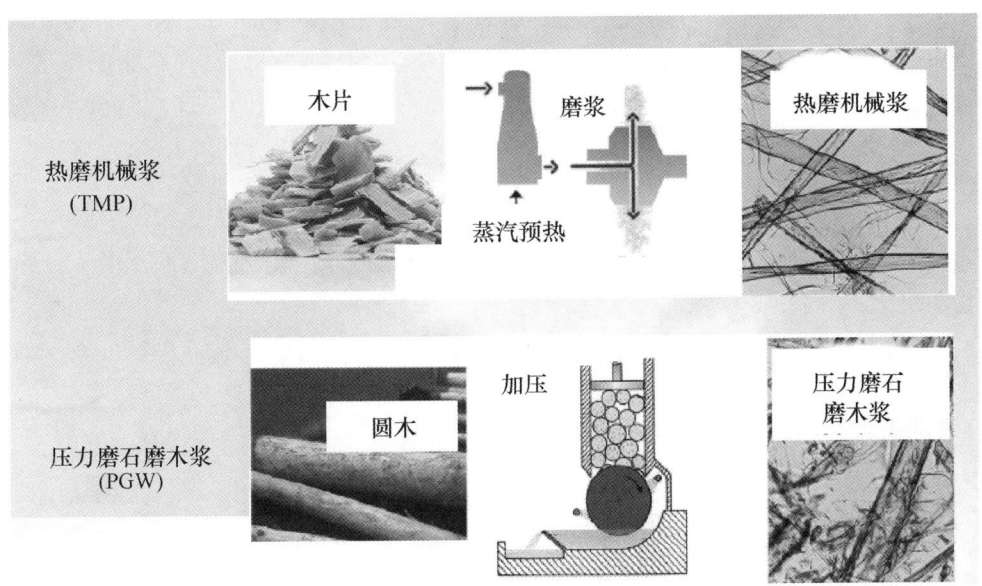

图1-1-22　机械制浆法

② 化学制浆：化学制浆是利用化学药品的水溶液在一定温度和压力下处理植物纤维原料，将原料中的木素溶出，同时对于纤维素要尽可能的保留，并且保留一定的半纤维素，使植物原料纤维彼此分离成浆，如图1-1-23所示。化学法制浆中最有代表性的是硫酸盐法和亚硫酸盐法两种。化学法制浆的得浆率在45%～55%。化学法得到的浆料叫化学浆。木素含量低，是造纸用的高品质纤维。

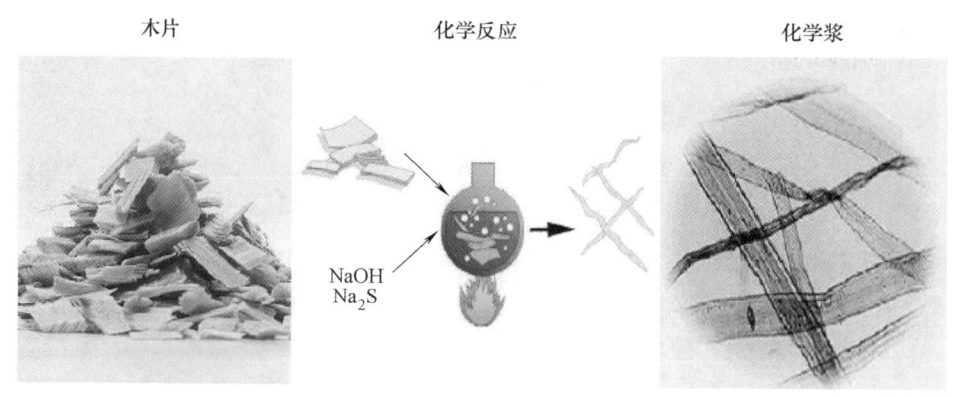

图1-1-23　硫酸盐制浆法

③ 机械-化学制浆：机械化学法制浆是指把造纸原料用化学药剂处理后，再用机械法使其分离为纸浆。化学机械法制浆的得浆率在70%左右。

（3）洗涤与废液提取　纸浆洗涤与废液提取的目的是把纸浆中的废液分离出来，经济地回收废液。

（4）筛选净化　筛选净化是将纸浆中多余的废渣等除掉，使纸浆达到规定要求的一道工序。蒸煮出来的纸浆中，含有较多的废渣或一些未离解的成分，这些杂质如不排除，造出的纸张就会出现斑点、尘粒纤维束等杂质，使纸张出现表面不平滑、厚度不均匀、断、皱等质量问题。筛选使纸浆进一步净化，可以解决以上问题，提高纸张的质量。

（5）漂白　通过各种制浆方法生产出来的纸浆，一般都不同程度地含有非碳水化合物而呈暗褐色、淡黄色或灰白色。所以要把纸浆变白，才能生产出色泽洁白、质量优良的纸张。这种使纸浆变白的过程称之为漂白，如图1-1-24所示。漂白使用漂白剂时要注意环保问题。

2. 打浆调料

打浆调料就是对经过筛选净化、漂白和稀释的纸浆进行机械处理。调料是在打浆时，在打浆机内投入胶料、填料和色料等填加材料。调料中的胶料一般有植

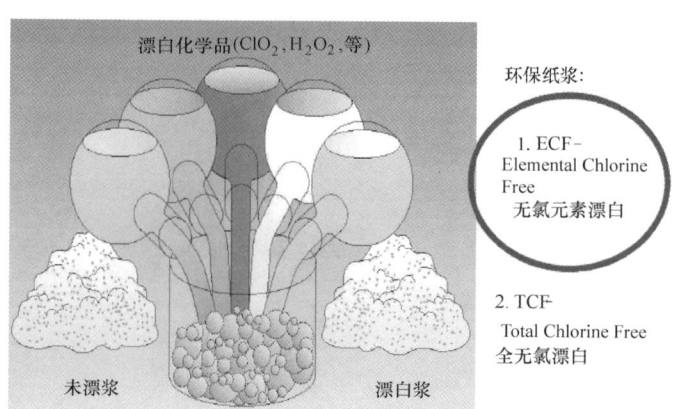

图1-1-24　漂白过程

物类的松香、淀粉基等，动物类的骨胶、干酪素等，纤维类的羧甲基等。填料主要有高岭土、滑石粉、二氧化钛、硫酸钡等。色料是根据纸张品种的需要加入的有色物质。

3. 抄纸

抄纸是将纸浆中的水分排除，制成连续的成形纸张的过程。抄造纸机有长网、圆网、夹网造纸机等多种。如图1-1-25所示为一台夹网造纸机。工作时，纸浆以极快的速度从流浆箱内浇在抄纸机的网上，如图1-1-26所示。流浆箱通过平行多束管，将浆料均匀地铺展到成形网的整个横向宽度上，这样可以消除浆流在时间和空间上的波动，防止纸页基重跑偏。流浆箱对纸张的匀度和丝缕方向有影响。从流浆箱流出的浆料其植物纤维的含量为0.5%~1%，流出的浆料在网上滤去大部分水分（排除的水分约99%），将余下的纤维相互挤压，形成潮湿的纤维薄层，再通过压榨干燥成为纸张。其实整个造纸的过程就是原料均匀地分散在水中再脱水的过程，如图1-1-27所示为造纸机上各个部件脱水比例的示意图。

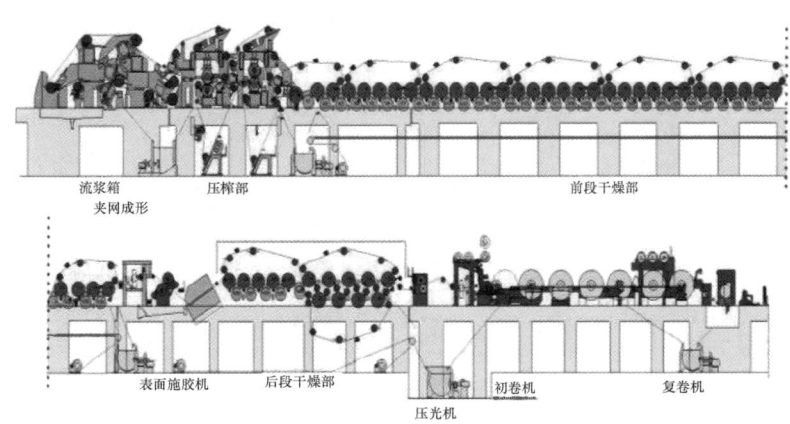

图1-1-25　造纸机

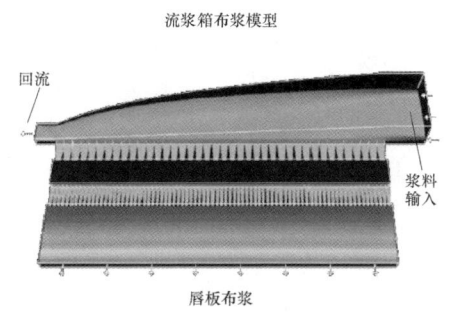

图1-1-26　高速稀释水流浆箱

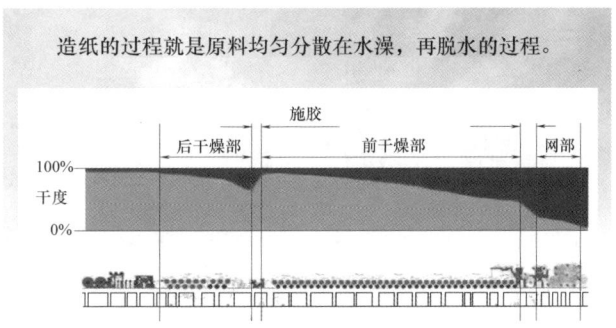

图1-1-27　造纸机各部件脱水示意图

2021年中国纸及纸板生产情况分析

造纸行业是我国国民经济发展中的重要行业之一，近年来随着国家对环境治理的不断深入，造纸企业成为重点关注对象，重污染的小型纸厂被迫退出市场，2021年中国共有纸及纸板生产企业2500家，较2020年减少了300家，同比减少10.71%，如图1-1-28所示。

虽然中国纸及纸板生产企业数量在减少，但产量仍然保持增长趋势，2021年中国纸及纸板产量达12105万t，较2020年增加了845万t，同比增长7.50%，随着中国经济的持续发展，不断拉动对纸张的需求，为我国造纸行业的发展提供了广阔的空间，如图1-1-29所示。

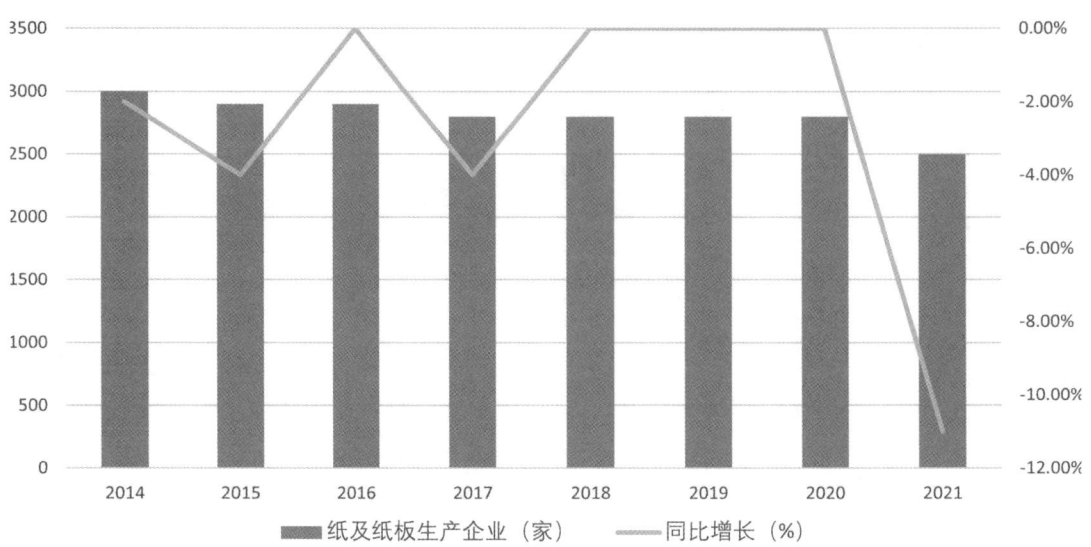

图1-1-28　2014—2021年中国纸及纸板生产企业数量统计

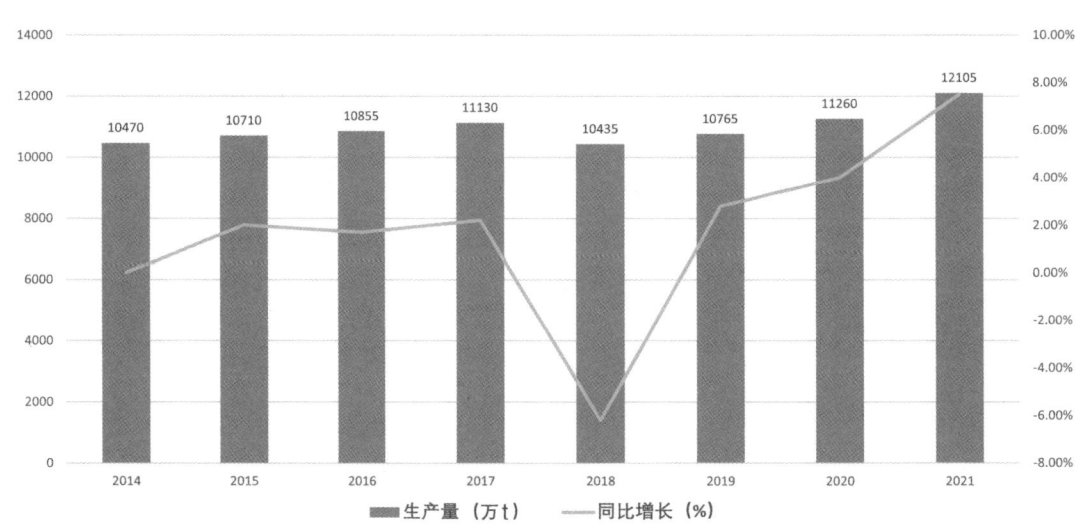

图1-1-29　2014—2021年中国纸及纸板产量统计

从细分产品来看（图1-1-30），2021年中国箱纸板产量完成2805万t，占全国纸及纸板总产量的23.17%，占比最大；瓦楞原纸产量完成2685万t，占全国纸及纸板总产量的22.18%；未涂布印刷书写纸产量完成1720万t，占全国纸及纸板总产量的14.21%；白纸板产量完成1525万t，占全国纸及纸板总产量的12.60%；生活用纸产量完成1105万t，占全国纸及纸板总产量的9.13%；包装用纸产量完成715万t，占全国纸及纸板总产量的5.91%；涂布印刷纸产量完成635万t，占全国纸及纸板总产量的5.25%；其他纸及纸板产量完成430万t，占全国纸及纸板总产量的3.55%；特种纸及纸板产量完成395万t，占全国纸及纸板总产量的3.26%；新闻纸产量完成90万t，占全国纸及纸板总产量的0.74%。

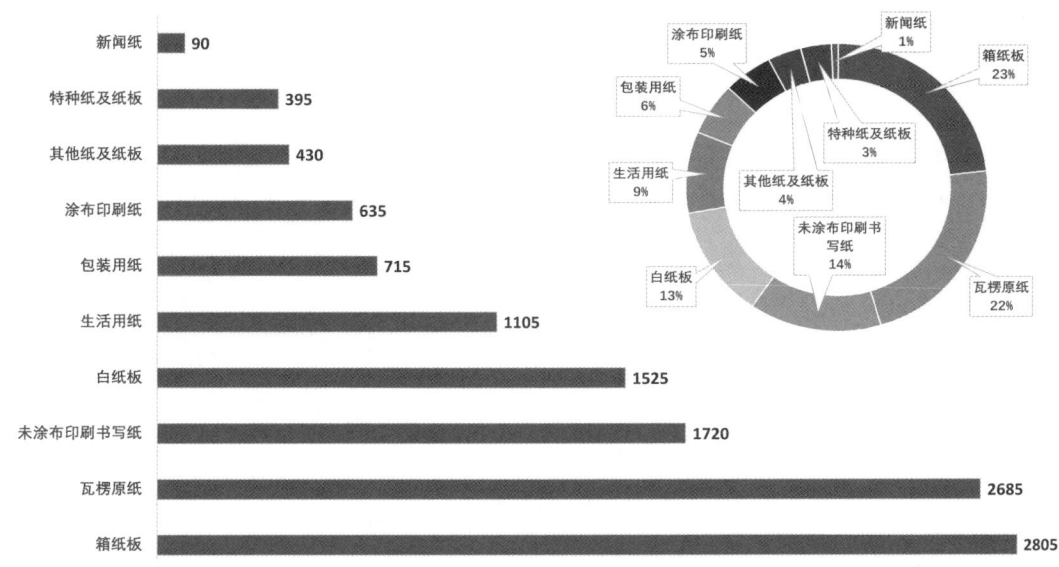

图1-1-30　2021年中国纸及纸板细分产品产量统计（万t）

分企业来看（图1-1-31），2021年玖龙纸业（控股）有限公司纸及纸板产量完成1734万t，占全国纸及纸板总产量的14.32%，全国排名第一；山东太阳控股集团有限公司纸及纸板产量完成711.66万t，占全国纸及纸板总产量的5.88%，全国排名第二；理文造纸有限公司纸及纸板产量完成643.72万t，占全国纸及纸板总产量的5.32%，全国排名第三。

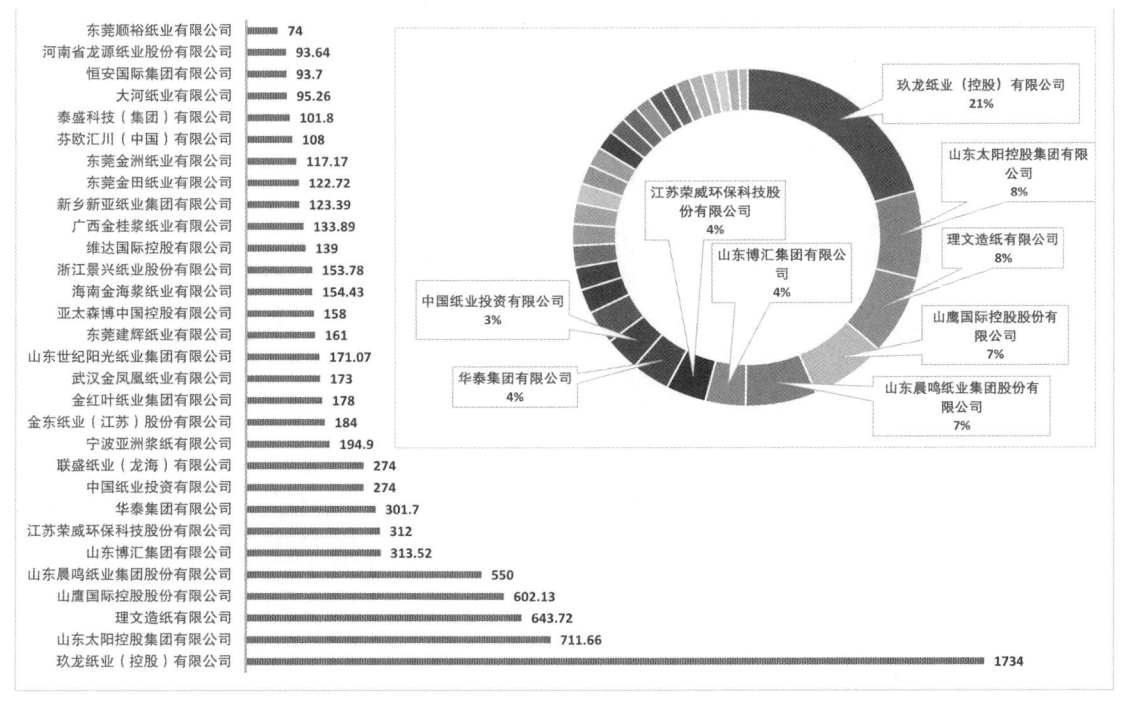

图1-1-31　2021年重点造纸企业产量前30名企业统计（万t）

任务　技能训练

手工制纸

1. 训练目的

（1）了解纸张生产的基本工艺流程。

（2）掌握纸张的基本组成和结构。

（3）锻炼动手能力。

2. 工具和材料

手工抄纸机、干纸浆、水。

3. 训练步骤

（1）将干纸浆浸入水中，打匀。

（2）用网框抄起纸浆拌匀，如图1-1-32所示。

（3）手持网框过滤去水，如图1-1-33所示。

图1-1-32　抄纸过程　　　　　　图1-1-33　过滤去水

（4）将滤干的纸浆平铺在毛毯上，如图1-1-34所示。

（5）将毛毯连同纸浆一起上挤压机挤压去水，如图1-1-35所示。

 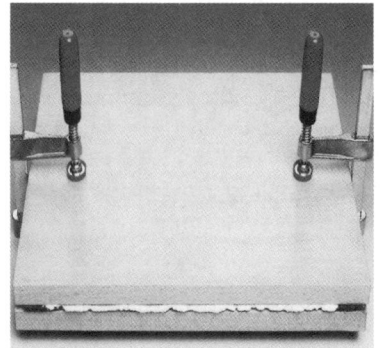

图1-1-34　从网面分离　　　　　　图1-1-35　挤压水分

结果分析＿＿＿＿＿＿＿＿＿＿＿＿＿＿＿＿＿＿＿＿＿＿＿＿＿＿＿＿＿＿＿＿＿＿＿＿＿＿

成绩评定

习题

1. 纸张的组成成分是什么？
2. 纸张容易吸水的主要原因是什么？
3. 报纸（新闻纸）用久了为什么会变黄发脆？
4. 施胶的作用是什么？施胶分为哪两种方法？
5. 填料的作用是什么？
6. 色料的作用是什么？如果有一纸浆呈浅黄色，要想提高其白度，应加入什么颜色的染料进行调色？

项目二 纸张的性质与检测

纸张印刷适性

要印刷一批纸制产品,首先要选择符合本次印刷要求的纸张。要能正确的选用纸张,作为印刷工作者来说,就必须熟悉纸张的各项印刷适性,使之满足印刷工作的要求。本章就从上述问题出发,详细阐述纸张的各项印刷性质及其检测、控制原理和方法。

⊕ **专业术语**

印刷适性 印刷适性是指纸张、油墨等材料为获得最理想的印刷质量效果所必须具备的相关性质。纸张的印刷适性是纸张的一种复杂性质,包括纸张在无沾污和透印的情况下促使油墨转移、凝固和干燥的能力,以及提供反差好、逼真度高的能传递图像信息的能力。

理解:纸张等材料满足印刷要求、印刷质量的一系列性能的总称,可以从纸张的作业适性(抗张强度、表面强度等)和印刷品品质适性(平滑度、白度、不透明度等)两方面来讨论。例如纸张的平滑度性质属于其印刷适性,纸张的易燃性则不属于纸张印刷适性。

知识点1 ⊕ 纸张的基本性质

纸张的基本性质主要包括从外观上直接观察的纸张质量的综合表观即外观质量,定量、厚度、紧度等性质即基本质量指标,通过目视、手触、耳听、沾湿、揉搓以及迎光查看等方法来判定的纸张的两面性、方向性等一些基本性质。

一、外观质量

纸张呈现在你眼前,凭视觉感受这张纸的外在质量如何,外观质量主要包括纸张的规格(幅面大小)、偏斜度、平整度、洁净度、均匀度以及外观纸病等。

1. 纸张的尺寸规格

印刷纸张的尺寸规格分为平板纸和卷筒纸两种。纸张的尺寸是指纸张的幅面大小,这是根据国家标准GB/T 147—1997规定的《印刷、书写和绘画用原纸尺寸》的要求裁切的。卷筒纸的尺寸主要是指其宽度,平板纸的尺寸是指其宽度和长度,见表1-2-1所示。

表1-2-1　　　　　　　　　纸张幅面尺寸

包装形式	幅面尺寸/mm	备注
卷筒纸	787、880、1092、1230、1280、1400、1562、1575	宽度误差不超过±3mm,纸卷直径750~850mm,纸芯直径75~85mm,长度约6000m
平板纸	787×1092、850×1168、787×960、690×960、880×1092、787×960、1000×1400、900×1280、890×1240	长、宽允许误差为±3mm
	880×1230、889×1194	国际通用尺寸

目前，印刷业使用最多的平板纸的尺寸有四种，见表1-2-2所示。

表1-2-2　　　　　　　　印刷业最常用的平板纸尺寸

商业名称	俗称	幅面尺寸/mm
正度	小规格（又称标准样张）	787×1092
大度	大规格	850×1168
	特规格	880×1230
	超规格	889×1194

国家标准GB/T 788—1999《图书和杂志开本及其幅面尺寸》，见表1-2-3。

表1-2-3　　　　　　　　图书和杂志开本及其幅面尺寸

系列	未裁切单张纸尺寸/mm	已裁切成开本		
		开数	代号	公称尺寸/mm
A	890×1240M	16	A4	210×297
	890M×1230	32	A5	148×210
	890×1230M	64	A6	104×144
	900×1280M	16	A4	210×297
	900M×1280	32	A5	148×210
	900×1280M	64	A6	105×144
B	1000M×1400	32	B5	169×239
	1000×1400M	64	B6	119×165
	1000M×1400	128	B7	82×115

注：M表示纤维丝缕的方向。

◈ **专业术语**

开本　将一整张纸裁切成幅面相等的单张纸的份数，即全张纸的几分之一。

理解：开本是表示图书幅面大小（规格尺寸）的行业用语。开本以全张纸开切的数量（开数）来表示。同一开数的开本，由于全张纸幅面尺寸大小不同，其规格尺寸也会有所不同。例如同是32开本的书籍，分别用787mm×1092mm、850mm×1168mm、880mm×1230mm、889mm×1194mm四种幅面尺寸的纸张裁切而得，则与之相对应的名称分别为小32开、大32开、特32开、超32开。

纸张开本的开切方法：书籍的开本有很多种形状，有长方形的，有近似正方形的，有大型开本的，也有小型开本的。纸张开本大体上有三种裁切方法来满足各种开本形状的要求，即几何级数裁切法、直线裁切法及纵横混切法。常见的几何级数裁切法又分为两开法和三开法，如图1-2-1、图1-2-2所示。

纸张开本的开切方法：书籍的开本有很多种形状，有长方形的，有近似正方形的，有大型开本的，也有小型开本的。纸张开本大体上有三种裁切方法来满足各种开本形状的要求，即几何级数裁切法、直线裁切法及纵横混切法。常见的几何级数裁切法又分为两开法和三开法，如图1-2-1、图1-2-2所示。

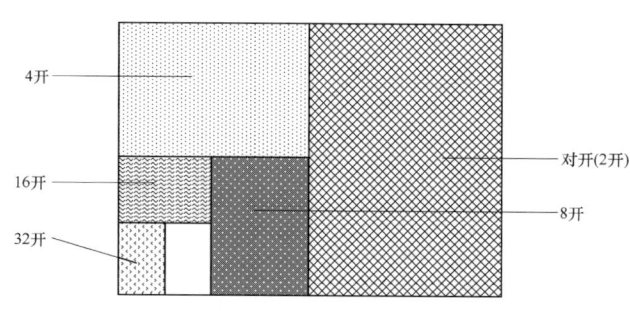

图1-2-1 两开法裁切示意图

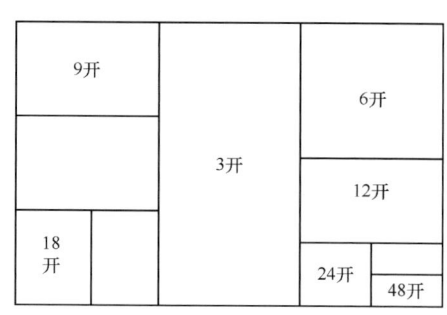

图1-2-2 三开法裁切示意图

两开法是以2的几何级数来裁切，即每次将纸张一折为二，所以开数也是以2的次幂数增加。两开法裁切通常是从纸张的长边方向下刀。开数 = 2^n，其中 n 为对折次数。如16开 = 2^4，即全张纸对折4次可得到16开的幅面大小。例如A4是指A系列中全张纸900mm×1280mm（M）对折四次裁切成16开的纸张，尺寸为210mm×297mm（如打印纸），如图1-2-3所示。

图1-2-3 A4打印纸

三开法相对两开法而言比较复杂一些，第一刀是将纸张一分为三来进行裁切的，所以开数是以3的倍数增加的。裁切后产品形状是长条形的，例如我们常见的英语词典大多是采用这种开本方式的。

2. 偏斜度

印刷实例：某次印刷时发现了套印不准的故障，假设机器调节、环境温湿度等均正常的话，那么出现套印不准的原因可能就是纸张的偏斜度精度不够而导致的。

（1）纸张偏斜度的概念及理解

概念：纸张的偏斜度是指平板纸的长边（或短边）与其相对应的长边（或短边）的尺寸偏差的最大值。如图1-2-4所示为纸张的长边的偏斜度，偏差值用mm表示。

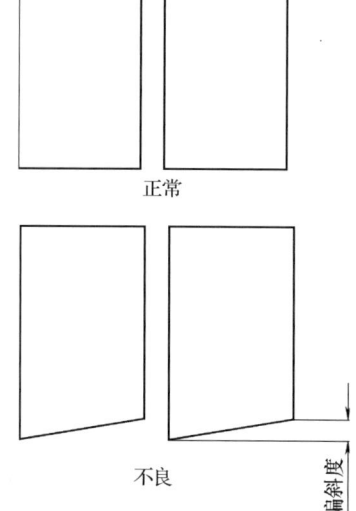

图1-2-4 纸张长边的偏斜度

理解：平板纸的幅面应是矩形，偏斜度大的纸张就意味着纸张不是严格的矩形。

（2）纸张偏斜度标准　平板纸出厂时允许的偏斜度误差为3～5mm。

（3）纸张偏斜度的测定　根据纸的厚度的不同，测定方法也不同。对于较薄的纸张来说，可以采用对折测定法：测定时将纸张的长边对折重合，如图1-2-5所示，使纸角A与B相重合，测量C、D两点间的距离，该距离即为所测纸张长边的偏斜度，测量结果用mm表示，测量精确至1mm。同理，若测量短边的偏斜度则将短边对折重合即可。对纸板来说，因其较厚不宜折叠，可采用重合测定法，如图1-2-6所示。测定时将两张相同大小的纸板（假设纸板$ABCD$长边DC存在偏斜，纸板$A'B'C'D'$尺寸无偏差）正反面相重合，使两张纸板的同一条纸边AB和$B'A'$相重合，测量CD'两点间的距离，该距离即是所测纸板长边的偏斜度，其结果以偏差的毫米数表示，测量精确至1mm。

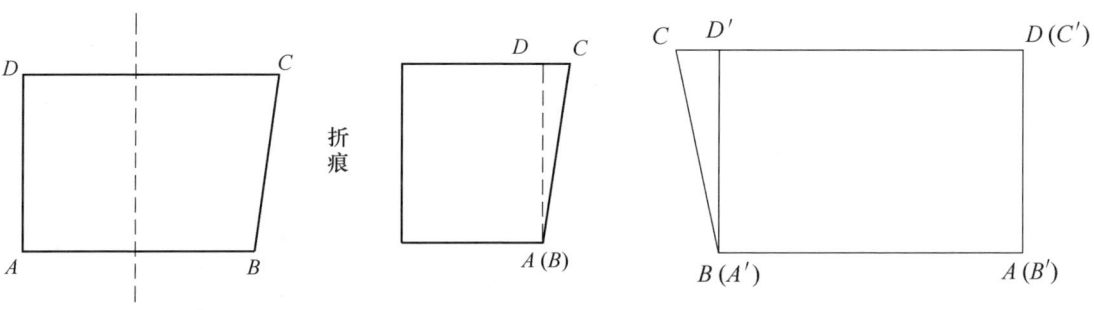

图1-2-5　纸张偏斜度的测定　　　　图1-2-6　纸板偏斜度的测定

3. 常见纸病

所谓纸病，是指纸张残存的不符合规定标准的缺陷。由于这些缺陷的存在，使纸张不能完全符合使用的要求。因为这些缺陷是肉眼可见的，所以又称为纸张的外观纸病。纸张的外观纸病有多种表现形式，如透光、折子、皱纹、脏点等，现将纸张常见的外观纸病及其特征列于表1-2-4中。

表1-2-4　　　　　　　　　纸张常见外观纸病及其一般特征

统一名称	曾用名称	一般特征
透光	纤维组织，云彩花，压花，水花，毛布花，露底，透帘	迎光照射时，纸面各部分出现纤维组织不良、厚薄不匀、有明有暗等程度不一的透光现象
折子	折子，死折子，活折子，压光折子，油筋，筋道，胶口	纸面有粗或细条状的斜折，或有重叠和折叠的能分开和不能分开的条痕现象
皱纹	泡泡沙，麻窝，麻蜂窝，鼓泡，起皱，皱纹，油边	纸面有凹凸不平的曲皱现象
脏点	烘缸垃圾，泡沫斑，油边，油点	纸面有外加的或未除去的草节、树皮等颜色显著差异的污脏、杂质现象
尘埃	尘埃	纸面有颜色不一的，大量密集的细小脏点
斑点	麻坑，汽斑，色斑，松香点，水滴，树脂点，玻璃花，水点，浆疙瘩，料疙瘩，平浆疙瘩	纸面有色泽明暗、反光不一的细点
纤维束	纤维束，浆疙瘩，浆团	纸面有未疏解的纤维束现象

续表

统一名称	曾用名称	一般特征
疙瘩	浆疙瘩，浆团，浆点，木块，浆块	有高出纸面的纤维束团，或有小木块等未蒸解的纤维原料
透明点	透明点，半透明点，透帘，亮点	在光线照射下，纸面纤维较薄处出现透明的小点
窟窿	破洞，压破的玻璃花	在光线照射下，纸面有大的无纤维孔眼
孔眼	孔眼，针眼，砂眼，真空眼，针孔	在光线照射下，纸面有小的无纤维孔眼
有光泽和无光泽条痕	亮条，道子，压痕，烘缸痕，压光痕，烘缸道子，压光道子	在光线照射下，有与纸面光泽不一的条痕
裂口	破口，破边	纸张的边部和中部被撕裂成裂缝
切边不整齐不洁净		切后的纸边有锯齿状或带毛的现象
硬质块		高出纸面的粗颗粒或块状物，如木屑、木节、草节、纤维疙瘩、砂粒、金属屑等
鱼鳞斑		纸面上类似于鱼鳞状的亮斑
翘曲		纸张大范围内出现四周凸起中间凹下，或者相反的现象，或者其它不规则的凹凸不平现象
色调不一		同一批纸张白度不一，或彩色纸颜色深浅不一致
残缺		缺角、撕破、破烂等
接头		卷筒纸纸卷中断纸的粘合部位
静电		单张纸之间相互吸附，不易分开

表1-2-4中所列的纸病，其中脏点、尘埃、斑点、纤维束、疙瘩5种纸病，它们具有两个共同的特点：一是它们都与纸张表面的颜色有着明显的差别，二是通过手摸、眼看能够很快地识别。有脏点、斑点的地方，纸张的吸墨性差，会造成线条或字迹的色泽与其他部分形成差异。尘埃较多的纸张，印刷时也会影响产品的质量，甚至造成不良后果。例如印刷时尘埃恰巧在人像的脸部，便出现麻点；印刷文件时易发生标点符号错误造成政治影响；书写时能使数字有差错。纤维束和疙瘩是纸张中硬的东西，印刷时对橡皮布有磨损作用，同时还会影响印刷网点的再现。

透明点、窟窿和孔眼三种纸病比较接近，但有区别。在光线照射下，纸面纤维较薄处出现的透明的小点称为透明点，纸面有小的无纤维的小孔称为孔眼，纸面有大的无纤维的孔眼或破洞称为窟窿。在纸张表面如果有较多的透明点，印刷时就会产生断笔、断画、网点边缘残缺不全、透印及透影故障。当纸张出现孔眼或窟窿纸病时，这些纸张就不再适宜用来印刷、包装，否则会严重影响产品的质量。

除上述纸张的外观质量外，纸张的表面平服匀整度即平整度、纸张的表面整洁干净的程度即洁净度、纸张中植物纤维及其他成分在纸张的整个幅面上的分布程度即均匀度都会影响纸张的外观综合表现。符合印刷要求的纸张应该是表面平整，均匀，色泽一致，没有砂眼、杂质等，体现出较高的质量档次，使人感觉舒服。

二、基本质量指标

1. 定量

印刷实例：我们在印刷《印刷质量检测实验指导书》封面时选用了$105g/m^2$的双面铜

版纸，这里所说的105g/m²即是纸张的非常重要的定量指标，如图1-2-7所示。

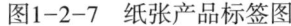
图1-2-7　纸张产品标签图

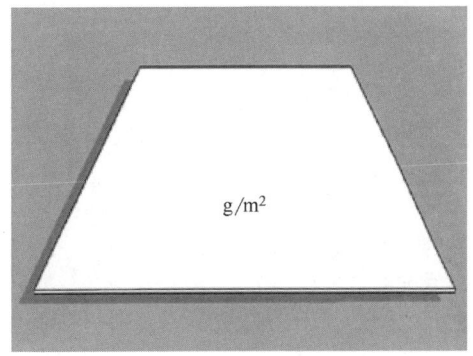
图1-2-8　纸张定量示意图

（1）纸张定量的定义及理解

定义：纸张和纸板每平方米的质量称为纸张和纸板的定量，又称为克重，单位是g/m²，如图1-2-8所示。

理解：定量是表示纸张厚薄的一个概念。同种浆料造的纸，定量越大，纸张越厚。印刷时选用的纸的厚薄就是以定量来进行的。常用纸张的定量有50、60、70、80、105、128、157、200 g/m²。

定量是构成纸张规格的基本度量。在技术方面，它是进行纸张各种技术指标（如强度）评价时的基本条件。定量影响纸张的物理性能以及许多光学性能和电学性能。一般的物理性能如抗张强度、耐破度、撕裂度、紧度、厚度、不透明度等都与定量有关。

现在为了节约成本，减少纤维的用量，造纸有朝着低定量的方向发展的趋势。

（2）定量的测定　纸张的定量通常采用定量测量仪测量，如图1-2-9所示。用仪器专用的取纸器从被测纸张上取一面积为70mm×70mm的纸样，再将纸样挂在指图1-2-9定量测量仪针另一端的挂钩上，待其稳定后，读出指针指向的刻度值，因仪器在设计时已把面积进行过换算，因此该值即为纸张的定量，如图示纸样的定量是60 g/m²。

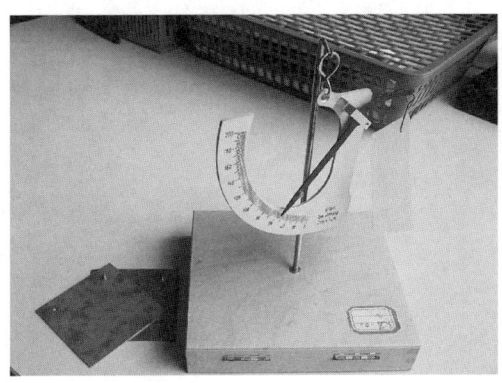

图1-2-9　定量测量仪

另外根据纸张定量的定义，也可采用计算的方法来测定纸张的定量。先取一定面积的纸样，用电子天平测量其质量，如图1-2-10所示，再用公式（定量=质量/面积，即$W=m/A$）计算出其定量，计算时要注意单位的换算。

2. 厚度

（1）纸张厚度的概念

概念：厚度是指纸张的厚薄程度，通常以纸张在规定的压力下，即（1±0.1），测定纸张两表面的垂直距离，以mm或μm表示，如图1-2-11所示。

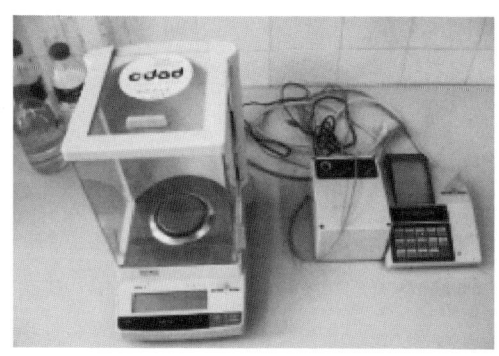

图1-2-10 电子天平

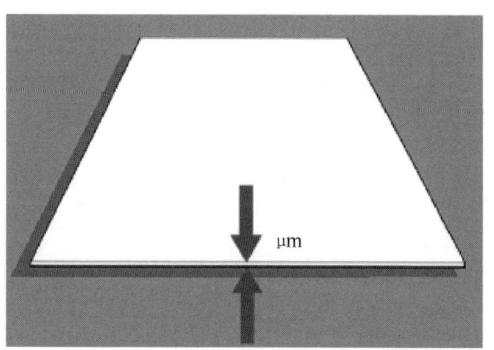

图1-2-11 纸张厚度示意图

纸张的厚度看起来是一个非常简单的概念，但印刷对其厚度却有严格的要求。具体表现在：

① 纸张的厚度要求整个幅面均匀一致。如果出现不均匀的情况，则印刷时会出现压力不均匀，结果是图文有的地方颜色深，有的地方颜色浅。

② 纸张的厚度对印刷压力的影响特别大。因为印刷时要根据纸张的厚度来调节印刷压力，以获得合适的颜色深浅。

③ 纸张的厚度也是计算书脊厚度的依据。如果厚度不均匀，就会造成书脊厚度准确一致出现问题。若纸的厚度不一致，则印出的同一批书的厚度就不一致。书籍装订后书脊的厚度不一致，造成书脊字或书脊图案不准确。

④ 纸张的厚度会影响其不透明度和可压缩性。

（2）厚度的测量

纸张的厚度采用ZUS-4型高精度厚度测定仪测定，如图1-2-12所示。厚度测定仪主要由量钻、测量头及百（千）分表组成。利用测量头（面积为定值）对位于它和量钻之间的纸施加一定的压力，由于纸张夹在其中，有一定距离，这厚度传给厚度测定仪的百（千）分表测量杆，经过表头内齿轮传动机构，使百（千）分表上的指针沿着顺时针方向进行转动，指出纸张的厚度。

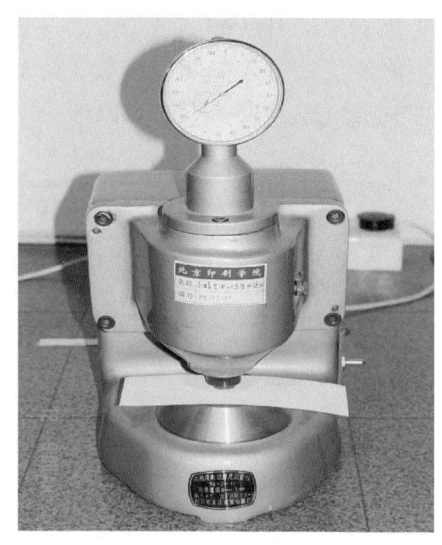

图1-2-12 纸张厚度测定仪

3. 紧度

概念：紧度是指每立方厘米纸张的质量，以 g/cm³ 表示。该单位与物质的密度单位相同，因此也称纸张的紧度为表观密度。

纸张的紧度由定量和厚度按下式计算出：

$$D = \frac{W}{T \times 1000}$$

式中　D——纸张的紧度，g/cm³
　　　W——纸张的定量，g/m²
　　　T——纸张的厚度，mm

紧度是衡量纸张结构疏密程度的物理量。紧度在相当程度上也表示纸张的孔隙率、松软性、透气性和吸附性。一般说纸张的紧度与耐破度、抗张强度成正比，与透气度成反比。纸张的紧度还直接影响吸墨性和不透明度：紧度愈大吸收速度愈慢，纸张的不透明度随紧度的增加而减少。

纸张的紧度取决于所用纤维的种类、打浆程度、抄纸时网部脱水情况、湿压程度和压光程度等，所以纸张生产时应根据纸张的要求采取不同的工艺条件以达到所需的紧度。

普通胶版纸的紧度在 0.8g/cm³ 左右，铜版纸的紧度在 1.25g/cm³ 左右，轻量涂料纸紧度在 1.05g/cm³ 左右，无压光涂料纸紧度在 0.9g/cm³ 左右。

⊕ **专业术语**

松厚度　松厚度在数值上是紧度的倒数，是指 1g 纸张体积有多大，用 cm³/g 表示，计算公式如下：

$$V = \frac{T \times 1000}{W} (\text{cm}^3 / \text{g})$$

式中　V——纸张的松厚度

对于一个给定的基本重量，书刊用纸的松厚度范围可从较高的松厚度到非常低的松厚度。例如，用于图书产品的纸张常常需要松厚些，以便较少的页码能呈现出较厚的外观，如图 1-2-13 所示。对于卷筒纸来说，松厚度也非常重要，因为印刷商是按重量来购买纸卷的，松厚度与重量之比就能表示出给定质量纸卷的长度。如果松厚度增加，长度就会减小。印刷时用的纸张紧度越大，只能换得越少的印刷量。

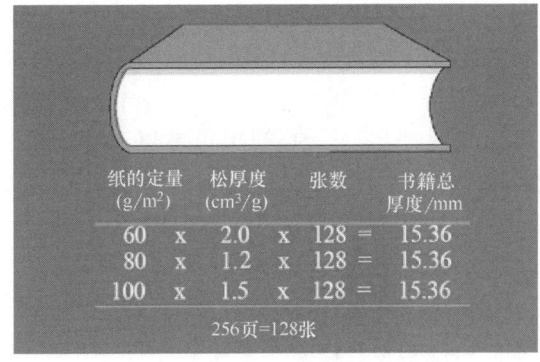

图 1-2-13　纸张松厚度示意图

三、纸张的两面性和方向性

1. 纸张的两面性

（1）纸张正反面的形成　在造纸过程中，纸页的形成过程总是一面与网面接触，其纸面产生网纹的痕迹，而另一面与毛毯接触，从而造成两个不同的表面状态。即纸张有正、反两面，正面为毛毯面，反面为网面。

产生纸张两面性的原因是由于在纸页成形过程中纸张单面脱水，网面细小纤维和填料流失所致，如图1-2-14所示。因此反面总是比较粗糙，也比较疏松；而正面则比较平滑、紧密。正、反面的各种性质都不一样，纸张的这种两面不均的现象，称之为纸张的两面性，如图1-2-15所示。

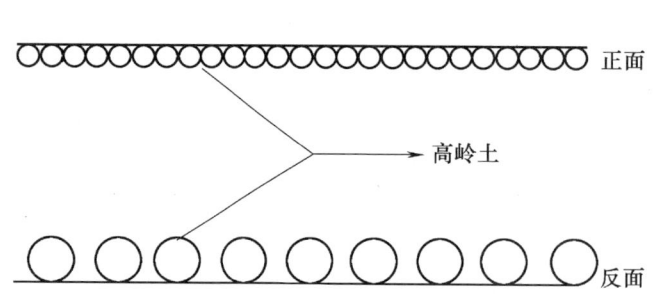

图1-2-14　纸层中高岭土的分布情况

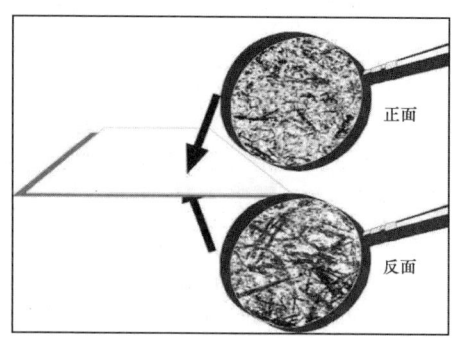

图1-2-15　纸张两面性示意图

（2）纸张正反面与印刷的关系　纸张的两面性对印刷质量的影响很大，它可导致印刷品质量的不均匀性，不利于印刷品质量的控制。纸张的正面平滑度较高，着墨效果较好，但表面强度较反面低，在印刷中更易拉毛。相反，纸张的反面较为粗糙，着墨效果较正面差，但表面强度高，在印刷中不易拉毛。为了克服纸张的这种两面性，目前国外抄纸设备已采用立式夹网造纸机，这种造纸机采用两面同时脱水，从而大大减少了纸张两面的差别，也有效地解决了非涂料纸印刷中的掉粉、掉毛问题。

（3）纸张正反面的判断方法

① 直接观察法：直接用肉眼观察纸两面的形状与结构，有纸机网印（即表面具有网纹痕迹）的一面为反面，另外一面则为正面。用肉眼观察不清楚时，可借助5～10倍的放大镜观察，如图1-2-15所示。也可用手触摸，正面手感滑润，反面手感不滑。

② 碳素纸压痕观察法：首先将试样做好记号，再将碳素纸放在试样上并划一宽13mm、长51～76mm的黑色痕迹，查看表面是否具有浸渍网纹的痕迹。有为反面，无为正面。

③ 浸润判断法：将水或稀的氢氧化钠溶液浸在纸的表面后，把多余的溶液或水排掉，待数分钟后，观测纸的两面，有网纹痕迹的一面为反面，另一面为正面。

④ 硬币判断法：将被测纸张折叠后使其两面处于同一平面上，然后将其置于表面平整的玻璃平板上，用硬币在其表面划出痕迹，因纸张的正面填料含量较多而划痕较深，纸张反面因填料含量较少而划痕较浅，甚至不易显出，从这一点就可辨别出纸张的正反面。

2. 纸张的方向性（又称丝缕性）

印刷实例：书籍的封面采用横向纸并加勒口，目的是避免封面整张卷起；书芯采用纵向纸，目的是使书芯翻阅方便，如图1-2-16（a）图所示。若书芯采用横向纸，则书页将会难以合闭上，并且显示出要反弹开来的趋势，如图1-2-16（b）图所示。这里就涉及纸张的方向性问题。

（a） （b）

图1-2-16　纸张方向性示意图
（a）书芯为纵向纸　（b）书芯为横向纸

（1）纸张方向性的形成　在纸张抄造时纤维的排列方向由于受到铜网的牵引力而与造纸机运转方向平行，由于造纸机铜网的运动方向决定了纸张中植物纤维的排列带有方向性，如图1-2-17所示。

植物纤维定向排列后，其植物纤维的长度方向称为纸张的纵向，与长度方向相垂直的方向称为纸张的横向，如图1-2-18所示。

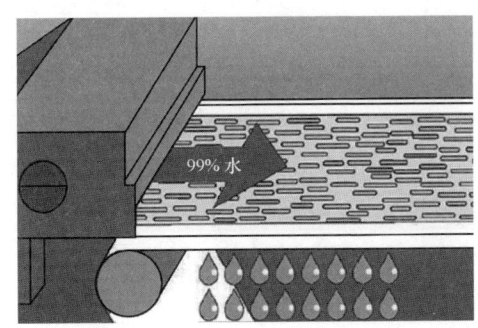 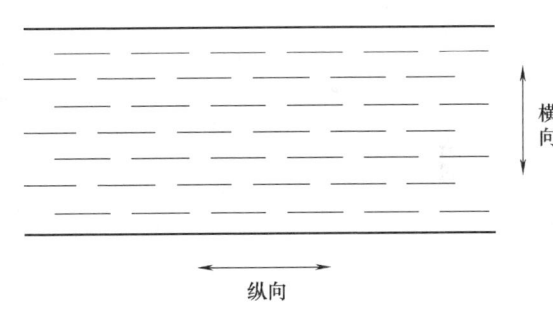

图1-2-17　纸张方向性形成示意图　　图1-2-18　纸张的纵横向

在印刷中还经常出现采用纵向纸或横向纸进纸印刷的说法。所谓纵向纸，就是指纤维的排列方向与纸的长边平行的纸张；横向纸是指纤维的排列方向与纸的长边垂直（即与短边平行）的纸张，如图1-2-19所示。

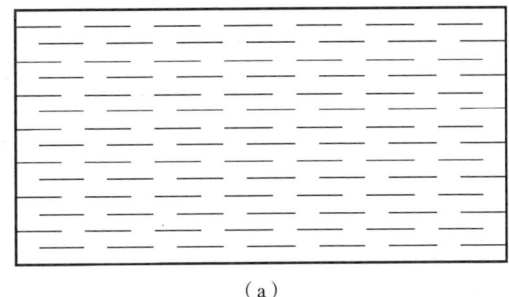 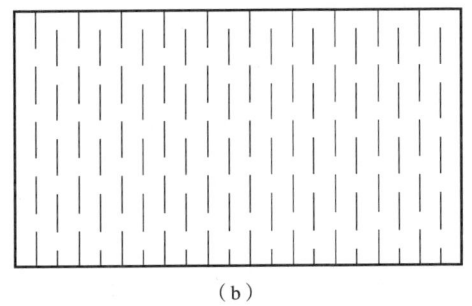

（a） （b）

图1-2-19　纵向纸和横向纸
（a）纵向纸　（b）横向纸

特别说明，纸张的纵向和横向，与纵向纸（纵丝缕纸）和横向纸（横丝缕纸）不是一个概念。因为对纸张来说，总是存在纵向和横向的方向性，然而只有对于单张纸，才存在着纵向纸和横向纸的问题了。

（2）纸张的方向性与印刷的关系　纸张的方向性主要是影响纸张的尺寸变形，进而影响印刷的套印精度。由于纸张中植物纤维具有吸水膨胀的特点，一般来说植物纤维的径向膨胀要比纵向膨胀大得多，一般为2～8倍。因此纸张吸水后的横向伸长通常要比纵向伸长大得多，如图1-2-20所示为纵向纸和横向纸伸缩的一个例子。所以印刷时通常选用纵向纸进纸印刷，这是由于纵向纸在印刷时沿滚筒轴向的变形量小，而沿滚筒径向（即印刷方向）变形量稍大，在此情况下可以通过改变滚筒包衬来弥补因纸张横向变形而引起的套印不准。除此之外，纸张的方向性还影响纸张的抗张强度、挺度等。一般来说，抗张强度是纵向大于横向，为1.5～2.2倍；挺度也是纵向大于横向，为1.5～2.3倍。

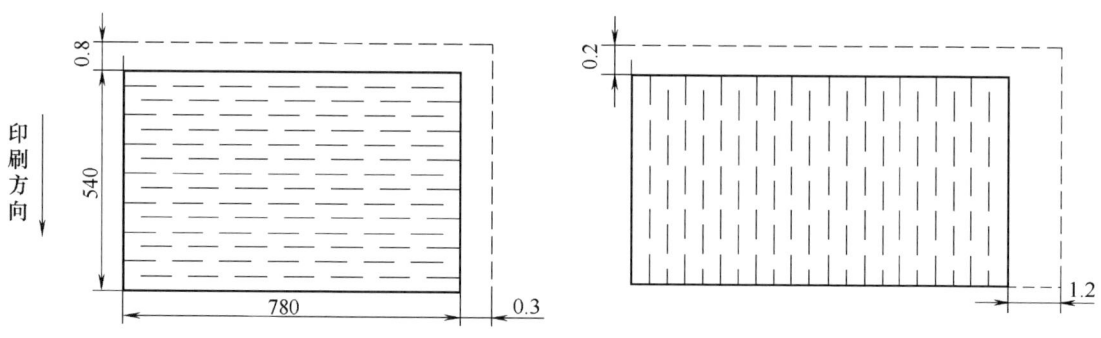

图1-2-20　吸水伸长时纵向纸与横向纸对比

（3）纸张纵横向的判断方法

① 直观法。将纸张平放在桌面上，置于光线下，使眼睛的观察角度与纸张成45°，当观察到纸张有明显的植物纤维排列方向的一边为纵向，另一边则为横向，如图1-2-21所示。

② 撕裂法。分别沿纸张的两边缓慢撕裂纸张，其中阻力较大且破口不直的一边为纸的横向，另一边则为纵向（即撕的破口比较整齐），如图1-2-22所示。

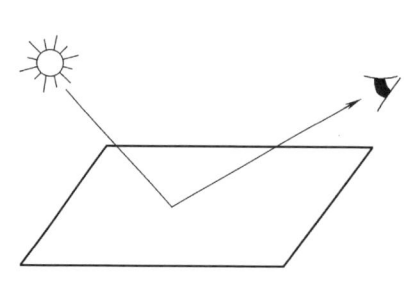

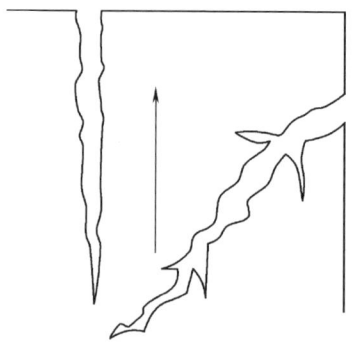

图1-2-21　直观法示意图　　　　图1-2-22　撕裂法示意图

③ 水测法。将一张边长为2cm的正方形的纸片置于水面，润湿后迅速捞起，观察其卷曲方向，边部未弯曲的一边为纵向（即小纸片卷曲的轴向），另一边为横向，如图1-2-23所示。

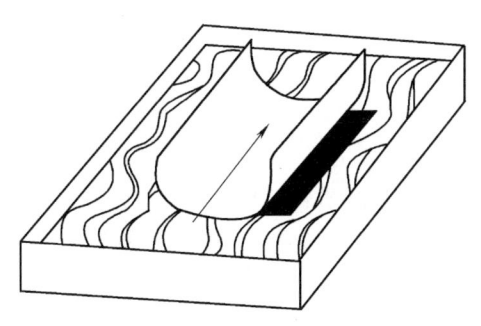

图1-2-23　水测法示意图

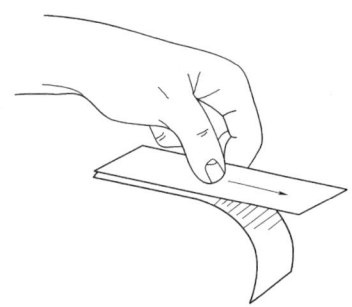

图1-2-24　纸条弯曲法示意图

④ 纸条弯曲法。分别沿纸张两边裁切1cm宽、15cm长的两个纸条，将两纸条重叠在一起，用手抓住一端，另一端让其自由弯曲，分别将两纸条交换置于下方，纸条分开时下方纸张为横向纸，如图1-2-24所示。

⑤ 纸张弯曲法。分别沿纸张两个方向进行挤压，其中用力较小的一边则为纵向，另一边为横向，如图1-2-25所示。

⑥ 润湿纸边法。裁一边长为2cm的正方形纸片，分别将两边置于水中润湿，捞起后等待片刻，弯曲度较大的一边为横向，较平直的一边为纵向，如图1-2-26所示。

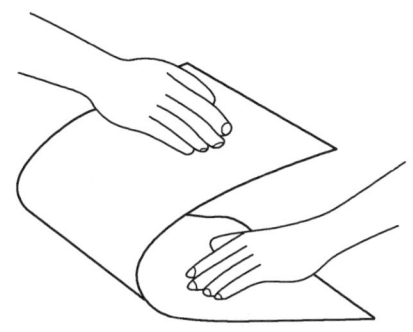

图1-2-25　纸张弯曲法示意图

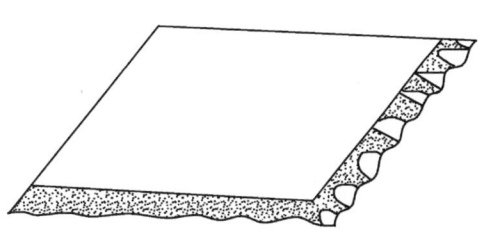

图1-2-26　润湿纸边法示意图

任务1　技能训练

1. 纸张尺寸与偏斜度的测定

（1）训练目的

① 了解纸张尺寸和偏斜度的测量方法。

② 掌握纸张尺寸和偏斜度的标准。

③ 掌握检查纸张尺寸和偏斜度是否合格的方法。

（2）工具和材料

精度为1mm、长度为2000mm的钢卷尺一把，铅笔一支。

（3）训练步骤

① 测量卷筒纸的宽度，测量结果精确至1mm。

② 测量平板纸的长度和宽度，测量结果精确至1mm。

③ 按照前述纸张偏斜度的测定方法测定纸张的偏斜度，取两个值中的大值为所测纸张的偏斜度，测量结果精确至1mm。

（4）工艺要求

① 测量纸张尺寸时不能用木尺或塑料皮尺代替钢卷尺，以免影响测量精度。

② 测量平板纸的尺寸和较薄纸张偏斜度时，应从每一包装单位中随机取出3张纸样进行测定。

③ 测量较厚纸张或纸板的偏斜度时，应从每一包装单位中随机取出6张纸样进行测定。

（5）结果分析及成绩评定

同学们根据测量结果及所学知识分析你所测量的纸张尺寸和偏斜度符不符合标准，请填写表1-2-5。

表1-2-5　　　　　　　　纸张尺寸与偏斜度测定

项目		次数	1	2	3	4	5	6	标准值	允许误差
卷筒纸		宽度								±3mm
平板纸		长度								
		宽度								
纸张	偏斜度	长边							—	3~5mm
		短边							—	
纸板	偏斜度	长边							—	
		短边							—	

结果分析_____

_____

成绩评定_____

_____

2. 纸张定量的测定

（1）训练目的

检测纸张的定量。

（2）工具和材料

灵敏度为1%的电子天平，定量测量仪，实验用切纸刀，纸样。

（3）训练步骤

① 计算法测定：

a. 将样品放于标准温湿度中进行大气处理至平衡为止。

b. 从样品上切取一定面积的试样。具体方法是：沿纸幅纵向折叠成1层、5层或10层，然后沿横向均匀切取0.01m²，即100mm×100mm的试样至少4叠，精确度为0.1mm。

c. 用天平分别称取每叠试样的质量。

d. 将测定结果记录在表1-2-6中，并计算出纸张的定量值。

表1-2-6　　　　　　　　　　　　　纸张定量的测定

叠次	每叠层数	每叠面积	每叠质量	每叠定量	定量平均值
1					
2					
3					
4					
5					

② 定量测量仪测定法：

a. 用专用取纸器从纸样中取5张面积为70mm×70mm的纸样。

b. 分别挂在定量测定仪上测量。

c. 依次读数，并计算出平均值。

（4）工艺要求

应经常用精确的标准砝码对天平加以校验。

结果分析＿＿＿＿＿＿＿＿＿＿＿＿＿＿＿＿＿＿＿＿＿＿＿＿＿＿＿＿＿＿＿＿＿＿＿

＿＿＿＿＿＿＿＿＿＿＿＿＿＿＿＿＿＿＿＿＿＿＿＿＿＿＿＿＿＿＿＿＿＿＿＿＿＿＿

成绩评定＿＿＿＿＿＿＿＿＿＿＿＿＿＿＿＿＿＿＿＿＿＿＿＿＿＿＿＿＿＿＿＿＿＿＿

＿＿＿＿＿＿＿＿＿＿＿＿＿＿＿＿＿＿＿＿＿＿＿＿＿＿＿＿＿＿＿＿＿＿＿＿＿＿＿

3. 纸张厚度的测定

（1）训练目的

① 检测纸张的厚度。

② 检测纸张的紧度。

（2）工具和材料

厚度测定仪，切纸刀、纸样。

（3）训练步骤

① 裁切标准试样：在待测纸张试样上裁切10张规格为100mm×100mm的纸张。

② 调整仪器零点：标准表上的指针要对准表盘上的"0"位置，使零点的误差在百分表上不得超过0.005mm，在高精度的千分表上误差不得超过0.0005mm。

③ 放入试样：将测量头抬起至少1mm。将试样插入测量头和量钻之间，同时离试样边至少20mm。

④ 测量：将测量头轻轻放下与试样表面接触，接触时间即试样受压时间至少保持2s，且不得超过5s。立刻从刻度盘上读取读数，读数精确到0.005mm或0.0005mm。

⑤ 取值：在每一包装单位中，取出3张试样进行测量，以所有测定值的算术平均值表示结果。

⑥ 将试样种类（指定定量）、测试及计算结果记录到表1-2-7中。

表1-2-7　　　　　　　　　　纸张厚度的测定及紧度计算

试样种类（指定定量） 厚度	1	2	3	平均值/mm	紧度/（g/cm³）

（4）工艺要求
① 测定时避免人为地对厚度测定仪施加任何压力。
② 测量结果精确至毫米，计算的平均值取3位有效数字。

结果分析_____

_____

成绩评定_____

_____

习题

1. 目前印刷业使用最多的平板纸尺寸有哪几种？
2. 纸张的正反面的形成原因是什么？
3. 简述纸张的方向性对印刷的影响。
4. 已知某种纸尺寸为480mm×560mm，现测得其厚度为0.09mm，10张这种纸的质量为215g，试计算该种纸的定量以及紧度。

知识点2 ⊕ 纸张的机械强度

纸张一般是在需要负担相当大的应力的情况下使用的，所以机械强度是纸张的重要性质之一，也是其在现代高速机上不断头、能顺利通过轮转印刷机所必备的条件。

纸张的机械强度通常是用使纸的整体性遭到破坏和结构发生不可逆改变的那些应力数值来表示的。根据作用于纸张上的力的性质的不同，常用抗张强度（俗称拉力）、耐折度、撕裂度、挺度等不同的指标来表示纸张的机械强度。

一、抗张强度

印刷实例：某次卷筒纸轮转印刷时，纸卷断裂而不能正常进行。这里涉及纸张的一个很重要的性能——抗张强度。

1. 纸张抗张强度的定义及理解

定义：纸张的抗张强度是指纸张在拉力作用下拉到断裂时所能承受的最

抗张强度

大张力，又称抗张力或拉力，如图1-2-27所示。

理解：纸张的抗张强度表示纸张在一个受力过程期间（如用到了抗张力的印刷过程）能在多大程度上抵抗断裂的能力。

2. 纸张抗张强度的表示方法

（1）绝对抗张力　即以纸张标准所规定的试样宽度（15mm），在抗张强度测定仪上直接读出的荷重F，用N计量。

（2）裂断长　裂断长是一个假定的概念，是指当纸张不能承受自身的重量而断裂时的长度，以m为单位，如图1-2-28所示，其中L即为该卷筒纸的裂断长。如图1-2-28纸张的裂断长示意图新闻纸的裂断长为3000m，指该纸在自然下垂3000m的时候断裂。裂断长的数值越大，表示纸张的抗张强度越大，承载负荷的能力越强，印刷时纸带断裂的可能性越小。计算公式为：

$$L = \frac{F}{BW}$$

式中　L——裂断长，m

　　　F——试样的抗张力，N

　　　B——试样宽度，m

　　　W——试样定量，g/m^2

另外，还有一个裂断伸长率与抗张强度有一定关系。纸张受张力至断裂时的伸长与原长之比的百分率称为伸长率，即$\Delta L/L \times 100\%$。例如，在多层纸板的起皱操作期间，就要求其表面层有较大的伸长率，否则可能引起断裂。在测量纸张抗张强度的同时，可测量纸张的伸长率。

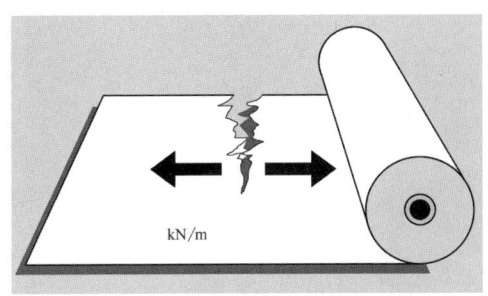

图1-2-27　纸张抗张强度示意图

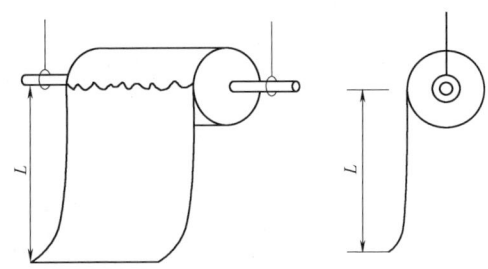

图1-2-28　纸张的裂断长示意图

纸张的抗张强度主要取决于纤维之间的结合力和纤维本身的强度，所以，选好造纸用浆的品种和良好的打浆是取得较高抗张强度的关键。当然，添加合适的增强剂，对提高纸的抗张强度也大有益处。

纸的伸长率在很大程度上决定于纸机上的抄纸工艺规程和纸机的结构特点。为了适当提高纸的伸长率，要尽可能减少干燥过程中受牵引力的张紧程度。伸长率是衡量纸张韧性的一项指标，其值越大越能减轻外力冲击的破坏作用，对纸袋纸、包装纸等都是重要的性能指标。

3. 纸张抗张强度的测定

目前我国最常用的测定纸的抗张强度和伸长率的仪器为摆锤式抗张力试验机，即常说的肖伯尔抗张强度仪。该仪器的基本原理是摆的平衡，其原理如图1-2-29所示。

摆锤式拉力机是由传动变速机构、拉伸强度测量机构和伸长测量机构组成的。该仪器的下夹头由传动装置带动，以一定的速度下降，使试样受到力的作用，这个力又传至上夹头，上夹头通过链条传动使摆偏转一定角度，并随下夹头不断下降。作用力不断增加，直至试样裂断为止，摆也随即停止。根据摆所转动的角度，即可通过下式计算出试样裂断时所受到的拉力：

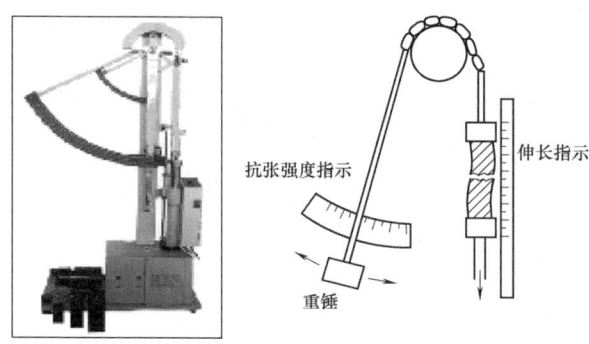

图1-2-29 摆锤式抗张力试验机

$$F = \frac{W \cdot h \cdot \sin\alpha}{r}$$

式中　F——抗张力，N

　　　W——摆锤的重力，N

　　　h——摆的重心与摆轴之间的垂直距离，mm

　　　r——扇形体的半径，mm

　　　α——摆在F力作用下的偏转角度

由于式中r、W、h都是定值，所以抗张力F是转角α的函数。

二、耐折度

印刷实例：书籍的封面、地图、钞票等印刷品因其使用特点需要反复折叠，为了满足这一使用要求，这就涉及纸张强度中的一个耐折度的问题，如图1-2-30所示。

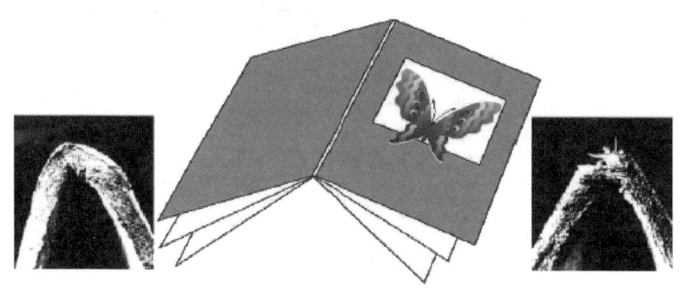

图1-2-30 纸张耐折度示意图

1. 纸张耐折度的定义及理解

定义：耐折度是纸张通过折痕线反复折叠和打开而没有产生断裂的能力。

理解：耐折度是纸张的基本机械性质之一，用来表示纸张抵抗往复折叠的能力。

虽然耐折度对于大多数的应用品都是较重要的，但它对于要被过度捏拿的纸张（如纸币和包装用纸）来说却是特别重要的。同时，它又是一个非常复杂的性能，它与纤维的特性相关，如纤维的长度、宽度、细胞壁的厚度以及单张纸的成型工艺特点等。在压缩和张紧的折叠循环期间，纤维的行为也会关系到单张纸的耐折性。耐折度随打浆程度的提高而增大，直到达到一个最高值之后，再提高打浆度，耐折度就开始迅速下降。所以，纤维的长度、单张纸的同质性以及氢键的结合程度均与耐折度有关。

耐折度分纵向耐折度和横向耐折度两种，一般纵向耐折度大于横向耐折度，这是因为纤维的排列使其在纵向的结合力较大所致。

耐折度与纸张的含水量有关。一般情况下，在一定程度上，纸张的含水量增加，耐折度都有较大幅度的增加。

2. 耐折度的测定

纸的耐折度是指在规定的试验条件下，在专门仪器中将试样折断前纸张所能经受折叠的次数，以双折次表示。耐折度测试仪通常以简单的方式来模拟折叠纸样，直至断裂。例如，MIT耐折度仪（麻省理工学院创制）适用于厚度在254μm到1.778mm之间的纸张和纸板，以135°的折角、每分钟175个来回折叠的速率折叠纸样，如图1-2-31所示。肖伯尔耐折度仪（我国国家规定使用）以180°的角度，并在一个小的张力负荷下，借助往复式支架来折叠纸样，其纸样的厚度范围最大可达250μm，如图1-2-32所示。

由于耐折度的变化性大，耐折度指标必须有一定的公差，高级纸最少为20%，普通纸最少为30%。

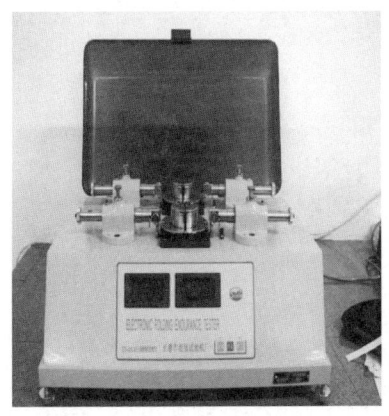

图1-2-31　MIT耐折度仪

图1-2-32　肖伯尔耐折度仪

三、撕裂度

印刷实例：纸袋纸如洽洽瓜子用牛皮纸包装，很难撕开，这是因为包装的需要选用撕裂度高的牛皮张；但使用时又要方便撕开，所以在侧边通常会开一小口，并注明由此撕开。这里就涉及纸张的撕裂度问题。

1. 纸张撕裂度的定义及理解

定义：撕裂度是指裂断预先切口的试样至一定长度所需要的力，单位为mN（毫牛），如图1-2-33所示。

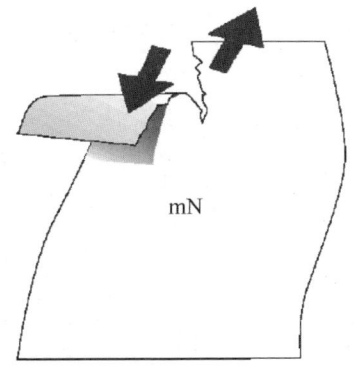

图1-2-33　纸张撕裂度示意图

理解：纸张撕裂时所用的力包括把纤维拉开和把纤维拉断两个力。

纤维的处理方式和纤维的长度直接与纸张的撕裂度有关。随着打浆度的增加，此时纤维的结合力增强，纤维拉开的摩擦阻力增加，因此撕裂度有所上升；但打浆度进一步上升时，纤维基本上不能被拉开，处在裂口处的纤维几乎全部被拉断，此时撕裂度较小。也就是说纸张的撕裂度随打浆度提高有所上升，但打浆度进一步提高，撕裂度反而会下降。用棉、麻等长纤维原料制成的纸张撕裂度较高。用草类等短小纤维原料制成的纸张，撕裂度较低。

在印刷中，纸张易受到一定的剪切力作用，如卷筒纸和书刊装订的折页过程中以及单张纸印刷中受到的咬牙力作用等。此外，印刷品在使用过程中也可能受到各种力的作用。因此对纸张的撕裂度有一定的要求：对于一些需要特别强度的材料来说，需要更高的撕裂度，可以使用长纤维的纸张，如牛皮纸、证券纸、钞票纸等；而印刷和书写用纸，要兼顾撕裂度和平滑度，可以用长短纤维的混合浆料。

2. 纸张撕裂度的测定

撕裂度的测定在爱利门道夫式撕裂度仪上进行，如图1-2-34所示。此仪器是根据功能原理设计而成的，当扇型摆的重心升高至一定高度时，即具有了势能，摆释放后势能转化为动能而对试样做功，此功被认为平均分配到全部撕裂长度上，其值以力的大小（mN）通过刻度板表示出来。该方法采用一个模拟撕纸的动作。纸张的一侧被夹住，另一侧装夹在带指针的扇形摆上。摆被释放，就带来了一个撕裂力，指针自由状态下对应的撕裂点就可记录为撕裂度的大小。

四、挺度

印刷实例：阅读报纸时，人们希望拿着报纸时报纸与人的姿势保持基本垂直，不需要弯腰低头看，这样看报比较方便舒服。这里就涉及纸张的挺度性能。

纸张挺度

1. 纸张挺度的定义

定义：挺度是表示纸和纸板的抗弯曲强度的性能，即刚性，如图1-2-35所示。

刚性的一个重要优点是它来源于纤维结晶区的氢键力，这就是纸张有挺度而塑料薄膜没有挺度的原因。纸张和纸板的高挺度取决于纤维素纤维特有的高挺度，它依次把其挺度传递给了整个纤维素网络。打浆度高的纸张挺度大，半纤维素含量高的纸的挺度大，掺入草浆的纸和纸板的挺度大。挺度与纸的厚度关系密切，理论上纸张和纸板的挺度与厚度的三次方成正比。若定量保持一定，则挺度与厚度的二次方成正比。

图1-2-34 纸张撕裂度仪

图1-2-35 纸张挺度示意图

每一种类型的纸张和纸板在印刷和应用时都需要一定程度的刚性,故不能低估这个性能的重要性。没有挺度,在印刷机上使用的纸张就不可能轻易地通过单张纸传送机构来传递。太薄而挺度不大的纸张,易产生打皱、输纸不畅的故障。印刷前,对纸张的敲纸操作,有助于提高纸的挺度。在卷筒纸印刷机上,纸张横向的均匀抗张挺度需要用来保证有良好的套准性。大量的办公复印机和数字印刷机需要足够的抗弯曲挺度来正常传送纸张。印后加工过程,如折页需要一个合适的挺度来确保良好的变换成型性。瓦楞纸箱在压制成型和仓储操作时都必须显示出挺度来应对拉力和压缩力。没有挺度和刚性,盛装液体的包装盒或包装箱就不可能起到作用。

2. 纸张挺度的测定

对于纸板可采用泰伯尔(Taber)式挺度仪,如图1-2-36所示。该仪器是使试样的一端固定,在另一端加负荷,使试样弯曲15°,测试其所需要的力矩。

另一种既可测定纸张也可测定纸板的挺度仪为葛尔莱(Garley)式挺度仪,该仪器是测定纸和纸板的抗弯曲性能,是以一定尺寸的试样拨动一定重量的摆,在力达到平衡时,由摆指针指示的值计算出试样的挺度。

图1-2-36 纸张挺度仪

任务2 技能训练

1. 纸张抗张强度的测定

(1)训练目的

检测纸张的抗张强度。

(2)工具和材料

肖伯尔式抗张强度仪、纸样。

(3)训练步骤

① 按标准规定取样,并在规定的大气条件下进行处理。

② 切取宽15mm、长约250mm的纵、横方向的试样各10条,并做好纵横向标志。

③ 调节仪器各部件,把摆、指针调到零位;下夹头升至最高位置,夹距一般控制在180mm,若试样较短,可用150mm或100mm夹距;伸长装置的指针在零的位置,上夹头锁在垂直的位置。

④ 将试样分别按纵、横向将纸条夹在上夹头上(一般可夹入5~10条,纸板应逐条夹入)。调节试样至平行,拧紧上夹头,松开上夹头固定螺丝,取一条试样轻轻拉直,夹紧于下夹头中。

⑤ 根据试样强度的情况,选择适当的重砣,调节下夹头下降速度,打开锁钩,扳动操作手柄使下夹头开始下降。待下降速度能在(20±5)s使试样断裂时,即可进行正式测定。

⑥ 重新夹好试样进行正式测试,读取力度盘上的数据和伸长指示值,并按下式计算:

$$L = \frac{F}{BW}$$

式中　　L——裂断长，m

　　　　F——试样的抗张力，N

　　　　B——试样宽度，m

　　　　W——试样定量，g/m^2

⑦将测量及计算的结果记录到表1-2-8中，并计算出抗张强度和伸长率平均值。

表1-2-8　　　　　　　　　纸张抗张强度的测定

抗张强度 测量次数	纵向	横向	伸长率 测量次数	纵向	横向
1			1		
2			2		
3			3		
平均值/N			平均值/%		

（4）工艺要求

①试样若在夹头内部或距夹口10mm以内断裂时，应弃去不计。

②根据特定的质量标准要求，测定厚纸板的抗张强度时，采用的宽度为50mm（若采用15mm宽度时，其结果应乘以3.3），夹距为100mm。

③调节下夹头下降速度除可采用秒表测试外，还可以用2～3条试样做试探性测定。为此，可将试样断裂时下夹头下降的距离（mm）乘以3，即可求得调速盘上每分钟下夹头应该下降的速度，按此速度进行测定，便可保证试样断裂时间在（20±5）s。

④结果分析中应注明下夹头的驱动速度。

⑤试样的抗张强度和伸长率，按纵横向进行测定，分别以所有测定值的算术平均值表示结果，并报以最大值和最小值。计算结果保留3位有效数字。

结果分析_____

_____

成绩评定_____

_____

2. 纸张耐折度的测定

（1）训练目的

检测纸或纸板的耐折度。

（2）工具和材料

肖伯尔式耐折度仪、试样。

（3）训练步骤

①按规定切取试样和对试样进行处理，纵、横向切取宽15mm、长100mm（纸板长为140mm）的试样各5～10条。

②核准仪器，并使刀口与轴在一直线上。

③松旋夹头上的螺母，将试样平直地通过折叠片放入夹头的钳口中，拧紧螺母，并使试样平直。

④用手分别向左右同时拉伸弹簧筒，直至弹簧锁插入弹簧筒拉不动为止，使试样

产生7550mN（770g）的初张力。若为纸板测定仪，须给试样施加9810mN（1000g）的初张力。试样在测试过程中的最大张力，纸为9810mN（1000g），纸板为12750mN（1300g）。

⑤ 启动仪器，使仪器开始折叠。

⑥ 试样断裂后，由计数器读出折叠次数。

⑦ 旋松夹紧螺母，取出已断试样。提起弹簧锁，使弹簧筒退回原位，拨回计数器至零（数字显示的仪器自动回零），进行下次测定。

⑧ 纵、横向各测定5~10次，分别以纵、横向所有测定值的算术平均值表示结果，并报出最大值和最小值，单位为次。

⑨ 将被测纸张的种类及对应方向的耐折度记录到表1-2-9中，并取平均值。

表1-2-9　　　　　　　　　　　纸张耐折度的测定

试样种类	测量次数	1	2	3	4	5	平均值
	纵向耐折度						
	横向耐折度						
	纵向耐折度						
	横向耐折度						

（4）工艺要求

① 耐折度受湿度的影响大，测试时应在恒温恒湿的条件下进行。

② 操作者应戴手套工作，不得直接用手触摸试样，测试时操作者要离开仪器远一些，更不要对折叠头呼吸。

结果分析＿＿

＿＿＿

成绩评定＿＿

＿＿＿

3. 纸张撕裂度的测定

（1）训练目的

检测纸张的撕裂度。

（2）工具和材料

ZY-10摆撕裂度测定仪、试样。

（3）训练步骤

① 校准撕裂度测定仪

a. 仪器水平调节：调节仪器上的水准器，使摆上指示重心的刻线和制动板的边缘相对成一直线。

b. 摆轴的摩擦：在摆的制动器端点右边2.5cm处有一条白线，当压下制动器让摆由开始撕裂位置向右摆动，在摆不受外力抑制自由摆动往返20次以上，每次摆向左边时，摆的边缘应保持在标识以内。否则摩擦力不符合要求,需要清洗轴承、加换新轴或检查摆轴是否有磨损及不直现象。

c. 指针零点校准:将摆放在初始撕裂位置,指针靠在指针限制器上,压下制动器使摆摆动后,指针应指在标尺零点,否则调节指针限止器直至达到零点为止。

d. 指针摩擦力:将指针放在标尺零点,放下空摆,指针不得被推出零点外0~1600g 3小格,0~100g 3小格,0~50g 6小格,0~20g 10小格。否则应调节指针轴承摩擦力,最后重新调节指针零点。

e. 校对后把摆放在起始位置。

② 取样及测试

a. 取样:试样按GB 450—2002的规定采取及处理,并在标准的温、湿度下进行测定。

b. 夹放试样:将63mm×75mm的试样若干层横夹在两试样夹内,用裁刀切成20mm的切口。

c. 测试:将指针拨到指针停止器,按下摆的限制器,使摆开始摆动。当摆回到起始位置时,轻轻抓住摆,使其停止,并记录指针的读数。恢复摆到起始位置。

③ 将被测纸张的种类、对应方向的撕裂度和撕裂指数记录到表1-2-10中。

表1-2-10　　　　　　　　纸张撕裂度的测定

试样种类	测量次数	1	2	3	4	5	平均值	撕裂指数
	纵向撕裂度							
	横向撕裂度							
	纵向撕裂度							
	横向撕裂度							

(4) 工艺要求

① 测试要求:若试样撕裂时偏斜,撕裂线的末端与刀口延线左右斜超过10mm,其结果作废。若半数以上的试样都超过10mm,则所有结果一起取平均值,并在实验报告中注明偏斜的尺寸和比例。

② 取值要求:一次实验所需的试样层数视纸张的撕裂度的大小而定。使测定值保持在刻度盘20%~60%,读取刻度值至1格。

③ 试验时试样要一半正面、一半反面互相叠放,朝向摆的摆动方向。

④ 在每一包装单位中,从取出的不同纸样上切取试样,测定其纵、横向撕裂度至少各5次,分别以纵横向所有测定值的算术平均值表示测定结果,并在试验报告中指出最大值和最小值。

⑤ 结果处理要求:

a. 撕裂度(C)

$$C = \frac{a \times 16}{n}$$

式中　　a——试验时指针的刻度，mN

　　　　n——一次试验时试样张数

　　　　16——仪器常数，即刻度的设计层数

计算结果10mN以下的修约至一位小数，10mN以上的修约至整数。

b. 撕裂指数X（N·m²/kg）

$$X = \frac{C}{W}$$

式中　　　　W——试样的定量，g/m

　　　　　　C——撕裂度，mN

结果分析＿＿＿＿＿＿＿＿＿＿＿＿＿＿＿＿＿＿＿＿＿＿＿＿＿＿＿＿＿＿＿＿＿＿＿＿＿＿

成绩评定＿＿＿＿＿＿＿＿＿＿＿＿＿＿＿＿＿＿＿＿＿＿＿＿＿＿＿＿＿＿＿＿＿＿＿＿＿＿

习题

1. 纸张的抗张强度的表示方法有哪些？
2. 哪些印刷情况下要求纸张有较好的耐折度？
3. 撕裂度好的纸张印刷时有什么有利之处？

知识点3⊕纸张的表面性质

油墨在印刷时最终是要转移到纸张表面上而呈现颜色的，这就要求纸张的表面性质要符合印刷工艺的要求。纸张的表面性质主要有平滑度、表面强度；而纸张的可压缩性直接影响到印刷平滑度，也就是说它影响油墨向纸张表面的转移，所以也把纸张的可压缩性归纳到表面性质里。

一、平滑度

印刷实例：大家都知道，铜版纸印刷的画报比胶版纸印刷的彩色图像看起来更细腻，更鲜艳，更具有光泽。这里就涉及纸张平滑度这一性能。

1. 纸张平滑度的定义及理解

定义：平滑度是指纸张表面平整光滑的程度。

理解：平滑度是评价纸张表面凹凸程度的一项指标。平滑度是粗糙度的相对概念，纸张表面凹凸不平，即平滑度低，粗糙度高；反之，平滑度高，粗糙度低。因此，也常用粗糙度表示纸张的平整程度。通常所说的平滑度，是指在一定的真空度下，一定体积的空气，通过受到一定的压力、一定面积的试样表面与玻璃表面之间的间隙所需要的时间，以s表示，如图1-2-37所示。

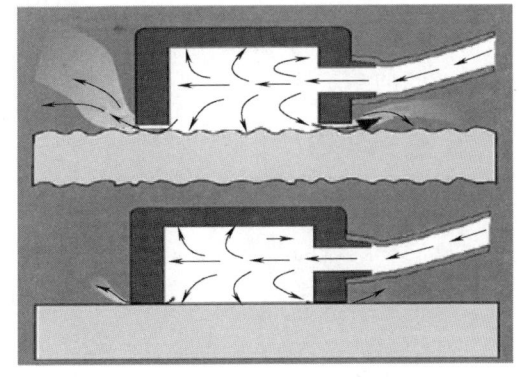

图1-2-37　纸张平滑度示意图

平滑度取决于纸张表面的形貌，描述了纸张的表面结构特性。平滑度与纸张生产过程中的成型工艺有关，平滑度既取决于备料时纤维的形态和处理工艺，也取决于造纸机的抄造特性。后加工工艺，如机内压光、机外超级压光、涂布和整体上光都可以提高纸张的微细平滑度。纸张的平滑度与其光泽度有一定关系，两者都受造纸过程中压光处理的影响，但两个量的物理意义却并不相同，在数量上也不是简单的关系，如一张未经压光处理的涂料纸虽光泽度低但却相当平滑。

纸张平滑度分为表观平滑度和印刷平滑度两种。把纸张自由状态下纸张表面的平滑度称之为表观平滑度，表观平滑度取决于纸张的外观纹理结构；把纸张印刷压力作用下压印瞬间产生的暂时性平滑度称之为印刷平滑度，印刷平滑度则是纸张表观平滑度和表面可压缩性的综合效应。

2. 纸张平滑度与印刷的关系

平滑度决定着纸张与印版（或胶印橡皮布）接触的紧密和完满程度，因此它与印品质量有密切关系。平滑度高的纸张由于表面凹下的地方很少，密接程度高，图文部分的油墨转移图1-2-38不同平滑度的纸上印刷的线条和网点的情况率高，纸的表面所印出的印刷品字迹清晰，图文醒目；对网点来说，则是网点饱满，边缘整齐，能获得高质量的印刷效果。反之，如果纸的表面粗糙，则表面凹下的地方较多，在印刷时，很难达到在每一个地方都实现印版（或胶印橡皮布）与纸密接。其结果是印出的文字、线条不整齐甚至断线，对色块而言中间会出现白斑，显得颜色不实。而对网点来说，会形成支离破碎的或中间白斑点多的网点，其宏观表现就是图像不精神，颜色密度不足，图像也不清晰，如图1-2-38所示。常用纸张平滑度由大到小的排列顺序依次是铜版纸、胶版纸、凸版纸、新闻纸。

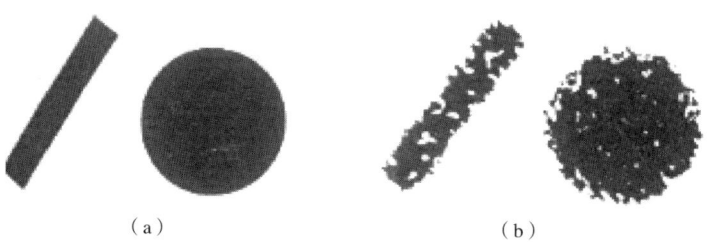

图1-2-38　不同平滑度的纸上印刷的线条和网点的情况
（a）高平滑度　（b）低平滑度

对所有印刷方式而言，作为一般印件，胶印对一般印刷用纸的平滑度的要求不是那么严格，这主要是因为胶印利用了富有弹性的橡皮布来作中间转移，橡皮布的高弹性能够弥补纸面的凹凸而使纸能较好地与橡皮布密接，获得较好的油墨转移率。而对于像凹印等金属版直接印刷来说，由于金属版是刚性的，必须选用平滑度高的纸张，否则导致纸面与印版密接不好，油墨转移就不均匀，印迹显得不结实。

印刷平滑度还影响印刷品的光泽度。高的印刷平滑度有利于在纸面形成均匀平滑的墨膜，从而提高印品的光泽度。

另外，随着纸张平滑度的下降，覆盖图像部分或显现字迹所需要的油墨量也将明显增加，因此在表面粗糙的纸张上进行印刷时，油墨的单位消耗量较大。

对于用网点来表达色调层次的高网线产品，纸张的平滑度将显得更为重要，高平滑度的纸张是获得高质量网点再现必不可少的条件。表1-2-11列举了网点线数与不同平滑度纸张的适印关系。

表1-2-11　　　　　　　　　　网点线数与纸张

网点线数/（线/in）	纸张	适用产品
80～100	胶版纸	全张宣传画、招贴画、电影海报等
100～133	胶版纸	对开年画、宣传画、教育挂图等
150～175	铜版纸、画报纸	月历、明信片、画册、画报、书刊、封面等
175～200	铜版纸	精细画册、古画复制、精致科技插图等

如果纸张比实际需要的平滑度要差，可以通过采用适当加大印刷压力或适当加大墨量的方法来提高印品质量。

3. 平滑度的测量

目前用于测量纸张表观平滑度的方法主要有显微照相法、触针法和OCR（Optical Character Recognition）法等。已开发出许多测量纸张印刷平滑度的方法，但概括起来不外乎两类，一类为光学接触法，另一类为空气泄漏或气流法，以第二类的仪器较多。这些仪器中大多数的测量压力都较实际印刷压

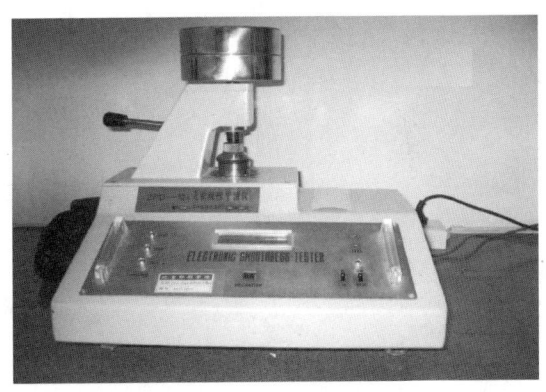

图1-2-39　别克式平滑度仪

力低很多，因而与实际印刷中纸张的印刷效果之间存在一定的差距，但用于区别不同纸张之间的平滑度仍是十分方便有效的。根据空气泄漏法原理设计的平滑度仪种类较多，有别克式、葛尔莱式、本特生式等，我国普遍采用别克式平滑度仪，如图1-2-39所示。

该仪器的工作原理是在一定真空度和压力下，测出一定量的空气通过试样表面与支承玻璃砧接触面所需的时间。试样愈平滑，它与玻璃砧之间的接触就愈紧密，空气通过的速度就愈慢，一定量的空气通过所需的时间就愈长，表明纸样表面平滑度就愈高。

二、可压缩性

要获得满意的印刷质量，纸张的平滑度是一个必要的条件，与平滑度同等重要的是纸张的表面可压缩性。

1. 纸张表面可压缩性的定义

定义：可压缩性是指当压力垂直作用于纸张的表面时（即沿着Z向），其厚度可以被压减的程度。

严格地说，可压缩性是一个强度性能，但因为它影响油墨向纸张表面的转移，所以在这一节来讨论。纸张和纸板的可压缩性取决于硬度、密度以及结构组成等，也就是说取决于矿物填料的性能和纤维的柔韧性。松厚的纸张比薄密度的纸张具有更大的压缩性。

2. 可压缩性与印刷的关系

一旦纸张通过压印点，它就需要反弹回原来的形状和厚度。这种压缩性（又称弹塑

性）在多色印刷时是非常重要的，因为纸张在通过印刷单元时被快速和连续地压缩和释放。承印物能恢复其厚度和表面形状的能力称作回弹性。纸张的可压缩性和回弹性统称为印刷缓冲性，这些性能弥补了纸张表面厚度和匀度的变化，使印刷图像和纸张之间可以达到一种最紧密的接触。

对于纸张和纸板来说，其本身是具有弹性和塑性的物质，纸张和纸板的这种性质只有在一定力作用下才会表现出来。纸在Z向力的作用下会产生变形，当力撤销后瞬间完全恢复的变形称为敏弹性；而力撤销后，缓慢地恢复变形称为滞弹性。也就是说纸张和纸板的弹性由敏弹性和滞弹性两方面组成的。如果压力大于滞弹性极限的条件下，这时纸张和纸板就会产生另一种现象，即纸张和纸板变形的不可逆性，这种不可逆性称为纸张和纸板的塑性。纸张和纸板的压缩率与弹性恢复关系如图1-2-40所示。

以下为弹性恢复率和压缩率及塑性变形率的公式：

$$压缩率 = \frac{K}{d} \times 100\%$$

$$弹性恢复率 = \frac{R}{K} \times 100\%$$

$$塑性变形率 = \frac{K-R}{K} \times 100\%$$

式中　　d——最初厚度，mm

　　　　K——压力最大时的压缩量，mm

　　　　R——压力去除后的弹性恢复量，mm

　　　　$K-R$——永久变形量，mm

三、表面强度

印刷实例：某次印刷时出现了一种常见的故障——拉毛。假设机器设备、油墨性能等都正常的话，发生拉毛故障的原因主要涉及到纸张的一个非常重要的性质——表面强度。

1. 纸张表面强度的概念及理解

概念：纸张的表面强度是指纸张的纤维、填料、颜料等与纸张结合连接牢靠的结实程度，即纸张表层物质互相结合的强度，如图1-2-41所示。

表面强度

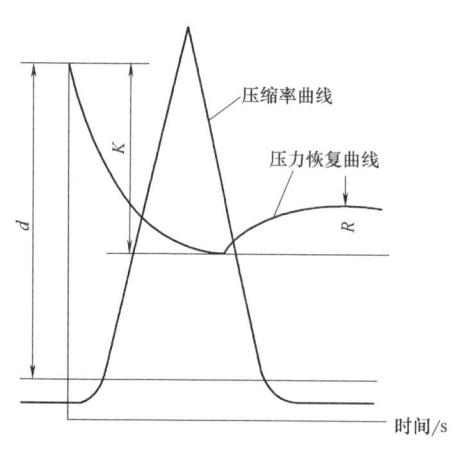

图1-2-40　纸张压缩率与弹性恢复关系

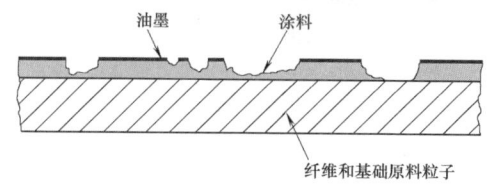

图1-2-41　纸张表面强度示意图

理解：表面强度是纸张表面抵抗外力的一项重要技术指标。在印刷中，纸张表面强度被描述为在油墨粘附力和印刷速度作用下，纸张抗油墨分裂力的能力。印刷表面强度是以连续增加的速度印刷纸面，直到纸面开始拉毛时的印刷速度来表示，以cm/s表示，如图1-2-42所示。

与纸张表面强度容易混淆的一个概念是纸Z向强度。把纸张平面定义为X-Y平面，即纸张的纵向为X向，横向为Y向，而厚度方向为Z向。

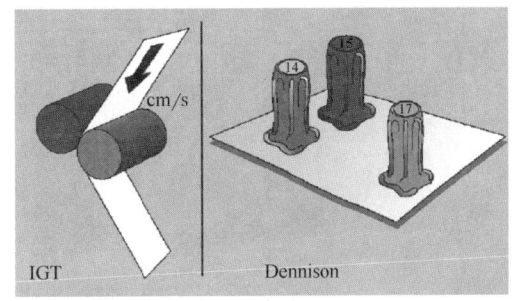

图1-2-42　纸张表面强度表示图

Z向强度指单位纸页面积上，垂直于纸页平面的抗分层、抗撕裂的能力。对一般定量较低的薄纸，Z向强度较大的纸表面强度也较大（加填量过大除外），但对由多网纸机抄造的厚纸板，Z向强度较低但表面强度却可能较高，因为该种纸的纤维组织实际上是明显分层的。

⊕ 专业术语

拉毛　胶印时非涂料纸表面个别短小的植物纤维被拉掉的现象叫拉毛，如图1-2-43所示。

脱粉　铜版纸表面涂料层中的白色粉质颜料颗粒被拉掉的现象称为脱粉，如图1-2-44所示。

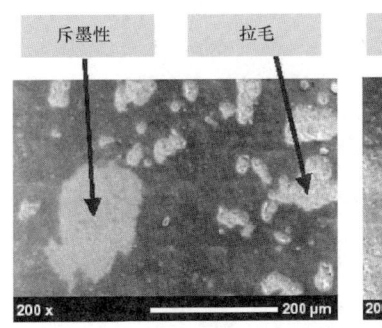 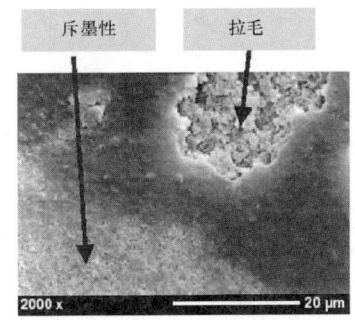

图1-2-43　纸张拉毛示意图

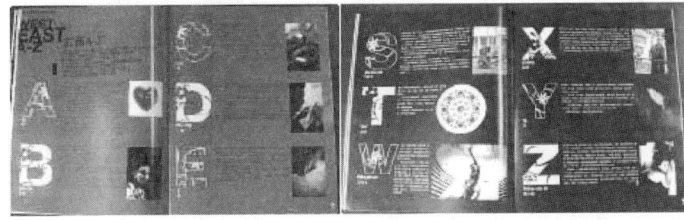

图1-2-44　纸张脱粉引起的故障

剥纸　印刷时纸张表面被成片剥离或分层的现象称为剥纸，如图1-2-45所示。

2. 纸张表面强度与印刷的关系

当纸面与着墨的印版或橡皮布分离时，油墨的分离力大于纸面粒子间的结合力时，纸面便产生肉眼可见的破裂现象，被油墨拉下的纸面纤维、填料或涂料堆积在橡皮布和印版表面，如

图1-2-45　纸张剥纸样品图

图1-2-46所示，脏污橡皮布和印版表面，印刷工人必须及时进行擦洗。若不及时擦洗，纸毛留在印版上，则会因为纸毛有厚度而使纸毛周边一圈上不了墨而出现环岛白斑，如图1-2-47所示。纸张表面强度低最易引起的故障是拉毛、掉粉，所以讲纸张的表面强度与印刷的关系主要是研究拉毛、掉粉故障。

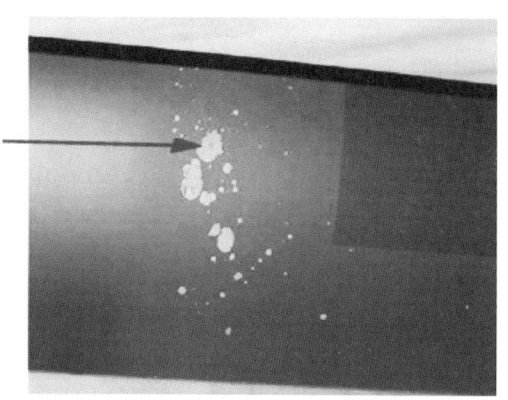 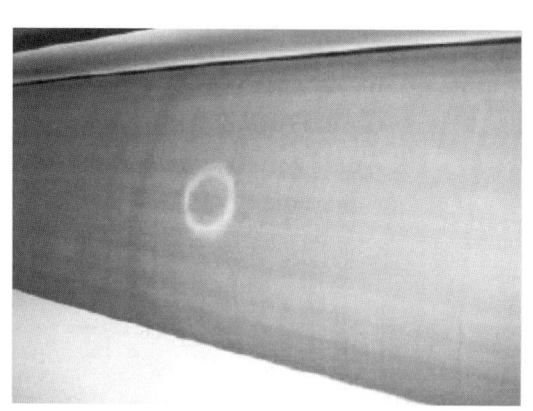

图1-2-46　纸毛堆积在橡皮布和印版上　　　　　图1-2-47　环岛白斑

拉毛对印刷的影响主要有两方面：一是造成图文部分的污染，二是胶印中橡皮布及墨辊清洗次数增加。按发生拉毛时是否有水的参与，把拉毛分为干拉毛（dry picking）和湿拉毛（wet picking）两类。干拉毛与水无关，只是由于油墨的分离力对纸张表面作用的结果，这种拉毛现象自然与纸的耐水性无关，在单色机和多色机上都可能发生干拉毛。湿拉毛是在水的参与下发生的，因此与纸张的耐水性有关。湿拉毛是多色胶印中特有的拉毛现象。

掉粉掉毛是指在印刷过程中纸张表面松散粒子的脱落现象。对于铜版纸来说，若涂层质量较差或不平坦，或者支持涂层的纸基比较薄弱，都将在印刷时由于与胶印油墨接触而产生掉粉。与拉毛现象不同，掉粉掉毛指只由于润版液的湿润或机械摩擦作用就能导致纸面松散粒子的脱落，而拉毛必须在油墨的分离力大于纸面粒子之间的结合力时才发生。因此，拉毛是导致纸面相互结合的粒子的剥落，而掉粉掉毛是纸面松散粒子的脱落。拉毛取决于纸张的表面强度，掉粉掉毛取决于纸面的干净程度。

纸张的表面强度不适应印刷的要求，必然会引起脱粉掉毛的现象，严重时还会产生剥纸现象。当然，如果油墨的黏性过大也会引起纸张的拉毛现象。

3. 纸张的表面强度的测量

（1）加速印刷法　加速印刷的方法是基于流体在平面之间分离时的分离力与分离的速度成正比例关系的原理设计的，即分离速度越快，分离力越大。对于一定的印刷油墨，当油墨的分离力大于纸张的拉毛阻力时，纸张便发生所谓的拉毛现象，因此发生拉毛时的印刷速度便间接的表示了纸张的拉毛阻力的大小，该印刷速度称之为临界拉毛速度或拉毛速度。IGT系列印刷适性仪就是利用这一原理进行拉毛试验的，如图1-2-48所示。它不仅可以用于拉毛测试，而且可以进行各种纸张、油墨结合的印刷适性试验。利用IGT印刷适性仪测量纸张表面强度（拉毛阻力）的方法已被采纳为国际标准方法和我国国家标准方法。

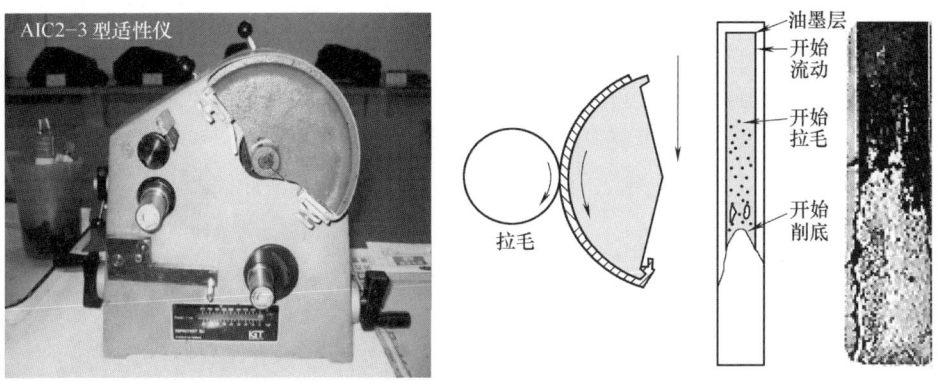

图1-2-48　IGT印刷适性仪

用加速印刷的方法测得的临界拉毛速度来表征纸张的表面强度，在众多的方法中是最科学的。

（2）Dennison蜡棒法　除上述IGT印刷适性仪测量这种标准方法外，以前还用过Dennison蜡棒法来测量纸张的表面强度，如图1-2-49所示。该方法是采用20根胶粘能力不同的蜡棒，按胶粘能力由小到大从2A到32A编号。测量时将蜡棒的一端加热使之熔化后，垂直加于纸张表面，15s后拔起，用能将纸面损坏的蜡棒的号数表示纸张的表面强度，号数越高，表示纸张的表面强度越高。Dennison蜡棒法采用静态测量，不能反映出纸张表面在印刷过程中被剥离的力学特征，因此只有比较意义，这是其局限性。

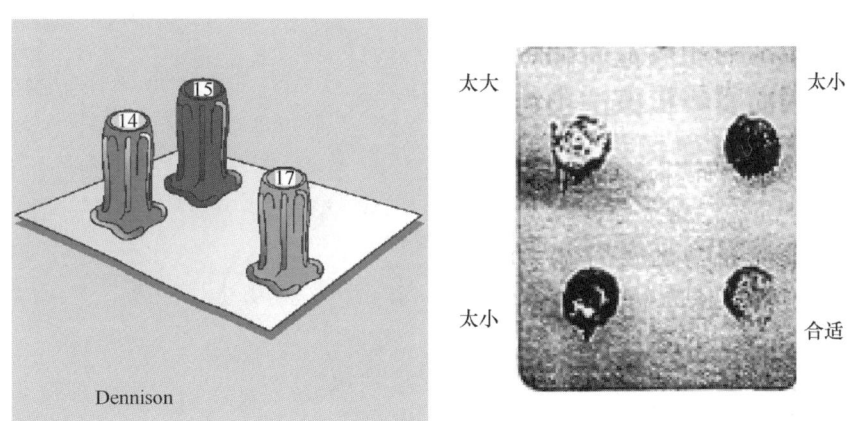

图1-2-49　Dennison 蜡棒法示意图

4. 纸张表面强度的控制

从上述内容可知，纸张表面强度低是拉毛故障出现的主要因素之一（还有油墨等其他工艺原因），控制表面强度就是控制出现拉毛现象。控制过程分为造纸过程和印刷过程两方面。

从造纸的角度分析纸张的表面强度，就是如何在造纸中保证纸张应有的表面强度。如采用合理的制浆方法获取良好的浆料；辅以适当的打浆；精准地控制填料的加入量；采用适当的抄造工艺，同时还可以通过对纸张进行表面施胶、严格控制干燥曲线等措施来获取较高表面强度的纸张。

从印刷的角度分析纸张的表面强度，就是如何保证在一定的纸张表面强度的情况下避免出现拉毛现象，即怎样保证纸张相对表面强度不降低。

① 油墨的分离力（黏性）大于纸面粒子之间的结合力时会出现拉毛，故要降低油墨的黏性。

② 印刷速度过快也会出现拉毛，故降低印速。

③ 温度过低，导致油墨黏性增大，也会出现拉毛，使用时对油墨预热。

④ 润版液用量过大，纸张吸收水后表面强度会降低也会出现拉毛，故减少润版液的用量。

任务3　技能训练

1. 纸张平滑度的测定

（1）训练目的

检测纸或纸板的表面平滑度。

（2）工具和材料

别克式平滑度仪。

（3）训练步骤

① 要按GB 450—2002的规定采用及处理，并在标准温、湿度下进行测定。将试样切取成50mm×50mm、正反面各10个样品。

② 对仪器进行密封性、真空度及空气的泄入量的校对。

③ 把试样放于玻璃砧上，放好橡胶模和金属盖板。

④ 打开电源，待一定时间后按动真空泵按钮，待气室的真空度达到3724Pa以上即停止抽气，此时由于内外存在气压差，空气将流向气室而使真空度下降。当气室的真空度为3724Pa时，借助传感器的作用开始计时，待气室真空度下降至3528Pa时则停止计时。在计时显码器上显示的数据就是被测试样的平滑度，单位为s，然后抬起杠杆，取出试样，再进行下一次测试。

⑤ 试验结果取平均值，并分别注明正反面的结果，算出正反面差［（正面平滑-反面平滑度）/正面平滑度］，以百分数表示。

⑥ 将试样种类、测试及计算结果记录到表1-2-12中。

表1-2-12　　　　　　　　纸张平滑度的测定

试样种类	测量次数	1	2	3	4	5	平均值	正反面差/%
	正面平滑度							
	反面平滑度							
	正面平滑度							
	反面平滑度							

（4）工艺要求

① 测试压力为98kPa，有效面积为10cm^2，空气量为10mL，真空压力为49kPa，孔径面积为1cm^2。

② 在每一包装单位中，从取出的不同纸样上应沿横向纸幅切取试样，以正、反面各不少于5个贴向玻璃砧进行测定。

③ 此仪器要放在清洁无尘的房间内，室内保持恒温、恒湿，工作台稳固水平。

④ 实验时，400mm泵柱指示灯必须燃亮3s以上，否则资料不准。

结果分析_____

_____

成绩评定_____

_____

2. 纸张表面强度的测定

（1）训练目的

检测纸张的表面强度。

（2）实验仪器

采用A1—3型印刷适性仪。

① 仪器简介：此仪器是直接测定纸张及其油墨的印刷适应性的，能反映出纸张在印刷过程中的各项物理指标。此仪器相当于一个小型双色印刷机，用它对纸张做预印控制实验，可对纸张的表面强度、印刷平滑度、油墨吸收、油墨转移、印刷密度、网目清晰度做印刷适应性的实验。

② 仪器构造：该仪器分两部分。

a. 油墨分布仪，如图1-2-50所示。

油墨吸管容量2mL，刻度1/100mL；聚氨酯树脂辊60mm，长144mm；主动铬辊107mm，长144mm；小型分布传动辊107mm，长155mm；铝制的油墨盘，宽10mm。

b. 印刷适性仪，如图1-2-51所示。

图1-2-50 油墨分布仪

图1-2-51 印刷适性仪

印刷扇形体：宽22mm，半径85mm；

摆速度：0～116cm/s；

弹簧速度：A速：0~250cm/s；
M速：0~300cm/s；
B速：0~350cm/s；
印刷压力装置：0~800N。

（3）训练步骤

① 试样按GB 450—2002中的规定切取和处理。切取宽22mm、长250~270mm的纸条，试样为纵向正面、纵向反面、横向正面、横向反面，每一方向每一面各取5条。并在恒温恒湿的条件下进行测定。

② 油墨的分布：先用溶剂（汽油）将油墨分布仪的各辊清洗干净，再用吸墨管吸取2mL的拉毛油或油墨，然后挤出1mL的油墨于聚氨酯树脂辊上分布均匀。开动油墨分布仪，即将聚氨酯树脂辊放下，并将小型分布传动辊与主动铬辊接触，使油墨分布8min。将10mm墨盘与聚氨酯树脂辊接触运转45s取下。

③ 将试样装在扇形压印盘上，纸条一端固定并夹紧，使试样紧贴在纸垫或胶垫上（新闻纸、凸版纸用纸垫，胶版纸、涂料纸用胶垫），并调节印刷压力指示到（35±1）×98N。

④ 将带有油墨的墨盘放在印刷仪上，放开扇形盘，使扇形体带着纸条与墨盘接触并转移，完成印刷。

⑤ 印刷后立即取下印好的纸条，在荧光灯下使视线与纸面约成15°观察纸条表面，画出开始连续起毛的位置。

⑥ 测量印刷开始点至起毛和起泡、撕裂点的距离，印刷开始点要以连续起毛点算，在连续起毛点前的个别起毛点不计，同时要去掉扇形盘与墨盘初接触的5mm（端部宽约5mm深色印迹中间位置）的距离，在速度-压力曲线图表上查出该纸条的拉毛速度。

⑦ 每实验完一条就用溶剂清洗墨盘，后再用高档卫生纸将残余溶剂擦净。每实验10条试样后，就在聚氨酯树脂辊上再补充0.16mL的拉毛油或油墨，再分布3min，然后上墨盘继续实验。试印50条试样后，就全部清洗干净，重新上拉毛油或油墨，步骤同上。

⑧ 将试样种类、测试及计算结果记录到表1-2-13中。

表1-2-13　　　　　　　　　纸张表面强度的测定

试样种类 \ 测量次数	1	2	3	4	5	6	7	8	9	10	平均值/(cm/s 或 m/s)
纵向正面											
纵向反面											
横向正面											
横向反面											

（4）工艺要求

① 记录实验纸条的方向纵向或横向、正面或反面、所用油墨黏度、印刷压力、拉毛或起泡、撕裂或撕断速度以及仪器型号和所用速度范围。

② 结果分别取纵向正面、纵向反面及横向正面、横向反面的平均值，单位为cm/s或m/s，计算结果修约至0.01m/s。

③ 印刷开始点为墨盘与纸条接触的地方，在纸条显有较深的印痕的中点为零点，由此点量到起毛点的距离，对照图表距离查出表面强度（拉毛速度）。拉毛起点规定是在拉毛观察仪下观察得到的。

结果分析_____
_____
成绩评定_____
_____

习题

1. 为什么平滑度高的纸张可用于印刷精细印刷品？
2. 纸张的可压缩性对印刷有什么意义？
3. 表面强度差的纸张在印刷中易出现哪些故障？

知识点4⊕纸张的吸收性质

因为纸张是由交织的纤维网络组成的，网络中存在空隙，也包含了一些更小的粉末和填料，纸张的这种多孔性结构带来了许多细小的管道和毛孔，在液体的表面张力和毛孔周围的表面能量间引起的毛细管作用力下，会促使液体渗透进入这些管道和毛孔。这就是本节要探讨的纸张的一个重要性质即吸收性质。纸张的吸收性质包括吸水性和吸墨性。通过前面纸张组成的介绍我们知道纸张是一种吸水性很强的物质，关于纸张的吸水性（又叫吸湿性）将在纸张的吸湿性里面详细介绍。本节重点介绍纸张的吸墨性。

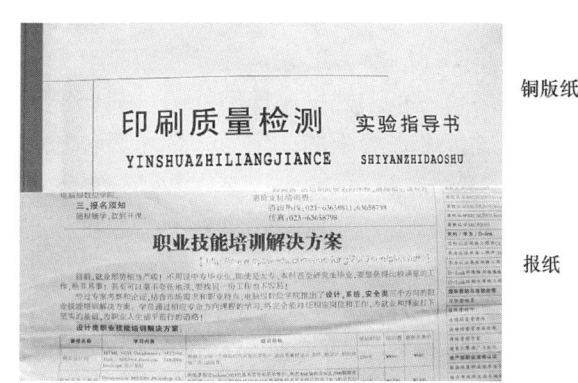

图1-2-52　新闻纸和铜版纸吸墨性比较图

印刷实例：众所周知，报纸上的黑色文字没有铜版纸上的黑色文字的颜色深，即不够黑，如图1-2-52所示。这里除了诸如纸张白度等性能影响外，最主要的原因是新闻纸的吸墨性比铜版纸的吸墨性大。

⊕ 一、纸张吸墨性的概念及理解

概念：吸墨性是指纸张对油墨的吸收能力，或者说油墨对纸张的渗透能力。

理解：纸张吸墨性的大小可以理解为油墨被吸入承印物的程度。油墨在承印物表面时只能有效地吸收光线。被吸取进入纸张内部的油墨量越多，能剩在表面吸收光线的油墨就越少，那么丢失的图文信息就越多。因此，进入白色纸张内部的黑墨太多可能使表面墨层太薄，以至于只有一小部分白光被吸收，剩下被反射回人眼的光线会让人感知到只是灰度图而不是黑色图像，如图1-2-53所示。图中可以看出因油墨的吸收而导致印刷品质量的下降；光学密度随纸张吸收能力的增加而下降。

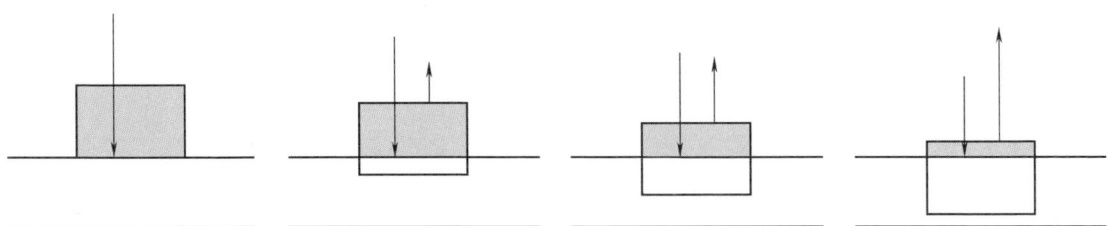

图1-2-53　纸张吸收油墨

二、纸张吸墨性大小的影响因素

纸张吸墨性的大小不仅取决于纸张结构的疏松程度，而且与油墨的组成和特性、印刷方式、印刷压力有关。纸张结构的疏松程度即纸张内部空隙所占空间的大小与纸张的紧度密切相关。紧度越小，纸张结构越疏松，纸张内部的空隙越多，吸墨性越强；紧度越大，纸张结构越紧密，纸张内部的空隙越少，吸墨性越差。

三、纸张吸墨性与印刷的关系

在实际印刷时，纸张对油墨的吸收可分为两个阶段。

第一阶段是印刷机压印瞬间，依靠印刷压力的作用把转移到纸张表面墨膜的一部分不变化地压入纸张较大的孔隙，即油墨整体进入纸张孔隙，油墨中颜料的同时进入则会促成透印现象的发生。第一阶段纸张对油墨的吸收很大程度上取决于印刷压力的大小，印刷速度也起一定程度的作用。由于在此阶段油墨被整体地压入纸张较大的孔隙，因而保留在纸面墨膜的性质不会受压入量多少的影响。但是像新闻纸、凸版纸等非涂料纸，由于其孔隙率高，压力过大会将油墨过多地压入纸内而导致透印。

第二阶段则主要是依靠纸张的毛细管力吸收油墨，从纸张离开压印区，延续到油墨完全干燥为止。第二阶段的吸收比第一阶段更为重要，这是因为连结料从油墨整体中分离出来，将改变保留在纸面墨膜的结膜性质，墨迹的固着与干燥也要在这个阶段完成。第二阶段纸张对油墨的吸收速率决定着印刷品是否具有光泽，是否会发生透印现象。因为分离减少了留存在墨膜中的连结料，从而使光泽降低。发生透印则是由于连结料渗入纸张内部孔隙，部分取代了孔隙中的空气，由于空气-纤维、空气-填料、空气-涂料的散射界面减少，使纸张的光散射能力降低，不透明度变差，增加了透印现象发生的可能。

四、纸张吸墨性的测定

纸张吸墨性的测量有以下两种方法。

1. 压印瞬间油墨吸收性能的测量

该试验利用IGT印刷适性仪，先用第一印盘在纸条上印一层薄薄的油态石蜡膜，接着及时用第二印盘再在纸条上压印一层黑墨。石蜡膜在压印初期的吸收强烈地影响着第二印黑墨在纸面的附着。石蜡在压印时压入纸内越多，则转移到纸面黑墨越多。因此，测量墨膜的密度便可以准确度量压印瞬间纸张对油墨的吸收能力。研究表明，该试验的测量结果能较为准确地预测纸张在实际印刷机上压印瞬间对油墨的吸收能力。

2. 毛细管吸收性能的测量

目前，有许多测量纸张毛细管吸收性能的方法，主要可分为油吸收方法和油墨脏污试验法两大类。因为油吸收方法不能真实地预测实际印刷时纸张对油墨的吸收，所以这里只介绍油墨脏污试验法。

国外已采用油墨脏污试验法以控制造纸的质量并预测印刷时纸张的吸墨能力，其中最为著名的可能要数K&N油墨试验，如图1-2-54所示。K&N油墨是一种将白色颜料分散在有色油中形成的非干性油墨。测试原理是通过测定纸张和纸板在规定时间内标准面积上吸收非干性油墨后表面反射因数的降低来表示纸张对油墨吸收性能。

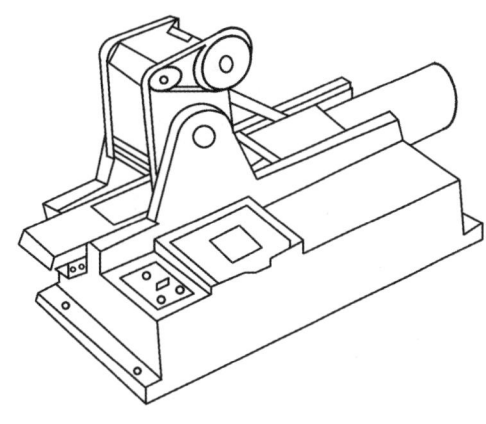

图1-2-54　K&N油墨试验仪

油墨脏污试验的程序如下：

（1）将过量的试验油墨涂于纸张表面。

（2）让油墨在纸面保留一定的时间。

（3）用软布或脱脂棉将过量的油墨擦掉。

（4）分别测量脏污区域的反射率与干净纸面的反射率。

在我国标准中，K&N值按下式计算：

$$K\&N = \frac{R_\infty - R_F}{R_\infty} \times 100\%$$

（即以试样同一表面吸收油墨前后反射因数之差除以试样本来的反射因数即为油墨的吸收值）

式中　　R_∞——足够空白纸面的反射率

　　　　R_F——油墨脏污区域的反射率

若采用K&N油墨以外的其他试验油墨，试验结果常用Q值表示：

$$Q = \frac{R_\infty - R_Q}{R_\infty} \times 100\%$$

式中　　R_Q——油墨脏污区域的反射率

大量研究表明，通过油墨脏污试验预测纸张的吸墨性能是一种很科学的方法，不仅便于常规测试，而且由于采用的是油墨而不是油，测得的结果与印刷质量（主要在光泽度和透印方面）有着良好的相关性。

任务4　技能训练

纸张吸墨性的测定

1. 训练目的

检测纸和纸板对油墨的吸收性能。

油墨吸收性能是评价印刷纸和纸板的重要质量指标之一。油墨吸收性过强或过弱都会导致产生低劣质量印刷品。纸和纸板油墨吸收性的测定方法多种多样,但当今世界造纸工业中应用比较广泛的是利用K&N油墨测定纸和纸板的油墨吸收性。

2. 工具和材料

(1) K&N吸收仪。

(2) 自制工具在一个0.1mm厚的铝片或铁片上挖一个45mm×45mm的孔。

(3) 刮墨刀一把。

3. 训练步骤

(1) 校准仪器首先要检查、预热和校准仪器。

(2) 测绿光反射因数用反射光度计测定试样表面涂K&N油墨前的绿光反射因数R_∞,被测试样下应衬相同材料试样若干张至不透明。依次测试不得少于5张试样。

(3) 涂油墨在已知反射因数R_∞的试样上用K&N油墨吸收仪(或用手)涂上K&N油墨。

① 放试样:取一张试样放在涂墨压板下。试样被测面向上,长边平行于仪器前后方向。

② 涂墨:把K&N油墨搅拌均匀,取适量放在涂墨板上,用刮墨刀刮匀,使K&N油墨均匀分布在试板上,使其成为面积20mm²、厚度0.1mm的正方形油墨膜。

③ 擦墨:吸墨时间到2min时,用擦墨纸将试样上的墨擦掉,此时试样上留下20mm²的墨迹。

④ 重复以上步骤①~③,依次测试不少于5张试样。

(4) 测试试样用反射光度计测试试样上的墨迹中心的区域绿光反射因数RF。操作及要求同(2),背衬材料为未涂墨相同材料的试样。

(5) 计算结果并取平均值。

$$K\&N = \frac{R_\infty - R_F}{R_\infty} \times 100\%$$

式中　　R_∞——足够空白纸面的反射率

　　　　R_F——油墨脏污区域的反射率

分别计算每个试样的K&N值,然后算出5个结果的算术平均值。

(6) 将试样种类、测试及计算结果记录到表1-2-14中。

表1-2-14　　　　　　　　　　纸张吸墨性的测定

试样种类	测量次数	1	2	3	4	5	平均值

4. 工艺要求

(1) 吸墨时间固定,因为随油墨吸收时间的增加,试样K&N值增大。本实验采用的吸墨时间是2min。

(2) 用反射光度计测定同一试样的墨迹区域时,衬垫用未涂墨的试样至不透明。

(3) 放置时间擦墨后墨迹放置时间应在24h内完成试样墨迹区域反射因数的测定。

结果分析_____

成绩评定_____

习题
1. 纸张的吸收性通常是指什么？
2. 影响纸张吸收性的因素有哪些？

知识点5 ⊕ 纸张的光学性质

纸张和纸板的光学性质会影响印刷品的视觉质量，它们比其他因素更有利于提高印刷品外观质量和感染力。在工作实践中给印刷品上光或局部上光，以此提高其光泽度或者从背景中突出细节。这些光学性质主要包括白度、不透明度和光泽度等。

这些性质决定于照射到纸上的可见光被纸反射（包括镜面反射、漫反射和扩散反射）、透射和吸收的情况，如图1-2-55所示。纸张和纸板的光学性质因受其组成和加工的影响而有很大的差异。一般主要影响因素有浆料的种类，浆料的白度，纸浆的处理方法，纸页成形的方法，纸张内所含的胶料、填料、染料及表面涂布和整饰处理等。

一、白度

印刷实例：以文字为主的书刊正文所用纸张的颜色没有封面纸张的颜色白，这是为了方便人们阅读时不会造成眼睛疲劳所设计的，也就是说不同的纸张具有不同的白度。

1. 纸张白度的定义及理解

定义：纸张白度是指纸张受光照后对可见光波全面反射的能力，如图1-2-56所示。

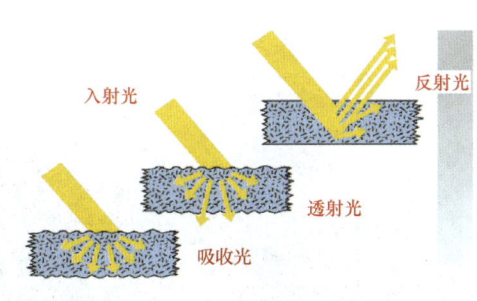
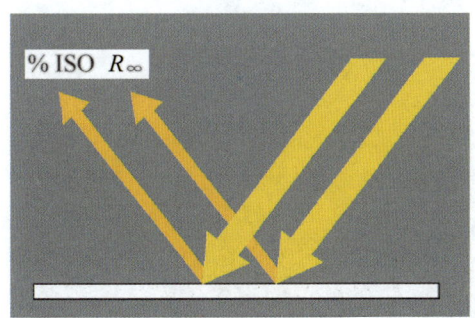

图1-2-55　纸张表面的各种光学现象　　图1-2-56　纸张白度示意图

理解：由色彩学知识可知，可见光由不同波长的光谱组成。当物体对可见光（即白光）中的不同波长的色光进行等量吸收，即非选择性吸收时，物体所呈现的颜色就是从白到黑的一系列中性灰色，即无彩色。对白光进行了100%的吸收形成绝对黑色，对白光进行了100%的反射形成绝对白色。一般认为物体对白光的反射率超过75%，即认为是白色。当物体对可见光（即白光）中的不同波长的色光进行不等量吸收，即选择性吸收时，物体所呈现的颜色就是彩色。纸张的白度是由可见光漫反射的总反射率和对各色光反射率的均匀程度所决定的。例如某纸张对白光进行非选择性吸收后反射率是90%，这时该纸张看起来很白，即白度很高。当纸张对白光中的不同波长的色光进行不等量吸收后就形成彩色纸，如红纸。

2. 纸张白度与印刷的关系

当纸张对白光中各光谱段的色光的反射率虽然相等，但反射率不高时，纸张表现为灰色，则会使印刷品颜色饱和度降低，画面显得较为灰暗，其结果等于给每种颜色中增加了一层灰色，如图1-2-57所示。当纸张对白光中各个波长段的色光进行选择性吸收即不同波长的光的反射率不一样时，纸张表现为偏色，则会使印刷品产生严重色偏，如图1-2-58所示。

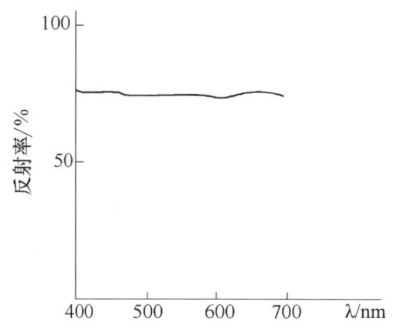

图1-2-57　纸张对不同波长的光的反射率相同且较低时显示灰色　　图1-2-58　纸张对不同波长的光反射率不同时显示偏色

如果纸张偏黄色，则画面颜色会产生偏黄的结果，如图1-2-59所示。

高白度纸　　　　　　　　　　　　　　色相偏黄的纸

图1-2-59　高白度纸和色相偏黄纸的印刷效果对比图

无论哪一种印刷形式，总是要求同一批产品所用的纸张前后白度均匀一致，否则就会影响到产品外观质量的一致性，这是印刷品对纸张白度最基本的要求。由于印刷品的反差是随纸张白度的增加而增加的，且大多数彩色油墨都为透明或半透明，纸面的反射光会通过墨层透射出来，因此，对于彩色印刷品应采用高白度的纸张进行印刷，一般要求其白度不得低于80%。而对于书刊这类经常阅读的印刷品，为保护人眼的视力，避免强烈光线对人眼的刺激，对其白度要求不高，一般要求纸张白度大于50%即可。

3. 纸张白度的影响因素

要想提高纸张的白度，最重要的是要选用白度比较高的纸浆。纸张纤维的白度主要取决于漂白和制浆的工艺以及成功的脱木素能力，其次是选择白度高的填料。纸张的自然颜色来源于浆料的残留组分（也包括人工添加的颜色）。

4. 纸张白度的测定

白度是测定纸张光学性质的一个重要项目。方法是测定光的反射，反射率高，白度也高。如果纸张吸收一部分色光，仅反射出另一部分色光，则纸张就呈现出这种反射光的颜色；如果全部的光都被吸收没有反射，则呈现为黑色。一般以氧化镁为标准白度100%，以此为标准反射率的100%、以相对于蓝光照射氧化镁标准板表面的反射百分率表示试样的白度。因为光谱蓝紫区上457nm的蓝光照射物体时，所测量出的光反射率大小与人眼目测白度的高低有很好的相关性；而且纸张在457nm蓝光照射下，所表现出来的反射能力最敏感。

根据上述要求，可用包括光谱性质、几何性质及光度性质三种性质的不同结构的仪器进行测试。目前我国普遍采用ZBD型光电白度仪，如图1-2-60所示。

白度仪的测量光路如图1-2-61所示。

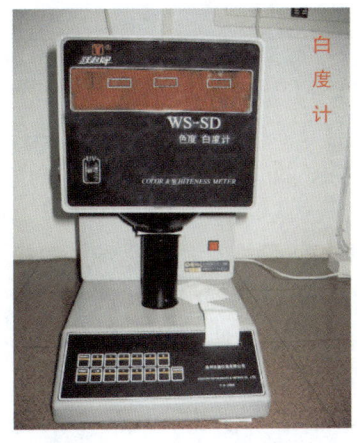

图1-2-60　ZBD型光电白度仪

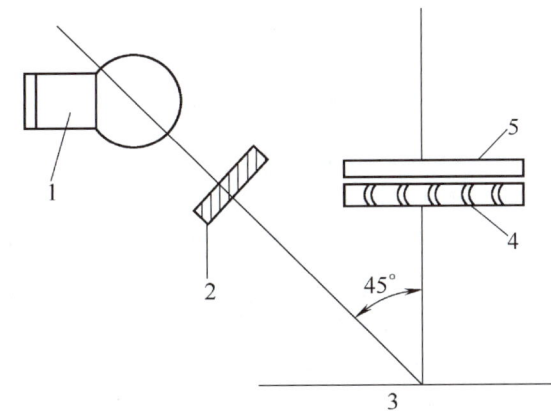

图1-2-61　白度仪的测量光路

1—钨丝灯（光源）　2—第一滤光片　3—试样
4—第二滤光片　5—光电池

光束以45°照射到试样上，试样法线方向的光束通过滤光片后由光电池接收，试样漫反射出一定的光通量。试样越白，光电池接收到的光通量就越大，输出的光电流也就越大。试样的白度与光电池输出的光电流呈直线关系。最后在面板上读出读数即为试样的白度，以百分数表示。

二、纸张光泽度

印刷实例：铜版纸的彩色印刷看起来颜色饱和、艳丽，但有时反光刺眼，如图1-2-62所示。这里就涉及到纸张的光泽度性质，因为铜版纸的光泽度高，所以颜色鲜艳。

1. 纸张光泽度的定义及理解

定义：纸张光泽度是指纸张表面在反射入射光能力方面与完全镜面反射能力的接近程度。

图1-2-62 铜版纸印刷品

理解：纸张的光泽度其实就是指纸张表面对光的反射情况。如果纸张表面对光的反射是镜面反射，则其表面是高光泽表面。如果纸张表面对光的反射是漫反射，则其表面是低光泽度表面，如图1-2-63所示。

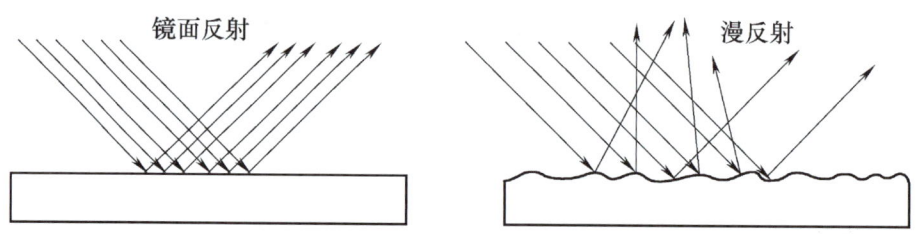

图1-2-63 反射与光泽度

大多数纸张既不是完全无光泽的，也不是完全镜面的，而是介于两者之间。

2. 光泽度的影响因素

影响纸张光泽度的决定因素是纸张的平滑度。纸面凹凸不平，就会把光沿各个方向和角度反射，表现为低的光泽度；相反，纸面越光滑，反射光的扩散比例就越小，光泽度就越高。纸张经涂布后，涂料的细微粒子填满了原纸表面的凹坑，使纸的平滑度提高了，光泽度自然就提高了。涂布虽然能提高光泽度但幅度不是太大，因为涂布后纸张的平滑度有很大的提高，但表面的细微凹凸却使之未完全达到光学平滑，依然有相当多的光扩散反射。所以要想大大提高纸张的光泽度，再对纸张进行超级压光是一个很好的措施，因为超级压光使纸面受到强烈的摩擦。当然，超级压光前涂布的量要足以掩盖纸面的凹凸不平。图1-2-64所示为几种纸张表面平滑度及光泽度大小比较图，很明显，由无光涂布纸、简单压光涂布纸、压光涂布纸到超级压光纸光泽度依次增大。当然光泽度最低的纸张是一些没有抛光的非涂布纸。

3. 纸张光泽度的表示

光泽度与物体的表面有关，也受观察者的生理和心理状态的影响，故不能单纯以对镜面反射的物理测量来表征。Hunten提出了6种表示方法，其中镜面光泽度和反差光泽度两种适用于造纸业及印刷业，已被广泛采用。

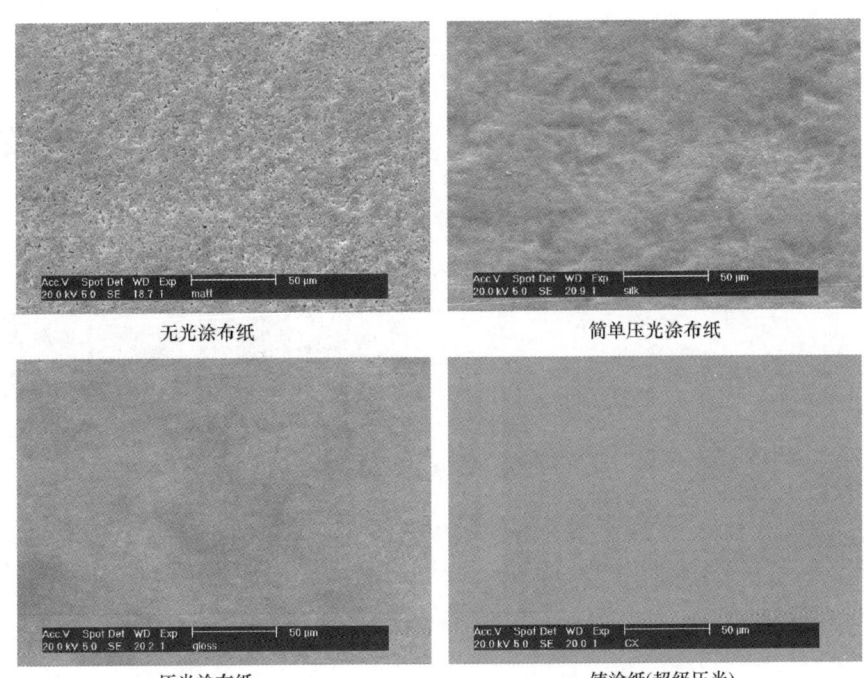

图1-2-64 四种纸的光泽度比较

镜面光泽度G_s系物体表面镜面反射光量（I_s）与入射光量（I_1）之比，如图1-2-65（a）所示。

$$G_s = I_s / I_1$$

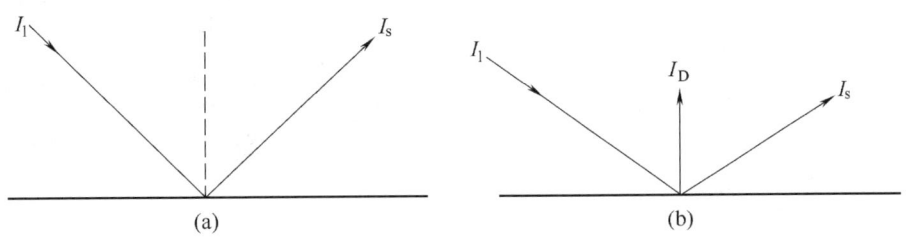

图1-2-65 镜面光泽和反差光泽

反差光泽度（G_c）又称对比光泽度，系物体镜面反射量（I_s）与总反射光量（I_D）之比，如图1-2-65（b）所示。

$$G_c = I_s / I_D$$

反差光泽度描述了物体表面偏离镜面光泽的程度，特别适用于描述低光泽度表面。

4. 纸张光泽度与印刷的关系

对某些印刷纸来说，光泽度是一项非常重要的质量指标，从某种意义上说，它决定着印刷品的美观程度。需要进行多色印刷的纸张应该有一个较高的光泽度，以得到高的色强度和饱和度。这里还有一个印刷光泽度的问题，印刷光泽度是油墨印上去之后得到的光泽度，它不仅取决于纸张表面的光泽度，还取决于纸张吸收油墨的程度。同一种油墨印在相同量不同质量的纸张上会有很大不同的外观效果，这取决于纸张光泽度和吸收性的综合效率。一般来说，纸张的光泽度越高，用其所印刷出的印品的光泽度就越高，如图1-2-66所示为纸张印刷前后的光泽度对比图。

但由于炫光的影响，纸张光泽度过高常常会使人感到疲倦，导致阅读质量下降，如图1-2-67所示为亮光和亚光纸的印刷光泽度对比图。优光纸主要用于有高光泽的印刷品，但阅读舒适性较差，亚光纸针对于高档读物，但需要在印刷过程中防止油墨划伤。因此，以文字为主的出版物往往采用低光泽度的纸张，如非涂料纸或无光涂料纸。而对于彩色印刷来说，我们都千方百计地要提高印品的光泽，除了选用高光泽度的纸张外，还采取诸如覆膜、上光、印亮光油墨等措施。

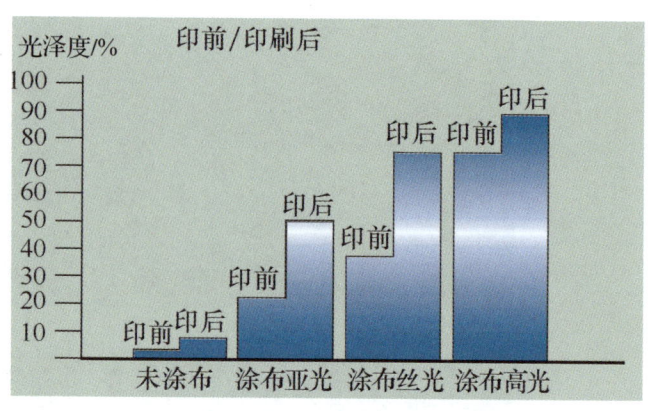

图1-2-66　纸张印刷前后光泽度对比图

5. 纸张光泽度的测量

纸张光泽度是用纸张在一定角度下的镜面反射率与标准黑玻璃在同样角度的镜面反射率之比来表示的，即把标准黑玻璃的镜面反射率规定为100%，记为100度，纸张镜面反射率为标准黑玻璃镜面反射率的百分之多少，就记为多少度。光泽度测量时，所选光入射角度不同，结果也不同。因此光泽度值的高低不仅取决于物体的表面特性，还取决于测量角度。具体测量时，要确定好测量角度。对大多数纸张来说，75°是最好的测量角度，蜡纸采用20°；高光泽的涂料纸常采用45°、60°，在报告测量结果时，必须注明使用仪器和测量角度。另外，光泽度值还受照明和观察所采取的角度范围的影响。

亮光

亚光

图1-2-67　亮光和亚光纸印刷光泽度对比图

三、纸张不透明度

印刷实例：字典纸比较薄，而且是两面印刷，看第一页时不应看到第二页甚至第三页的印迹才能满足使用要求。这里就涉及到纸张的不透明度这一重要性质。

纸张不透明度

1. 纸张不透明度的定义及理解

定义：纸张的不透明度是指纸张阻止入射光线透过的能力，如图1-2-68所示。

图1-2-68 纸张不透明度示意图

理解：用实践的术语说明，纸张的不透明是其能隐藏置于其后的文本或图像材料的能力；用物理术语说明，当光线照射到单张纸表面时，一些光线将会透过纸层直至消失。透过的光量越大，不透明度越低，反之，则相反，如图1-2-69所示。

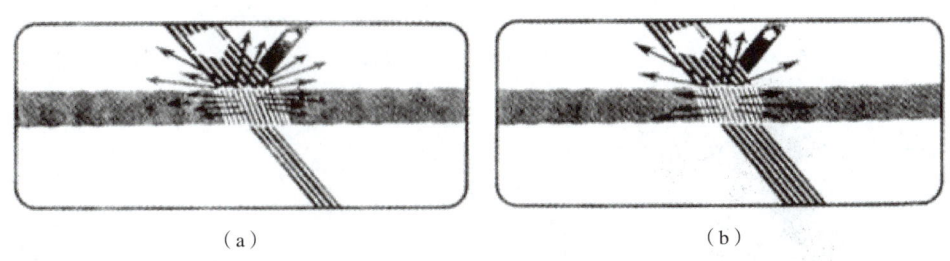

（a） （b）

图1-2-69 光线与不透明度
（a）较高的不透明度 （b）较低的不透明度

2. 影响纸张不透明度的因素

纸张不透明度受光谱反射、散射和吸收的影响，最主要还是散射。因为散射是由进入纸张内部的光线经过纤维素纤维时所产生的多重反射和折射所造成的，空气纤维界面的数量越大，散射程度就越大，因此就导致了纸张的不透明度增大。填料的加入增加了界面的数量，因而提高了不透明度。打浆工艺增加了纤维的粘结面积，提高了纸张的紧度，减少了纤维-空气界面的数量，所以降低了不透明度。当然，加入色料可以吸收部分入射光线，加了色料后纸张的不透明度一般会提高。综上所述，纸张的定量增大时，不透明度提高；紧度提高时，不透明度降低；纸浆漂白越彻底，不透明度越低；加入填料多，不透明度提高；加入色料，不透明度提高。

3. 纸张不透明度与印刷的关系

不透明度是印刷用纸的主要质量指标，特别对双面印刷用纸更为重要。在实际生产中我们不仅关心印刷品是否透过第二页、第三页看到第一页印刷面的图文,而且更为关心的是透过印刷品的背面是否看到正面的图文,即产生了透背现象,如图1-2-70所示。前者主要跟纸张的不透明度有关,后者则跟印刷不透明度有关,印刷不透明度表明了纸张印刷后图文不要透过另一面的性能。

印刷不透明度较好的度量了纸张印刷后透背的性质,透背是透印的一个重要组成部分。透印的程度取决于油墨对纸张的渗透程度和纸张本身不透明度两个方面。对单面印刷品,只要印刷品上的文字或图像不受另一张纸上的文字、图像干扰就可以了,所以只要纸张的不透明度高就行。但对于双面印刷品,当读者阅读印刷品的某一面时,不希望受到印在另一面的字迹的干扰,所以不仅要求纸张(白纸)具有良好的不透明度,而且要具有良好的印刷不透明度。为了保证不发生透印,必须对纸张的不透明度作出具体的规定,如凸版印刷纸和胶印书刊纸的不透明度均必须在78%以上。

图1-2-70 透背现象

◉ **专业术语**

透印 使用非涂料纸印刷时,纸张质地疏松,油墨中连结料的渗透深度有可能超过纸张的厚度,因而穿过纸张,渗透到印刷品的背面,称为透印现象。如图1-2-71所示。

图1-2-71 透印示意图

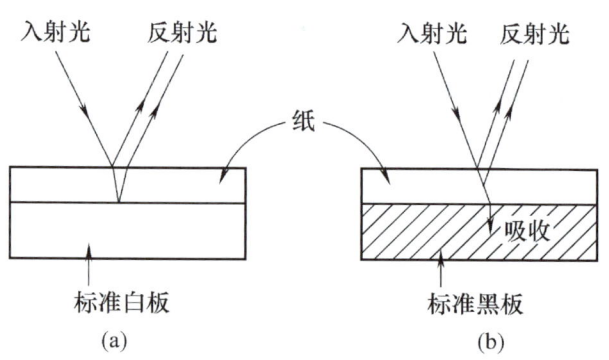

图1-2-72 不透明度的测量原理

4. 纸张不透明度的测量

不透明度虽然总是由透射光量决定的,但通常是用反差率来描述纸张的不透明度。反差率是单张纸背衬黑体时的扩散反射率与背衬白体时扩散反射率的比率。用反差率描述纸张不透明度的原理如图1-2-72所示。

当纸页背衬为白体时,透过纸页的光照射到白体表面后将反射回纸页,再从纸页中部分射出,如图1-2-72(a)所示,从而增加了纸面的扩散反射率。但当纸页背衬为黑体时,透过纸页的光被黑体全部吸收,因而无附加反射光。这两种情况下反射率的差别取决于总透射光的量。如果无光透过纸页,两种情况反射率相等,反差率为1.0,即不透明度为100%;如果所有光都透过纸页,则背衬黑体时反射率为0,因而反差率为0,即不透明度为0。

由此可见，凡是能测量反射率的仪器也能测量不透明度。和白度一样，纸张的不透明度大小与仪器的光源光谱特性、照明和观察的几何结构以及背衬的光谱反射率无关。在标准不透明的测量中，上述条件为定值，大多数国家都是按TAPPI方法所给的条件进行不透明度的测量。

5. 不透明度的表示方法

纸张的不透明度的常见表示方法有TAPPI不透明度、印刷不透明度和IGT印刷不透明度三种，这里只详细介绍TAPPI不透明度。

TAPPI不透明度为单张纸背衬黑体时的反射率与相同点背衬有效反射率为89%的白体时的反射率的比值，记作$C_{0.89}$：

$$C_{0.89} = \frac{R_0}{R_{0.89}} \times 100\%$$

式中　　$C_{0.89}$——试样的TAPPI不透明度，%

　　　　R_0——试样垫黑板时的反射率

　　　　$R_{0.89}$——试样垫标准白度板时的反射率

印刷不透明度为单张纸背衬黑体时的反射率与背衬足够厚相同纸纸层时的反射率的比值。

任务5　技能训练

1. 纸张白度的测定

（1）训练目的

检测纸张的白度。

（2）工具和材料

ZBD型光电白度仪、减流计、标准白度板、标准黑筒。

（3）训练步骤

① 按标准采集试样和处理试样。

② 检查仪器与检流计是否接通，输入电压应在（220±10）V。

③ 打开电源开关，使指示灯发亮，检流计标尺上显示出光点。

④ 将测量板键放在中间位置，将灵敏度旋钮顺时针方向旋到极端，细心调节检流计的调零旋钮，使光点对准零刻度线。

⑤ 按下试样座架，放上标准白度板，将读数旋钮调到白度板标定的白度值；再将测量板键拨到测量位置，细心调节粗调旋钮和细调旋钮，使检流计光点指零，再拨回测量板键至中间。

⑥ 取下白度板，换上黑筒，将十位读数旋钮转至零位，个位读数旋钮转至0.5处，再将测量板拨到测量位置，细心调节调零旋钮，使检流计光点指零后拨回测量板键。

⑦ 重复⑤、⑥两程序直至稳定后即可进行白度的测量。

⑧ 将试样放在测试孔下，试样的纵向与照射光平行。将测量板键拨回测量位置，细心转动"十位"和"个位"读数旋钮，至检流计光点指零为止；再将测量板键拨到中间，"十位"和"个位"电位器上的读数，即为试样的白度，以百分数"%"表示。

⑨ 应对试样的正面和反面在不同的位置测定两次，测试完后，关闭电源。

⑩ 将试样种类、测试结果记录到表1-2-15中。

表1-2-15　　　　　　　　　　纸张白度的测定

试样种类 \ 测量方式及次数	试样正面			试样反面		
	1	2	平均值	1	2	平均值

（4）工艺要求

① 测定白度时，试样应为多层，其层数是以不透光为限。

② 测量时间过长时，为了保证测量数据的准确性，应重新用标准白度板再核验一次。

结果分析_____

_____

成绩评定_____

2. 纸张光泽度的测定

（1）训练目的

检测纸张的光泽度。

（2）工具和材料

75°或20°镜面光泽度仪、试样。

（3）训练步骤

① 按标准采集试样和处理试样。

② 切成60mm×60mm测定试样若干张，要求在标准温湿度条件下测定。

③ 在测试孔上盖一不透明材料，在仪器不转动的条件下调至标准零点，然后开动仪器预热一段时间。

④ 仪器预热后，可用黑色玻璃标准板调节到规定的光泽值（如黑色玻璃标准板的折射率为1.54，则光泽值为100）。

⑤ 将黑色玻璃取下，放上黑色天鹅绒，调节零点，最后应使读数零点与机械零点重合。

⑥ 用中间光泽标准板校准。

⑦ 取下中间光泽标准板，放上被测试样测定，所得读数即为该试样的光泽值。

⑧ 分别测试5个正面的纵向与横向的光泽度和5个反面的纵向和横向的光泽度。

⑨ 测定结果以正、反面的平均值，以及最大值与最小值表示。

⑩ 将试样种类及测试结果记录到表1-2-16中。

表1-2-16　　　　　　　　　　纸张光泽度的测定

试样种类 \ 测量次数	1	2	3	4	5	平均值
正面纵向光泽度						
正面横向光泽度						
反面纵向光泽度						
反面横向光泽度						

（4）工艺要求

注意测量角度。

结果分析

成绩评定

3. 纸张不透明度的测定

（1）训练目的

检测纸张的不透明度，即检验纸张通过印刷后是否存在透印的现象。

（2）工具和材料

光电反射计或白度仪、试样。

（3）训练步骤

① 按标准采样和处理试样。

② 选取标准黑板（要求反射率小于0.5%的黑天鹅绒或其他材料）和标准白度板（要求反射率为89%，以氧化镁为标准，其绝对反射值为0.98）。

③ 测试前应调整好仪器，选用绿色滤光片而不用蓝色滤光片。

④ 将试样垫上标准白度板放入测试筒下，将读数旋钮转至100位置，拨下测量板键，细心调节"粗调"和"细调"旋钮，使检流计光点指零，拨回测量板键。

⑤ 将原试样垫上标准黑板，放入测量筒下，拨下测量板键至测量位置，转动"十位"和"个位"读数旋钮，直至检流计光点指零，读取读数。

⑥ 试样的不透明度可用下式计算：

$$C_{0.89} = \frac{R_0}{R_{0.89}} \times 100\%$$

式中　$C_{0.89}$——试样的不透明度，%

　　　R_0——试样垫黑板时的反射值

　　　$R_{0.89}$——试样垫标准白度板时的反射值

⑦ 将试样种类及测量结果记录到表1-2-17中。

表1-2-17　　　　　　　　　　纸张不透明度的测定

试样种类	测量次数	1	2	3	4	5	平均值

结果分析

成绩评定

习题

1. 在印刷中纸张的白度是不是越大越好，为什么？
2. 纸张不透明度与印刷不透明度有什么区别？
3. 纸张的光泽度的影响因素是什么？

知识点6 纸张的吸湿性

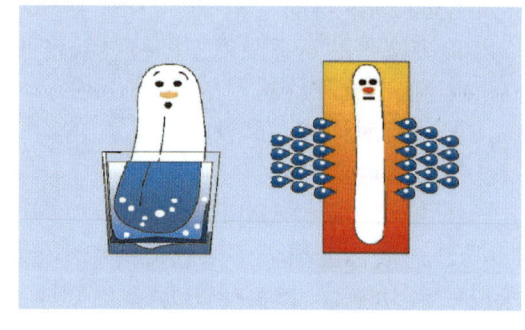

纸张吸水变形

第四节我们介绍纸张的吸收性时重点介绍了纸张的吸墨性。根据纸张的组成和结构，我们知道纸张除了吸墨性之外还有很强的吸湿性。本节就纸张的吸湿性（吸水性）进行重点阐述。

纸张与印刷操作最相关的性能是尺寸稳定性，它关系到纸张尺寸和形态的变化。控制不好，就会导致纸张走纸不畅和印刷适性的下降，同时废品率也随之上升。影响纸张尺寸稳定性的主要原因就是水分和环境的相对湿度。

图1-2-73　纸张水分（含水量）示意图

印刷实例：某次印刷时，因纸张受潮而无法走纸，直到用除湿器除湿几个小时后，才能正常走纸。这里就涉及到纸张的吸湿性的问题。

一、纸张水分（含水量）的定义

定义：水分是纸张中的含水量，是以纸张在100～105℃温度下，烘干至恒重时所减少的质量与试样原质量之比，以百分数（%）表示，如图1-2-73所示。

⊕ **专业术语**

相对湿度　相对湿度是指单位体积空气内所含水蒸气的量（绝对湿度）与同温度下同体积的饱和水蒸气内所含水蒸气的量之比，用百分比（%）表示。

二、纸张含水和吸水的原因

纸张之所以能含有一定水分，一是因为纤维素、半纤维素等是极性很强的亲水物质，对水有很强的极性吸附作用；二是因为纸的毛细管吸附作用。

三、纸张吸水的规律

纸张出厂时通常含有6%左右的水分，但它会随周围空气温度和相对湿度的变化而变化。从一定温度和一定相对湿度的空气中吸收水分直到纸张达到恒定重量为止，即达到空气中水蒸气压和纸中水分的水蒸气压的平衡状态，则纸张不再从空气中吸收水分或释放水分，此时纸中的水分含量为该温湿度下的平衡水分。纸张在不同的湿度状态下，有其相应的平衡水分，但在同一湿度下，由于纸质的不同也有不同的平衡水分。纸的亲水性越强，在同一湿度下，其平衡水分就越高；纸的亲水性越差，平衡水分就越低。

纸张从潮湿的空气中吸收水分称为吸湿现象，吸湿过程中，纤维润胀，导致纸张尺寸的伸长，如图1-2-74所示。

空气干燥时，纸张向干燥空气脱水称为脱湿现象，脱湿过程中，纸张收缩，如图1-2-75所示。

 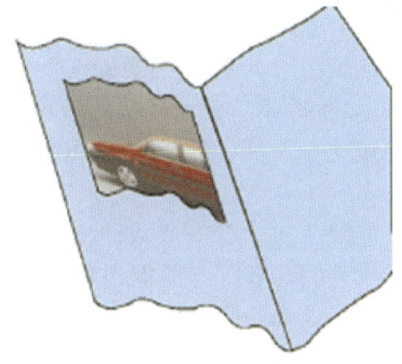

图1-2-74　书页吸湿后伸长变形　　　　图1-2-75　书页脱湿后收缩变形

纸张的平衡水分与环境温度有关，它随温度的增加而减少，两者近似为直线关系。当温度上升时，纸的含水量会下降。图1-2-76为当环境相对湿度保持在45%时，温度从18℃变为43℃时胶版纸的含水量的变化情况。当温度下降时，纸张的含水量会上升。

环境的相对湿度变化对纸张的平衡水分的影响更明显、更复杂。环境的温度一定时，纸张的平衡水分与空气中的相对湿度之间并不是直线关系，而是一条S形细线，如图1-2-77所示。高湿度时，相对湿度变化引起含水量的变化率要比中湿度时相对湿度引起的含水量变化率大得多。也就是说，在高湿条件下，较小的湿度变化会引起较大的纸张变形。由于相对湿度与含水量关系曲线呈S形，在低湿度条件下，也有类似的情况。从这一角度来看，印刷在中等湿度的条件下进行是有利的。图中A为吸湿过程的相对湿度与含水量关系曲线，B为脱湿过程的相对湿度与含水量关系曲线。两者并不重合，组成一个闭合的滞后回路。

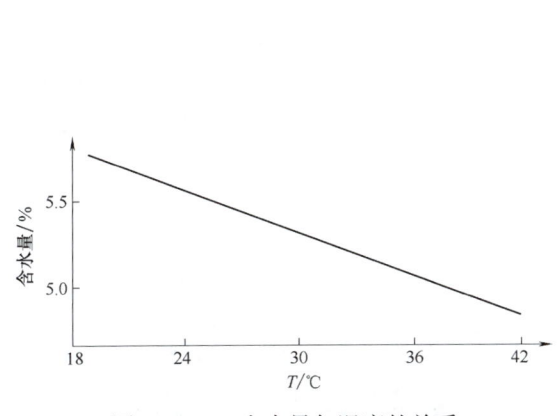 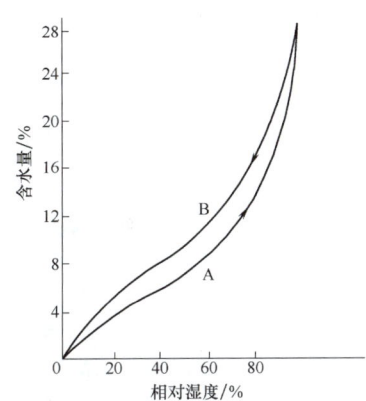

图1-2-76　含水量与温度的关系　　　　图1-2-77　含水量与相对湿度的关系

纸张在一定相对湿度下，由低水分吸湿而达到平衡时的水分含量，比在同样相对湿度下由高水分脱湿而达到平衡时的水分含量要低，这就是纸张的吸湿滞后效应。

总之，这种纸的滞后效应表现为：某一相对湿度条件下达到平衡水分的纸，如果经吸湿后，重新回到原有相对湿度的环境空气中，其含水量比原来的要有所增加。

解释滞后效应有不同的假说，有人认为纸在高湿度下，纤维中的大多数羟基都吸着水分，在干燥中，一部分羟基因纤维收缩变形重新排列，而相邻分子链上的羟基互相吸引着，此时若再使纸吸水，则首先吸水的是表面游离羟基。虽然水分的吸引力可使另外一些羟基活化，但总的来说，这时羟基的活化程度不如原先的羟基。所以再度调湿后的纸，其羟基的吸水能力有所下降，对水分的敏感程度减小了，纸的含水量变化也就相应的减小了。

相同的两种纸，从一高一低两种相对湿度条件下取出放在同一中等相对湿度条件下进行平衡时，发现它们在吸湿与脱湿过程中不仅平衡水分不同，而且达到平衡水分所用的时间也不同。这说明纸张的吸湿过程与脱湿过程所用的时间存在着较大的差别。一般在相同条件下，脱湿过程所用的时间比吸湿过程所用的时间要多得多，这与脱湿滞后于吸湿的道理是一致的。

四、纸张水分对印刷的影响

纸张的含水量主要是影响其尺寸稳定性，纸张的含水量不符合要求时，在印刷中会产生很多印刷故障如套印不准、卷曲、折皱等。

1. 纸张的吸湿性与尺寸稳定性

纸张含水量变化的结果直接影响到纸张的尺寸稳定性。含水量变化对每根纤维来说，尺寸变化率很小，但从宏观上看，一张纸张可能会产生较大的尺寸变化，如0.1mm的变化就会使四色印刷产生套印困难。由于纤维吸收水分后在纤维直径方向的变化率大于纤维长度方向的变化率，因此纸张尺寸变化横向要大于纵向，如图1-2-78所示，纸张吸水后横向尺寸变化量是纵向的3倍。

2. "荷叶边、紧边、卷曲"现象

（1）荷叶边　在纸张储存中，假设纸张含水量较低，环境的相对湿度较高，纸堆将吸湿，由于纸堆中间部分相互紧压着，边缘变形比中心快而大，四边吸水伸长，就形成了波浪形，即荷叶边，如图1-2-79所示。有荷叶边的纸张很难通过单张纸印刷机上的叼纸系统进行输纸。另外，局部尺寸的变化能导致纸张与印刷滚筒接触时被压出折痕来。若采用铜版纸，过量的润版液也能引起涂层表面粘结在一起，给输纸带来困难。

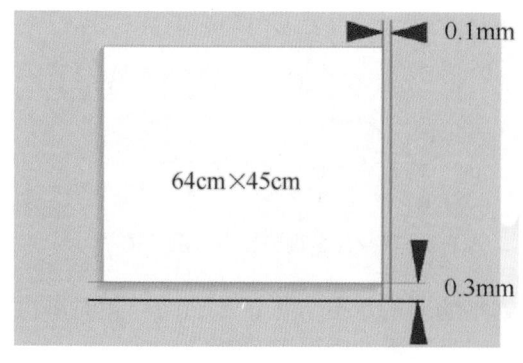

图1-2-78　纸张吸水尺寸变化图

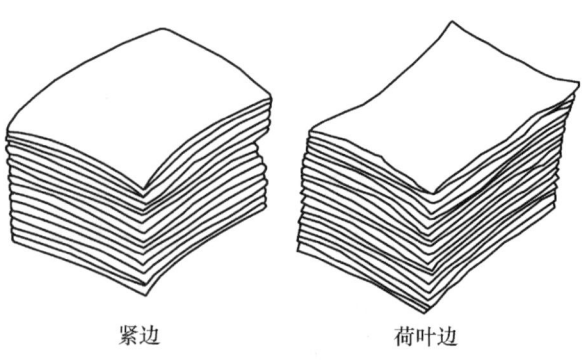

图1-2-79　纸垛在不同湿度环境下的变形

（2）紧边　若纸的含水量较高，车间相对湿度较低，纸堆中间部分被紧压而脱水慢变形小，四边向周围释放水分而收缩，就产生了紧边，如图1-2-79所示。产生紧边同样对输纸产生影响。另外，一个较低的相对湿度（在20℃，低于40%）条件下，纸张易产生静电现象。

（3）卷曲　如果纸张的两面含水量不一致，纸张就会向含水量较小的一面卷面，即卷曲现象，如图1-2-80所示。这种现象多发生在单面加工纸上。如单面胶版纸、单面铜版纸等。卷曲通常是纸张与液态水接触引起的，而不是相对湿度的变化造成的，因为相对湿度的变化趋向于均匀影响纸张的两面。比如把薄纸裱贴在厚纸板的工艺过程中会用到水基胶黏剂，纸板受润湿的一面会膨胀，并朝向未裱贴的一面卷曲。湿表面处于卷曲的外边缘，并垂直于机械方向。然后随着纸板的干燥，这种卷曲逐渐消失，但是又开始朝相反方向卷曲。胶订书刊时也会碰到这样的问题。

3. 纸张含水量对纸张的其他性能的影响

纸张含水量对纸张的其他性能也有影响，比如纸张的强度等。随着水分的变化，其定量、抗张强度、柔韧性、耐折度等都将发生变化。如前所述，纸张的强度是由纤维之间的结合强度和单根纤维的强度决定的。通过纤维之间结合形成的强度，如抗张强度、表面强度等是随纸张水分的增加而降低。从纤维的柔韧性来说，水分减少时纸就变硬发脆，水分增加时纸就变得柔软。因此，纸张的耐折度、撕裂度等与柔软性有关的强度，随着含水量的增加而提高。

4. 纸张的吸湿性与静电

纸张的吸湿性与印刷中的静电现象有着密切的关系。静电是由纸张和其他物质或纸张和纸张之间的摩擦产生的，如图1-2-81所示。

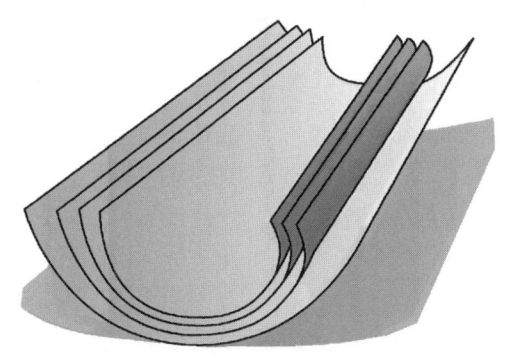

图1-2-80　卷曲示意图

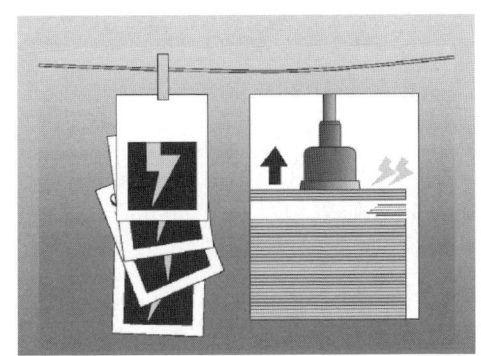

图1-2-81　静电示意图

它随着纸张本身及周围空气的导电性的强弱不同而发生很大的变化。同一纸张含水量越低，其表面电阻越大，一旦摩擦生电，产生的电流难以流通而停留在纸面上，产生静电现象。在印刷过程中，静电不仅使纸面吸附粉尘、纸毛，使纸张之间相互吸粘（如图1-2-82所示），给输纸带来困难（如图1-2-83所示），而且会加剧飞墨现象，严重时还会发生火灾。如果这时周围空气中水分含量较多，则纸面上的静电荷会迅速传到空气中而不致发生故障。因此，静电问题与环境的相对湿度及纸张的吸湿性有很大的关系。研究发现，印刷时纸张的含水量低于3.5%，车间的相对湿度低于40%，容易出现静电现象。当纸张的湿度低于印刷车间的湿度时，静电现象加剧。如果纸张的导电性高，静电会减少。

图1-2-82　因静电导致的纸张粘连图　　　　图1-2-83　因静电导致的歪张图

纸张的静电可以通过预防和消除的方法来解决，如调节印刷车间的相对湿度，在略高的温湿度环境下晾纸，以防止静电的产生。同时还可以使纸张和印刷机接地，或者使用静电消除器来消除纸张的静电荷。

五、纸张含水量的控制

因为纸张的含水量变化会影响印刷作业和印刷质量，所以要严格控制纸张的含水量。

1. 印刷车间温湿度的控制

调湿处理

由上述表明，纸张的含水量随温湿度的变化而变化，进而产生变形，会造成套印不准及其他印刷故障，因此有必要控制印刷车间的温度和湿度。保持印刷车间恒温恒湿，目的是使纸张含水量保持与印刷环境相平衡，并稳定在某一数值上。这也就是印刷车间配置空调的一个原因。一般温度为18～23℃，相对湿度控制在55%～65%。同一相对湿度下，温度变化15℃左右，纸张平衡水分变化最大约为0.5%。但印刷中套印对纸张含水量变化，要求控制在±0.1%，否则将影响套印的准确性，因此，彩色印刷车间在控制相对湿度的同时，要把温度的变化控制在±3℃。

2. 纸张的调湿处理

纸张在印刷前要进行调湿处理，使纸张含水量均衡，并和印刷车间的温、湿度相适应，提高纸张尺寸的稳定性，让其滞后效应充分显示出来，从而提高套印精度。调湿时间越长，纸的伸缩性越小，其稳定性也越高。在胶印中，纸张的调湿处理尤为重要，因为在胶印过程中纸张还要继续受到润湿液的多次润湿作用。调湿处理的方法有三种：

（1）等湿法　在印刷车间或晾纸间内进行，利用印刷车间或晾纸间的温度和相对湿度的自然条件，使纸张的含水量与印刷环境相适应。

（2）吸湿法　晾纸机调湿法：晾纸间的温度与印刷车间的温度相同，但晾纸间的相对湿度要比印刷车间的相对湿度高出6%～8%。

（3）解湿法　采用这种方法对纸张进行调湿，可分为两个过程。第一步事先将纸张放在比印刷车间相对湿度较高的空气中预调吸湿。一般来说要求晾纸间的相对湿度要比印刷车间的相对湿度高出25%左右。纸张在这样的环境下吸湿速度很快，只需较少的时间就能达到所需的含水量，此时停止调湿进入第二步即可。第二步为脱湿过程，将吸足水分的纸张再置于与晾纸间相等的相对湿度的环境中进行脱水。

如图1-2-84所示为四种不同湿度的纸张在印刷过程中的湿度变化情况曲线图。由图1-2-84可知，A为未经调湿的纸张，B为在与印刷车间湿度相同条件下调湿的纸张，C为在比印刷车间相对湿度高出5%~8%的情况下调湿的纸张，D为在相对湿度大大高于车间的相对湿度条件下调湿的纸张。从图中曲线可明显地看出，未经调湿的A纸无论是在储存还是在印刷过程中，由于纸张的湿度与环境的湿度不平衡，必然会引起纸张的含水量的变化，因此必然造成纸张的变形。C、D两种情况在印刷过程中含水量基本不变，相应地纸张尺寸较为稳定。这是因为纸在高出印刷车间的相对湿度下晾纸，其含水量较高，这种纸到印刷车间后会失去一部分水分，然后在胶印过程中又吸收一定的水分，由于滞后效应，两者量都不大，如果得失得当，则印刷过程中的纸张的水分基本不变，从而尺寸稳定。而B虽然经过调湿处理，但在印刷中因吸收部分润版液中的水还是会产生变形。

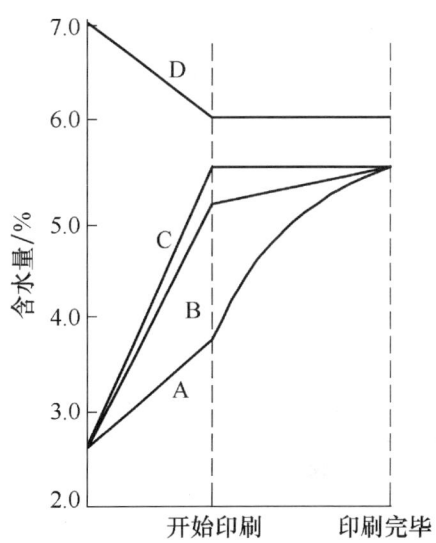

图1-2-84　不同湿度的纸张在印刷过程中含水量的变化曲线

所以，对套印要求高的印品，应采取C与D两种调湿方法较为合适。

从理论上讲，对纸张进行调湿处理是保证纸张在印刷中的尺寸稳定性的有力措施。但目前实际生产中，由于造纸厂严格执行有关标准，对纸张的含水量进行严格把关，加上运输条件的改善和印刷厂的条件限制，一般纸张都是即开即用，很少有印刷厂会对纸张进行调湿处理了。

3. 工艺上控制

首先，控制印刷过程中的水墨平衡，严格控制润版液的用量。印刷时润版水量要均匀一致，切不可忽大忽小，尤其对吸水性比较强的纸张，其伸缩率也比较大，所以更要注意这一问题。

其次，选择合理的进纸方向。一般选用纵向纸进纸印刷，即纸张的丝缕方向与印刷滚筒的轴向平行。这样因含水量引起的纤维尺寸的变化会导致纸张规格的最大变化发生在滚筒的周向而不是轴向。由于在连续印刷时可能出现套印不准，因此要做一些补偿，它可以通过增加衬垫来加大橡皮滚筒的周长，因此增加了印刷方向图文的长度，这样就可以与印张增加的尺寸吻合起来。这一点对单色或双色印刷机被用于精细套准的多色印刷时显得尤其重要。在快速多色印刷机上，纸张在通过印刷单元时，受某些因素作用而使含水量发生变化的时间很短，因此不会引起上述故障。

工艺控制

另外，纸张外包装不要过早去除，否则会使纸张两侧与内部出现一定程度的湿度差，其吸水伸缩量会不同，从而使套印不准。总之纸张的含水量是印刷过程中不可忽视的一个重要因素，只要我们用心去分析，结合实际生产，就一定能了解它，掌握它，避免其对印刷带来的负面影响，从而提高印品质量。

六、纸张含水量的测量

纸张的含水量是指一定质量的纸张所含有的水分质量与其总质量之比,以百分数表示。测量纸张含水量的直接方法有干燥法、蒸馏法和化学法等。

任务6 技能训练

1. 纸张含水量的测定
(1)训练目的
进一步加强对纸张含水量的理解。
(2)相关设备
扁平称量瓶(或其他试样容器)、可控制温度在100~105℃的烘箱、干燥器(内装变色硅胶应保持蓝色)、感量为0.001g的天平。
(3)训练步骤
① 按照标准采集试样并对试样进行处理。
② 将扁平称量瓶放于烘箱中烘干至质量恒重为止。
③ 精确称取2g试样放于扁平称量瓶中,然后把它们放入烘箱中烘4h,烘箱的温度应控制在100~105℃。
④ 扁平称量瓶移入干燥器中冷却30min后称重。
⑤ 称重后将扁平称量瓶再次移入烘箱中继续烘干1h,放于干燥器中冷却称重。如此反复多次,直到质量恒重为止。
⑥ 将测定数值记录下来,并按下式进行计算:

$$X = \frac{m - m_1}{m} \times 100\%$$

式中 X——被测纸张的含水量,%
   m——试样烘干前的质量,g
   m_1——试样烘干后的质量,g
⑦ 将试样种类及测试结果记录到表1-2-18中。

表1-2-18　　　　　　　　纸张含水量的测定

测量次数 \ 试样种类					
1					
2					
平均值					

(4)工艺要求
① 进行多个试样测定时,应对扁平称量瓶进行编号,以免产生混乱。
② 试样放入烘箱中烘干时应将扁平称量瓶的瓶盖打开连同它一起进行烘干,取出时

应将瓶盖盖好放入干燥器中冷却。

③ 要准确控制烘箱的烘烤温度。

④ 相邻两次测定的结果误差不得大于0.2%，含水量的平均值保留到小数点后两位小数。

结果分析_____

_____

成绩评定_____

_____

2. 纸张尺寸稳定性的测定

（1）训练目的

进一步理解纸张的尺寸稳定性。纸张尺寸稳定性的大小用伸缩率来表示。纸张的伸缩率越大，尺寸稳定性就越小。

（2）相关设备

游标卡尺一把、时钟一个、250mm×250mm的茶盘一个、HB型铅笔一支、蒸馏水若干。

（3）训练步骤

① 按规定裁切试样若干张，标明纵横向，并在标准温湿度的大气条件中进行处理至平衡为止。

② 在试样的中心用铅笔画两条相互垂直且分别平行于试样纵横向的直线。

③ 以两直线的交点为中心，用游标卡尺量取长为200mm的线段，并在线段两端做上记号。

④ 在茶盘内放入20℃的蒸馏水。

⑤ 把做好记号的试样放入水中，浸泡2h后取出平铺于玻璃平板上，用游标卡尺测量两记号之间的距离。

⑥ 将测量的结果代入下式计算纸张纵横方向上的伸长率。

$$伸长率 = \frac{L_1 - L_0}{L_0} \times 100\%$$

式中　L_1——浸水后两记号之间的距离，mm

　　　L_0——浸水前两记号之间的距离，mm

⑦ 测定干燥后的收缩率，就是将浸水后的试样再平放在滤纸上，在空气中使其风干至长度不变为止，再用游标卡尺测量两记号之间的距离，并按下式计算收缩率。

$$收缩率 = \frac{L_2 - L_0}{L_0} \times 100\%$$

式中　L_2——浸水干燥后两记号之间的距离，mm

　　　L_0——浸水前两记号之间的距离，mm

（4）注意事项

① 画线所用铅笔笔尖必须尖细，不可用钢笔或圆珠笔画线。

② 计算结果伸长率用"＋"表示，收缩率用"－"表示。

③ 要注意纸张纵横方向上伸缩率的区别。

（5）将试样种类及测试结果记录到表1-2-19中。

表2-19　　　　　　　　　　　纸张尺寸稳定性的测定

试样种类 \ 测量次数	1	2	3	4	5	平均值
纵向伸缩率						
横向伸缩率						
纵向伸缩率						
横向伸缩率						

结果分析_____

_____

成绩评定_____

习题

1. 为什么将印刷车间湿度控制在55%～65%最合适？
2. 什么是纸张的滞后效应？
3. 纸张产生静电后对印刷有哪些危害？
4. 为什么要对纸张进行调湿？调湿的方法有哪几种？哪种效果最好？

第七节　纸张的酸碱性

纸张的酸碱性非常重要，它会直接影响到纸张的生产和使用。一般情况下，纸张应是中性的，但由于制浆造纸过程中的处理不完全或填料、涂料的性质不同，使纸张有的呈酸性，有的呈碱性，即纸张具有酸碱性。

印刷实例：我们看到有的印刷品经过一段时间后某些颜色会消退，即纸张的耐久性差，如图2-85所示。这里主要涉及到纸张的酸碱性问题。

图2-85　纸张耐久性示意图

一、纸张酸碱性的定义及理解

定义：纸张的酸碱性是指纸张具有的酸性或碱性的性质，以纸张浸泡水溶液的pH来表示。

理解：将纸张放置于蒸馏水中浸泡，在95～105℃下保温1h，然后测定其所抽出液的pH。pH等于7，表明纸张是中性的；pH大于7，表明纸张是碱性的；pH小于7，表明纸张是酸性的。

二、纸张具有酸碱性的原因

纸张一般是中性，但由于制浆造纸过程中，化学处理或在纸张中使用了酸性或碱性的辅助料，成纸后使纸张略显酸性或碱性。纸张的酸性主要来源于酸法制浆后因洗涤不净而残存的酸性药品，或漂白后纸张中残余的氯。例如，经施胶处理后纸浆中含有有机酸，也使纸张具有一定的酸性。纸张的碱性来源于碱法制浆后残存在纸浆中的药品，或造纸过程中向纸浆中加入的碱性填料及色料，以及使用碱性涂料所致。例如，在纸张回收时使用的脱墨工艺中就用到强碱。通常情况下，涂料纸呈弱碱性，pH在8～9；非涂料纸呈弱酸性，pH在5.5～7。例如，胶版纸多数为弱酸性。

三、纸张酸碱性对印刷的影响

1. 纸张酸碱性对油墨干燥的影响

在印刷过程中，纸张的pH对纸面墨层的干燥有明显的影响。纸张的pH越低（酸性越强），就越易破坏油墨连结料的结构，分离出游离酸，阻碍氧化聚合反应，使油墨的干燥时间延长，如图1-2-86所示。相反，pH高，纸张呈弱碱性时，对油墨的氧化结膜反应有一定的催干作用，油墨在纸面的干燥速度会快些。

2. 纸张酸碱性对润版液的影响

纸张的pH还对胶印工艺中的润版液有影响。在印刷时，如果纸张的碱性太强，碱性物质不断溶解，传递到水斗润版液中去，就会中和一部分水斗中的润版液，使水斗中的润版液pH发生变化。这就会带来一连串的工艺问题，如印版在感脂图文区域扩大、印刷品浮脏、油墨乳化等。

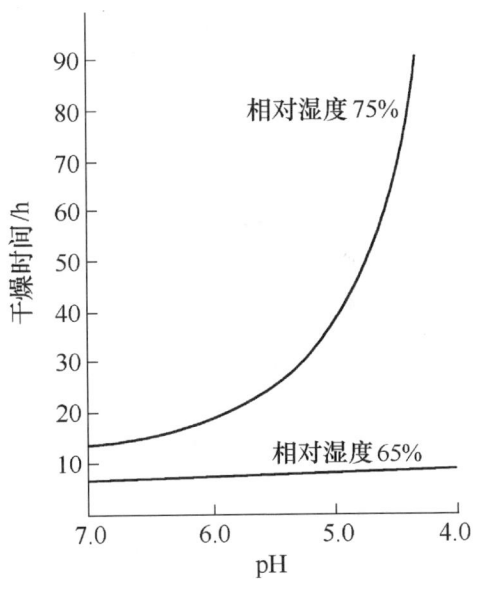

图1-2-86 纸张的pH值与油墨干燥时间的关系

3. 纸张酸碱性对油墨颜色的影响

一些颜料在强酸或强碱条件下是不稳定的，在纸张偏酸或偏碱的条件下，印刷的油墨经过一段时间后，某些颜色会消退。如在pH低的纸张上进行烫金或用金粉油墨进行印刷，经过一段时间，这种金字会褪色。因为另一张反面上的氢离子转移到金字上后，会使金字腐蚀。

4. 纸张酸碱性值对纸张耐久性的影响

纸张的耐久性是指长时间内，纸能保留的重要的物理机械性质，特别是强度和颜色（或白度）。保持时间越长，说明纸的耐久性越好。

影响纸张耐久性的因素很多，在诸多因素中，纸张pH的影响是最为显著的。研究发现，纸张pH越低（酸性越强），颜色及强度衰退越快，也就是耐久性越差。

四、纸张酸碱性的测量

取5g纸张试样剪碎后放入100mL蒸馏水中，浸泡烧煮1h后用pH试纸测试水溶液的pH，测定水溶液的pH作为纸样的pH。此方法适用于一般纸、纸板和纸浆的酸碱性的测定，不适用于含有碱性填料或涂料的纸及纸板。

用上述方法测量的是由纤维、辅料和吸附水所组成的多相体系的纸张pH，而对印刷有直接影响的是纸张表面的pH。纸张表面的pH与水抽提液的pH是不同的，尤其对涂料印刷纸。因此，测量纸张表面的pH更具有意义。目前测量纸张表面的pH的方法有电测量法和颜色指示剂方法。

任务7 技能训练

纸张酸碱度的测定

（1）训练目的

测定纸张的酸碱度。

（2）工具和材料

酸度计（如图1-2-87所示）、500mL锥形瓶、水浴加热器。

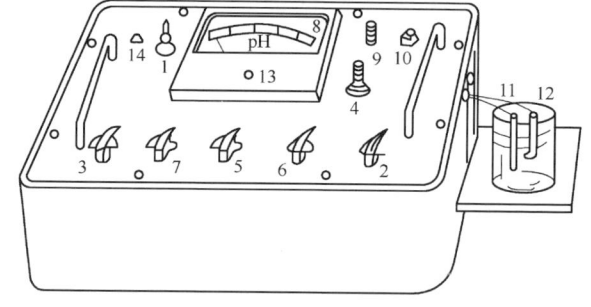

图1-2-87 25型酸度计
1—电源开关 2—零点调节旋钮 3—定位调节旋钮
4—读数开关 5—pH-mV旋钮 6—量程选择旋钮
7—温度补偿旋钮 8—电流计 9—参比电极接线柱
10—玻璃电极插孔 11—甘汞电极 12—玻璃电极
13—电表机械调节 14—指示灯

（3）训练步骤

① 称取5g试样（精确到0.001g），剪碎放入500mL锥形瓶中，加入250mL pH为6.2～7.0的蒸馏水浸润。

② 用包有铝箔的橡皮塞将锥形瓶塞紧，在橡皮塞中心插入一根长60～70mm的玻璃管作为空气冷凝器。

③ 将锥形瓶放置于水浴加热器中，使瓶中内容物的温度保持在95～100℃，加热1h，并不时摇晃锥形瓶。1h后迅速冷却抽出液待用，无需过滤。

④ 在酸度计未接通电源前，检查电流计指针是否指向零点（pH=7），若不在零点则可用电表调节至pH=7；然后接通电源（220V），打开电源开关1，稳定20min。

⑤ 校准仪器：

a. 将温度补偿旋钮7转至室温的刻度上；b.将pH-mV旋钮5转至pH挡；c.将量程选择旋钮6转至所测溶液的pH范围（7～0或7～14）；d.待1～2min后，调节零点调节旋钮2使指针指在pH=7处；e.将洗净的玻璃电极和甘汞电极插入预先备好的标准缓冲溶液中，按动读数开关4（即将信号输入电子管的栅极）。此时，因不对称电位的存在，电流计的指针一般不指向该标准缓冲液的pH处，可调节定位调节旋钮，使指针指向该标准缓冲液的pH处。f.重复d、e操作几次至读数恒定为止，放开读数开关4待用。

⑥ 取出电极用蒸馏水冲洗几次，并用擦镜纸轻轻吸干电极上的余水，再插入上述待

测液中，按动读数开关4，此时电流计所指读数即为该液的pH。

⑦ 同时进行至少两次平行测试，取其平均值为测定结果，两次测定结果的pH的误差不应超过0.2，平均值计算至小数点后一位。

结果分析_____

_____

成绩评定_____

_____

习题
1. 涂料纸一般是呈酸性还是碱性？其pH范围是多少？
2. 纸张pH过大会对印刷产生什么影响？

项目三 常用纸张的质量标准分析

纸张的种类非常多，不同的纸张其制造工艺、性质、用途各不相同，我们只有对常用的印刷用纸进一步的了解其特性，才能更好地选用它。本章重点介绍常用的印刷用纸和几种用量越来越多的新型用纸的用途、特点及技术指标等知识。常用纸张包括平面印刷用纸如新闻纸、胶印书刊纸、胶版纸、铜版纸、铸涂纸、轻涂纸、画报纸、证券纸、钞票纸、邮票纸、字典纸、地图纸、合成纸等，包装用纸如牛皮纸、羊皮纸、鸡皮纸、一般商业用纸及纸袋、茶叶袋滤纸、糖果包装纸、糕点熟食蜡包装纸、一般食品包装纸、复合纸、中性包装纸、防锈纸、防潮纸、防油纸、白纸板、箱纸板、瓦楞纸板等，新型纸如无碳复写纸、防伪纸等。

一、新闻纸

1. 新闻纸的用途

新闻纸是一种消耗量很大的出版用纸，俗称白报纸。主要用于印刷报纸，如图1-3-1所示。一些质量要求低的期刊、书籍等也可使用。

图1-3-1 报纸

2. 印刷对新闻纸的性能要求

对于新闻纸来说，首要的性能要求是对油墨的吸收性要好，以便能够适应高速轮转胶印机的要求。其次是抗张强度要高，以保证印刷过程中在轮转机上不发生断纸现象。另外，纸面要求平滑，至少经过普通压光，使印刷出来的文字和新闻图片不漏线，不漏点，清晰美观，获得较好的印刷效果。最后，由于报纸是两面印刷，纸张不允许透印，要求新闻纸应有较高的不透明度。

3. 新闻纸的生产原料

为了满足上述性能要求，所以新闻纸采用机械木浆（尤其是磨石磨木浆）为主要原料，加入10%左右的漂白化学木浆抄造而成，主要原料是针叶木材。随着造纸的技术进步，开始用蔗渣、红麻等非木材纤维原料配抄新闻纸。各造纸厂还会用一定比例的机械草浆、化学草浆、化学苇浆等替代机械木浆制造新闻纸。新闻纸不施胶，所以具有较强的吸墨性和吸水性；添加的化学木浆的作用是增加其强度；由于机械木浆本身具有较高的不透明性，加上新闻纸紧度较低，结构疏松，从而使纤维的非光学接触面积增大，使光线在纤维空气界面发生散射的作用增大，造成不透明度高；新闻纸因为机械木浆中的短小纤维较多，所以加填的填料较少，一般不超过6%。

4. 新闻纸的特点

（1）吸收性高，因为新闻纸不施胶。

（2）纸质松软。因为新闻纸不施胶，填料少，紧度低。

（3）压缩性好。因为纸张中存在着大量的机械木浆，并以短小纤维代替填料，从而造成纸质松软，空隙率高。

（4）抗水性差，尺寸不稳定。因为没有施胶，易吸水变形。

（5）具有一定的抗张强度，满足轮转机印刷要求。

（6）白度不高，容易变黄。由于其所用原材料以机械木浆为主，含有木质素和杂质，所以纸张不宜长期保存，容易发黄变脆。

（7）表面强度相对较低。

（8）表面平滑度低。

（9）一般以卷筒纸形式供应。

5. 新闻纸的质量标准

世界各国的新闻纸技术指标并不相同。国标GB/T 1910—2015将新闻纸产品分为优等品和合格品两等。新闻纸有卷筒纸与平板纸两种包装形式。卷筒新闻纸的幅宽有1575、1562、787、781mm等常见的规格，宽度偏差要求不超过±3mm，长度以卷筒纸的直径来控制，一般在900~1200mm，纸芯内径为75~85mm。而平板纸的幅面尺寸为787mm×1092mm、781mm×1092mm等常见的规格，尺寸偏差不超过±3mm，偏斜度不超过3mm。其他技术指标见表1-3-1所示。

表1-3-1　　　　　　　新闻纸的质量标准（GB/T1910—2015）

指标名称		单位	规定			
			优等品		合格品	
定量a		g/m²	45.0　47.0		48.0　49.0	51.0
定量偏差	≤	%	±5.0			
横幅定量变异系数	≤	%	2.5		2.8	
纵向抗张指数	≥	N·m/g	40.0		38.0	
横向撕裂指数	≥	mN·m²/g	5.50		5.00	
平滑度b	别克平滑度（正、反面均）	≥	s	35		30
	本特生粗糙度（正、反面均）	≤	mL/min	180		200
D56亮度		≥	%	48.0~53.0		
不透明度		≥	%	90.0		89.0
尘埃度	0.5mm²~1.5mm²	≤	个/m²	60		100
	>1.5mm²，≤4.0mm²	≤		4		8
	>4.0mm²			不应有		
交货水分			%	6.0~10.0		
色调	L		—	≥70.0		
	a			-2.0~+2.0		
	b			<10.0		

续表

指标名称	单位	规定 优等品	规定 合格品
同批次纸的色差（△E） ≤	—	1.5	2.0
印刷表面粗糙度（正、反面均） ≤	μm	5.00	5.50

a 也可按合同生产其他定量的新闻纸
b 平滑度两者中任一合格均可判为合格

二、胶印书刊纸

1. 胶印书刊纸的用途

胶印书刊纸，是近年来为了满足国内发展胶印书刊，在凸版印刷纸的基础上开发出来的新产品。胶印书刊纸作为凸版纸的换代产品，这种纸供轮转胶印机印刷单色或双色书刊、文献等，其质量优于凸版纸，如图1-3-2所示。在胶印书刊纸使用之前，一直是以新闻纸、凸版印刷纸、书写纸等作为胶印书刊的用纸。

2. 印刷对胶印书刊纸的性能要求

（1）较小的伸缩变形　由于胶印书刊纸在胶印轮转机上进行多次套色印刷，反复进行润湿和干燥，如果纸张伸缩变形大，套印就无法准确，印品画面模糊、轮廓不清晰，影响印刷效果。

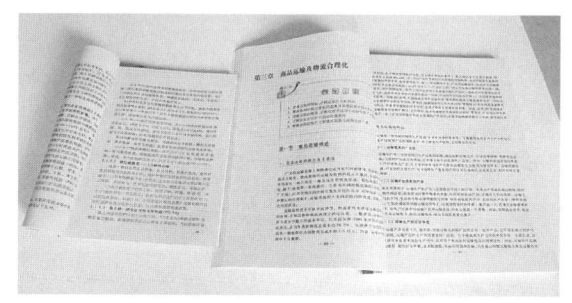

图1-3-2　用胶印书刊纸印刷的书籍
（左边为凸版纸印刷的书籍）

（2）表面强度要好　由于胶版印刷油墨一般黏度较大，容易发生糊版现象。为此，胶印书刊纸的表面强度应大些，以减轻掉毛现象。

（3）适当的施胶度和吸墨性能　由于印刷速度不断提高，要求胶印书刊纸吸墨性一定要好。由于胶印有套色印刷，所以胶印书刊纸应具有一定的施胶度，以防止印刷时由于润版液的作用而造成印品损坏。

3. 胶印书刊纸的生产原料

胶印书刊纸以草类纤维为主要原料，一般需配加20%～25%的漂白化学木浆。草类纤维的杂细胞含量高，抄制出的纸张表面强度较低，特别是采用酸性荻苇浆抄制的纸张，在印刷过程中极易掉毛、掉粉，影响印刷质量。为了克服上述弊病，生产胶印书刊纸一般采用高浓度打浆，并适量添加化学助剂，同时可采取表面施胶等措施。生产胶印书刊纸除适量加填、施胶外，必须在长网纸机上抄造。

4. 胶印书刊纸的特点

胶印书刊纸与新闻纸相比，具有较高的抗张强度、表面强度和白度，其抗水性也要比新闻纸高。

5. 胶印书刊纸的质量标准

胶印书刊纸一般为卷筒纸，也可根据用户需求开切成平板纸供应。其卷筒纸的宽度为880、787、850mm，宽度偏差应不超过±3mm，卷筒直径为1100mm～1300mm。平板胶印书刊纸的尺寸为880mm×1230mm、787mm×1092mm，尺寸偏差应不超过±3mm，偏斜度应不超过3mm。2014年12月1日开始实施的国家标准GB/T 30132—2013规定了国产胶印书刊纸的主要技术指标，见表1-3-2所示。

表1-3-2　　　　　胶印书刊纸的质量指标（GB/T 30132—2013）

指标名称			单位	规定
定量			g/m²	52.0、55.0、60.0、70.0
定量偏差			%	±5
紧度		≤	g/m³	0.85
亮度		≤	%	85.0
不透明度	52.0g/m²	≥	%	78.0
	55.0g/m²			78.0
	60.0g/m²			80.0
	70.0g/m²			80.0
施胶度[a]		≥	mm	0.25
吸水性（正反面均）			g/m²	20.0～45.0
抗张指数	卷筒　纵向	≥	N·m/g	30.0
	平板　纵横平均	≥		25.0
平滑度	正反面均	≥	s	20
	正反面差	≤	%	35
耐折度（横向）		≥	次	4
印刷表面硬度（正反面均）		≥	m/s	0.8
尘埃度	(0.3～2.0) mm²	≤	个/m²	160
	>2.0 mm²			不应有
交货水分			%	4.0～8.0

[a] 施胶度和吸水性中有一项合格即判为合格

三、胶版印刷纸

1. 胶版印刷纸的用途

胶版印刷纸简称胶版纸。过去一个很长的时期内，因最初制造这种纸张的是美国道林（DowUng）公司，所以被译作"道林纸"，现在这种不恰当的俗称已被废弃不用。胶版印刷纸是一种较为高级的纸张，一般供胶印机或凸版印刷机印刷高级书刊、彩色画报、画册、图片、插图、商标、宣传画、书刊封面等。这种纸可供双面印刷，所以通常也称为"双面胶版纸"或"双胶纸"，如图1-3-3所示。

2. 印刷对胶版印刷纸的性能要求

因为胶版印刷纸主要是供胶印机印刷用,由胶印的特点可知,胶印用到润版液,所以要求胶版纸伸缩率要小,即尺寸稳定性要高,以满足多色套印的准确,取得良好的印刷效果;纸张的抗水性能要强;由于彩色印刷品的实地图案的比例较大,印刷时容易在油墨的黏性作用下产生拉毛现象,所以胶版纸应具有高的表面强度。胶版印刷采用氧化结膜干燥方式为主的胶印油墨,这种油墨印到胶版印刷纸上需要有一定厚度的油墨墨膜才能使印刷品具有光泽,因此要求胶版纸吸墨性不宜过高;为了不影响油墨的干燥,纸张的pH应趋于中性或弱碱性;因为胶印使用了橡皮布,所以对纸张的平

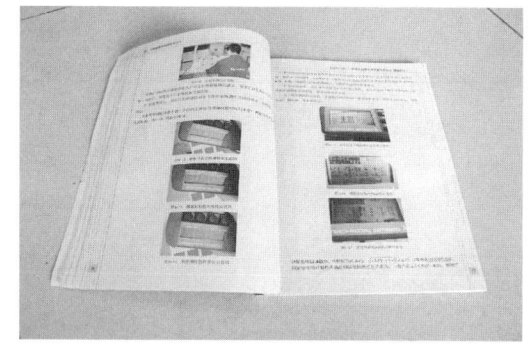

图1-3-3 用胶版纸印刷的书籍

滑度要求并不是很高,但要求均匀一致,因为用平版印刷方法印刷时都有细小的网点;彩色印刷品的大部分面积上一般均有油墨,纸面如果凹凸不平的话,印迹不结实,出现白点;彩色印刷为了能使油墨复原出原稿的色调,使印出的颜色鲜艳,色泽分明,要求纸张有一定的白度。总之,对胶版印刷纸的印刷适性要求是:要求纸张伸缩率小、抗水性强、纸张不拉毛、质地要紧密、吸墨性不宜太高、纸张的纸面必须平滑且具有一定的白度。

3. 胶版印刷纸的生产原料

胶版印刷纸的定量一般为60~150g/m^2,其中70、80g/m^2两种胶版印刷纸用量最多。胶版印刷纸分为优等品、一等品、合格品三个等级。优等品和一等品供高级彩色印刷之用,合格品胶版纸供普通彩色印刷使用。优等品和一等品胶版纸通常用100%的漂白化学木浆或搭配棉浆、竹浆、龙须草浆等抄造而成,同时也配用20%左右的漂白浆,但不能配用磨木浆。合格品胶版纸一般使用50%以上的漂白化学木浆或掺用部分棉浆,漂白化学草浆(如化学荻浆)一般不超过50%。胶版印刷纸所用浆料要经过适当打浆,加填量为20%~30%,一般在长网造纸机上抄造完成。胶版印刷纸在干燥时要进行表面施胶,以提高纸张的表面强度和抗水性。为了提高纸张的抗水性和尺寸稳定性,造纸时,打浆度不宜过高,这样短小纤维含量也少,纸张拉毛现象就可减少。另外,为了提高纸张的白度,在纸浆中还投入了适量的染料和荧光增白剂等。纸张中填料用量较大,经压光、超级压光或表面施胶后,纸张的平滑度、表面强度较高,紧度大,不透明度也较高。

4. 胶版印刷纸的特点

胶版纸伸缩性小,对油墨的吸收性均匀,平滑度好,质地紧密不透明,白度好,抗水性能强。

5. 胶版印刷纸的质量指标

胶版印刷纸按质量分为优等品、一等品、合格品三个等级。胶版纸有卷筒纸与平板纸两种包装形式。其规格尺寸如下:

卷筒纸的宽度尺寸:787、1092、850mm。宽度偏差要求应不超过±3mm。

平板纸的幅面尺寸：787mm×1092mm、850mm×1168mm。尺寸偏差应不超过±3mm，偏斜度应不超过3mm。

胶版印刷纸其它技术指标见表1-3-3所示。

表1-3-3　　　　　　　胶版印刷纸的质量指标（GB/T 30130—2013）

指标名称			单位	规定								
				优等品			一等品			合格品		
定量			g/m²	60.0	70.0	80.0	90.0	100	110	120	150	200
定量偏差			g/m²	±3.0	±3.0	±3.0	±3.5	±4	±4	±5	±5	±6
厚度			mm	0.075	0.088	0.100	0.110	0.122	0.134	0.144	0.180	0.240
厚度允许偏差			%	±10	±10	±10	±10	±8	±8	±8	±8	±8
厚度横幅差 ≤			%	6								
亮度 ≤			%	90.0								
不透明度	优等品	≥	%	82.0	84.0	86.0	88.0	92.0	94.0	96.0	96.0	96.0
	一等品			78.0	82.0	84.0	86.0	90.0	92.0	94.0		
	合格品			76.0	80.0	82.0	84.0	88.0	90.0	92.0		
吸水性（正反面均）			g/m²	20.0~45.0								
抗张指数	平板纸（纵横平均）≥	<100g/m²	N·m/g	35.0			25.0			20.0		
		≥100g/m²		30.0			25.0			20.0		
	卷筒纸（纵向）≥	<100g/m²	N·m/g	45.0			35.0			30.0		
		≥100g/m²		35.0			30.0			25.5		
耐折度（横向） ≥			次	12			8			5		
平滑度	（正反面均）≥		s	30			25			20		
	（正反面差）≤		%	25			30			35		
伸缩性 ≤			%	+3.5								
印刷表面强度（正反面均）≥	卷筒		m/s	1.5			1.0			0.8		
	平板			1.0			0.8			0.6		
尘埃度	(0.2~0.5) mm²	≤	个/m²	40			60			100		
	(>0.5~1.5) mm²	≤		4			6			8		
	>1.5mm²			不应有			不应有			不应有		
交货水分			%	4.5~8.0								

6. 单胶纸

通常所说的胶版纸就是指双胶纸，但还有单面胶版印刷纸，简称单胶纸，它是供胶印机进行单面印刷的单面光纸。它与双胶纸的不同之处是，单胶纸只适宜进行单面印刷，若两面印刷则有一面效果很不理想。单胶纸分为A、B、C级三种，A级供印制高级彩色宣传画、烟盒及商标等用，B、C级供印制一般彩色画、商标等。质量较好的单胶纸以漂白化学木浆为主要原料，也可配一定比例的漂白化学草浆。有的单胶纸则漂白化学草浆所占比例较大，生产单胶纸的浆料一般采用中等程度的打浆方式，进行单面表面施胶，施胶度控制在0.5~0.75mm，在长网造纸机上抄造完成。其技术指标见表1-3-4所示。

表1-3-4　　　　单面胶版印刷纸的质量指标（QB/T 3517—1999）

指标名称			单位	规定		
				A级	B级	C级
定量			g/m²	40±2.0 70±3.5	50±2.5 80±4.0	60±3.0
紧度		≥	g/m³	0.65	0.55	0.50
施胶度	40～60g/m²	≥	mm	0.75	0.5	0.5
	70～80g/m²	≥		1.0	0.75	0.75
白度		≥	%	83.0	80.0	70.0
裂断长（纵横向平均值）		≥	km	2.80	2.50	2.00
伸缩率（湿后）	纵向	≤	%	0.5	—	—
	横向	≤		2.0	2.2	2.5
正面平滑度		≥	s	80	40	35
尘埃度	0.3～1.5mm²	≤	个/m²	40	52	120
	1.5～2.5mm²	≤		不许有	不许有	4
	其中：1.0～1.5mm²黑色尘埃	≤		4	8	16
	>1.5mm²黑色尘埃			不许有	不许有	不许有
水分			%	6±2.0		
表面强度		≥	m/s	1.00		

四、铜版印刷纸

1. 铜版印刷纸的用途

铜版印刷纸简称铜版纸，属涂布加工类纸，所以铜版纸又称为涂布纸或涂料纸，即在涂布原纸上经涂布白色涂料及压光而成。铜版纸是将颜料、黏合剂和辅助材料制成涂料，经专用设备涂布在原纸表面，经干燥、压光后在纸面形成一层光洁、致密的涂层，获得表面性能和印刷性能良好的铜版纸。它是一种高级包装装潢及印刷用纸。铜版纸用于胶印、凹印中的细网线图文的印刷，如印刷单色或多色美术图片、插图、画报、画册、挂历、商品商标、烟盒、纸盒等，如图1-3-4所示。铜版纸是一个习惯性名称，准确的名称应是印刷涂料纸，因为其中绝大部分属胶版印刷涂料纸。之所以称为铜版纸，是因为1852年国外发明了凹印网目版的印版是铜质的，这种印版很适宜于用经过颜料涂布的纸进行印刷，故颜料涂布纸逐步被称为铜版纸。

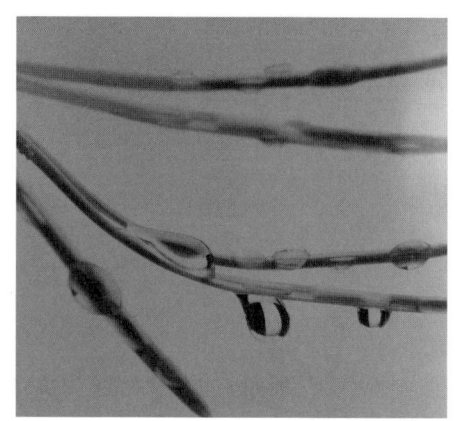

图1-3-4　铜版纸印刷样品

2. 印刷对铜版印刷纸的性能要求

为了保证印刷图文清晰，能再现细小网点，体现图像的亮暗层次，印刷对铜版纸有以下性能要求：涂布原纸必须厚薄均匀，伸缩性小，强度较高，抗水性好；纸面不允许有斑点、皱纹、孔点等纸病；具有较高的平滑度；不允许有掉粉、分层现象；纸张的吸墨性应适当，不宜太大。

3. 铜版印刷纸的生产原料

铜版纸的主要成分是原纸和涂料层，其质量主要取决于原纸的质量、涂料的性质和涂布加工的方式。为了保证铜版纸的质量，所用的原纸纤维组织应该均匀，纸面平滑，厚薄均匀，伸缩性小，具有一定的抗水性和抗张强度，具有良好的可压缩性和较强的弹力恢复性等。铜版纸按质量分为优等品、一等品和合格品三个等级，制造优等品、一等品铜版纸的原纸的纤维配比，一般采用100%漂白化学木浆或70%漂白化学木浆和30%的漂白化学竹浆；在制造合格品铜版纸时，在其原纸的纤维配比中可掺入20%左右的漂白化学草浆，铜版纸原纸中的填料、胶料都低于胶版印刷纸的含量，填料为5%～15%，只进行轻度施胶。

铜版纸生产中使用的涂料是由白色颜料、胶黏剂及其他辅助剂组成的悬浮胶粘物。所用的颜料要求洁白、颗粒细腻而均匀，具有良好的分散度。胶黏剂应是亲水性胶料，不仅具有良好的分散介质，而且必须是颜料颗粒和纸张表面间的良好的黏合剂，还应具有一定的稳定性。当然，涂料中各组成的配比也直接影响铜版纸的质量。

涂料的涂布工艺也是影响铜版纸质量的关键。首先是涂布的量，在每平方米面积上涂布多少涂料直接影响到原纸表面的凹洼不平是否被覆盖，一般应在$10g/m^2$以上，这样才能达到要求；其次是涂布的均匀性，不仅要求横向均匀一致，还要做到纵向均匀一致；另外，压光的时间应控制在涂料层在纸面上还未干燥之前进行，借助其尚存的塑性，利用压力的作用进一步提高其表面平滑度。

4. 铜版印刷纸的特点

铜版纸具有表面平滑、白度高、光泽好、纸的质地密实、伸缩性小、耐水性良好、印刷性好、印刷产品的图案清晰、色彩鲜艳等特点。

5. 铜版印刷纸的质量指标

铜版纸为平板纸或卷筒纸，平板纸的尺寸为880mm×1230mm或787mm×1092mm或889mm×1194mm，也可按订货合同生产，尺寸偏差应不超过$^{+3}_{-1}$mm，偏斜度应不超过3mm，卷筒纸的卷宽为787mm或889mm，也可按合同生产，尺寸偏差应不超过$^{+3}_{-1}$mm。铜版纸有单面铜版纸、双面铜版纸、无光泽铜版纸、压纹铜版纸等。单面铜版纸是在涂布原纸的一面涂上涂料而制得，故而用于单面印刷；双面铜版纸则是在原纸的两面分别涂上涂料而制得，故而用于双面印刷。这两种铜版纸的印刷面都十分平滑，富有光泽。无光泽铜版纸是指涂布后纸面虽很平滑，但光泽度却不高的铜版纸，这种纸印出的画面既淡雅又深沉，别具一格；压纹铜版纸则将铜版纸用压纹机压上布纹、蛋纹、橘纹、皮纹等各种花纹，起到一定的装饰作用。根据铜版纸的国家标准，按质量分为优等品、一等品、合格品三个等级。具体胶印铜版纸的技术指标见表1-3-5所示。

表1-3-5　涂布纸和纸板 涂布美术印刷纸（铜版纸）的质量指标（GB/T 10335.1—2017）

指标名称		单位	规定					
			优等品		一等品		合格品	
			有光型	亚光型	有光型	亚光型	有光型	亚光型
定量		g/m^2	70.0	80.0	90.0	100	105	115	128	157	200	250	300	350
定量偏差	≤157g/m^2	%	±4.0				±5.0	
	>157g/m^2	%	±3.5				±4.0	

续表

指标名称		单位	规定					
			优等品		一等品		合格品	
			有光型	亚光型	有光型	亚光型	有光型	亚光型
厚度偏差 ≤		%	±3.0				±4.0	±5.0
横幅厚度差 ≤		%	3.0		4.0		4.0	
D65亮度（涂布面）≤		%	93.0					
不透明度	≤90g/m² （双面涂布）	%	89.0		88.0		86.0	
	>90g/m²~128 g/m²	%	92.0		92.0		91.0	
	>128g/m²		95.0					
挺度（纵向/横向）≥	128g/m²	mN	165/105	175/115	165/105	175/115	165/105	175/115
	157g/m²		260/160	320/200	260/160	320/200	260/160	320/200
	≥200g/m²		500/320	560/350	500/320	560/350	500/320	560/350
光泽度（涂布面）	中量涂布	光泽度单位	≥50	≤40	≥50	≤45	≥45	≤45
	重量涂布		≥60		≥55		≥50	
印刷光泽度（涂布面）≥	中量涂布	光泽度单位	87	77	82	72	72	67
	重量涂布		95	82	92	77	85	72
印刷表面粗糙度（涂布面）≤	<200g/m²	μm	1.20	2.20	1.60	2.90	2.60	3.20
	≥200g/m²		1.80	2.60	2.20	3.20	2.60	3.80
油墨吸收性（涂布面）		%	3~14					
印刷表面强度[a]（涂布面）≥		m/s	1.40		1.40		1.00	
尘埃度（涂布面）≤	0.2mm²~1.0mm²	个/m²	8（单面4）		16（单面8）		32（单面16）	
	>1.0mm²~≤1.5mm²		不应有		不应有		2（单面1）	
	>1.5mm²		不应有		不应有		不应有	
交货水分[b]	70.0g/m²~157g/m²	%	5.5±1.5					
	>157g/m²~230g/m²		6.0±1.0					
	>230g/m²		6.5±1.0					

[a] 用于凹版印刷的产品，可不考核印刷表面强度；用于轮转印刷的产品，印刷表面强度分别降低0.2m/s。
[b] 因地区差异较大，可根据具体情况对水分作适当调整。

五、铸涂纸

1. 铸涂纸的用途

铸涂纸又称高光泽铜版纸或玻璃卡纸。它是以不同定量的铜版原纸或卡纸为原纸，采用铸涂加工方式，即原纸经涂布涂料层后，在压力的作用下，紧贴于光洁度很高的镀铬烘缸，涂层中的颜料粒子吸热收缩、干燥成膜，从缸面上剥落下来，形成的这种单面的高光泽纸就是铸涂纸。铸涂纸的纸面具有极高的平滑度和光泽度，具有良好的印刷适性。适于印刷最细的网线印刷品，图像清晰，色彩鲜艳，立体感强，印刷效果极佳。一般用于印刷美术卡片、广告画、贺年卡、请柬、精致工艺包装袋等，也可用来印刷高档商品的商标、包装盒等，如图1-3-5所示。

图1-3-5 用铸涂纸印刷的杂志

2. 印刷对铸涂纸的性能要求

印刷要求铸涂纸有高的平滑度、光泽度、白度（彩色纸除外）。

3. 铸涂纸的加工原料

铸涂纸的加工原料与A级铜版纸的相同，在加工工艺上采用铸涂加工方式，让湿涂层与被加热的磨光铬鼓进行接触压光，然后铬鼓就赋予了纸张像反射镜面一样的光泽整饰效果。

4. 铸涂纸的特点

铸涂纸表面鲜明光亮，犹如镜面；表面平滑度非常高，能适用于最细网线的印刷，网点、色调、光泽的再现性很好，图像清晰、立体感强；适印面广，能适应于胶版、凸版、凹版等多种印刷方式。

5. 铸涂纸的质量标准

铸涂纸分A、B、C三个等级，有平板纸和卷筒纸两种。平板纸的尺寸有787mm×1092mm、850mm×1168mm、880mm×1230mm。卷筒纸的规格按订货合同的规定生产，宽度偏差不得超过±5mm。按订货合同规定可生产彩色铸涂纸。铸涂纸的技术标准见表1-3-6所示。

表1-3-6　　　　　　　　铸涂纸的质量指标（QB/T 3518—1999）

指标名称		单位	规定		
			A级	B级	C级
定量		g/m²	80±4.0 100±5.0 120±6.0 150±7.5 180±9.0 220±11.0 250±12.5 280±14.0	80±<5.0 100±6.0 120±7.0 150±9.0 180±11.0 220±13.0 250±15.0 280±17.0	80±5.0 100±6.0 120±7.0 150±9.0 180±11.0 220±13.0 250±15.0 280±17.0
白度		%	83.0~95.0	80.0~90.0	78.0~90.0
光泽度（角度20°）≥		%	50	38	28
油墨吸收性		%	18.0~30.0	18.0~30.0	18.0~30.0
印刷表面强度 ≥		m/s	1.5	0.8	0.45
横向挺度	180g/m² ≥	mN·m	1.00	0.80	0.60
	220g/m² ≥		2.20	1.80	1.60
	250g/m² ≥		3.10	2.60	2.30
	280g/m² ≥		4.10	3.40	3.00
横向耐折度180~280g/m² ≥		次	15	10	10
涂层耐折性180°			不破裂	不破裂	不破裂
尘埃度	0.1~0.7mm² ≤	个/m²	30	40	80
	0.7mm²		不许有	不许有	—
	>0.7~2.0mm²		—	—	2
	>2.0mm²		—	—	不许有
水分		%	7.0±2.0	7.0±2.0	7.0±2.0

六、轻涂纸

1. 轻涂纸的用途

2000年初，中国的纸业界和不少宣传媒体都十分关注一个新概念纸种，它的名字叫做轻涂纸。

轻涂纸就是轻量涂布纸的简称，也有人称它为低定量涂布纸。轻涂纸是指一类定量较低的涂布加工纸。它是一种在低定量原纸的正反面上涂布较低量涂料层的纸张。欧洲首先研制出这种纸，轻涂纸具有铜版纸的某些性质，成本相对较低，其印刷效果要优于胶版纸，但略低于铜版纸。所以，目前轻涂纸广泛应用于印刷杂志、商品目录、广告、商标、报刊特辑（插页）等，如图1-3-6所示。因为轻涂纸的定量一般来说比铜版纸低，可以减少航寄的邮资，所以深受全球性或大范围发行的杂志、报纸和画刊社的欢迎。

图1-3-6　用轻涂纸印刷的杂志

2. 印刷对轻涂纸的要求

根据轻涂纸的用途就知道其应能满足彩色印刷的要求，跟铜版纸的要求差不多，表面要平滑；涂层的涂布量要求均匀一致，否则容易产生橘子皮状的纸病。

3. 轻涂纸的加工原料

它是利用在原纸的正反两面加上一层薄薄的涂料（由碳酸钙、阳离子淀粉等调制而成），再经过超级压光（以改善其物理性能和印刷适性）制成。轻涂纸的纤维原料一般是针叶木长纤维漂白化学浆占40%，机械木浆占60%，这样一来即可大大降低生产成本。原纸的定量较低，为40～50g/m^2。涂布量通常是6～10g/m^2（单面）。所以轻涂纸的定量在52～72g/m^2，它是原纸定量与两面涂布量之和。

4. 轻涂纸的特点

（1）品质优良　从纸的性能上讲，轻涂纸是介于铜版纸和胶版纸之间，其彩印效果可与铜版纸相媲美，而且具有良好的不透明度和平滑度以及良好的印刷适性和高的光泽度（包括纸的光泽度和印刷光泽度）。这样就为印刷优质的商品说明书和标贴提供了坚实的基础。

（2）低的成本　由于轻涂纸生产中掺有比较廉价的机械木浆（相对于漂白化学木浆而言），因此在原料成本上的投入大约要减少30%。这样就有可能扩大销路，提高效益。

（3）高的附加值　因轻涂纸是加工纸，比一般胶版印刷纸的售价要贵些，但是又比使用全部化学木浆又经过涂布加工的铜版纸便宜得多。

不过，由于轻涂纸的耐久性较差（受原纸中含有较多的机械木浆的影响所致，而机械木浆内残留的木素等化合物会使纸张变色、发脆而破损），故而更适宜用来印刷不需要长久保存的印刷品。

5. 轻涂纸的质量标准

轻涂纸的英文名是LWC纸（Light Weight Coated Paper），国际通用。轻量涂布纸按质量分为优等品、一等品和合格品三个等级。轻量涂布纸为平板纸或卷筒纸，平板纸的尺寸为880mm×1230mm或787mm×1092mm或889mm×1194mm，其尺寸偏差应不超过料印刷纸系列，故在等级上可分为继铜版纸的A、B、C三个等级后的D、E两个等级。轻涂纸的规格主要为卷筒纸，幅面宽度为1760mm、3800mm、3520mm等，按客户的要求进行不同规格的裁切。目前国内尚无轻涂纸的统一技术标准，轻涂纸的质量指标和技术参数一般都是由企业内定的。表3-7为某造纸厂制定的轻涂纸的质量指标。

表3-7　　　　　　　　　　轻量涂布纸的质量指标

指标名称	规定	指标名称	规定
定量/（g/m²）	62	光泽度/%	37
涂布量/（g/m²）	16	印刷光泽度/%	72
紧度/（g/m³）	1.15	平滑度/s	559
白度（ISO）/%	85	表面强度/（m/s）	1.1
不透明度/%	84	油墨吸收值/%	18

七、字典纸

1. 字典纸的用途

字典纸是供凸版、胶版印刷字典、袖珍手册、工具书、科技刊物等的薄型高级凸版印刷纸，如图3-7所示。

图3-7　字典纸

2. 印刷对字典纸的性能要求

字典、工具书的特点是字迹小、成书厚且使用频繁、时间久，所以对字典纸的相应要求是机械强度高、耐折度好，同时应具有相当的白度及平滑度。这样才能保证印出的字典、工具书等字迹、图像清晰美观，使用时间长久。因为字典纸是一种薄页型的纸张，为防止透印，要求其不透明度要高。另外，字典、工具书、科技文献等书刊中外文字母多、阿拉伯数字多、标点及科技符号多，为了避免细小的黑色尘埃引起外文、数字、符号、标

2. 印刷对字典纸的性能要求

字典、工具书的特点是字迹小、成书厚且使用频繁、时间久，所以对字典纸的相应要求是机械强度高、耐折度好，同时应具有相当的白度及平滑度。这样才能保证印出的字典、工具书等字迹、图像清晰美观，使用时间长久。因为字典纸是一种薄页型的纸张，为防止透印，要求其不透明度要高。另外，字典、工具书、科技文献等书刊中外文字母多、阿拉伯数字多、标点及科技符号多，为了避免细小的黑色尘埃引起外文、数字、符号、标点的误读，所以字典纸对尘埃度的要求特别严格。

3. 字典纸的生产原料

字典纸的生产，以漂白化学木浆为主要原料，轻度施胶，在长网造纸机上抄造，并经超级压光机或普通压光机压光。因为字典纸是一种薄页型的纸张，为防止透印，提高其不透明度，所以在抄造时的加填量是较大的。

4. 字典纸的特点

字典纸的突出特点是薄而柔软，装订同样书脊厚度的书（字号及版面安排也相同），采用字典纸比采用凸版纸几乎可以多容纳一倍的内容。但因其薄而软，所以极易吸湿，纸边也容易卷曲，给印刷及装订带来一定困难，这是印刷、裁切、堆放、装订等过程中应着重注意的一个问题。另外，字典纸纤维组织均匀，机械强度高，韧性大，纸面洁白细腻，不透明度高。

5. 字典纸的质量标准

字典纸一般为卷筒纸，造纸厂也可按供货合同生产平板字典纸。卷筒字典纸的宽度为787mm、880mm，其卷筒直径为650～800mm，国家标准GB/T 1912—2018规定，卷筒字典纸的纸幅宽度偏差应不超过$^{-1}_{+3}$mm。按合同供应的平板字典纸的尺寸为787mm×1092mm、880mm×1230mm，也可按合同规定供应规格的平板字典纸，国家标准GB/T 1912—2018规定，平板字典纸的尺寸偏差应不超过±3mm，偏斜度应不超过3mm。字典纸按品种分为普通型和微涂型两种。根据2019年7月1日开始实施的国家标准GB/T 1912—2018的规定，字典纸应达到表1-3-8所列的主要技术指标。

表1-3-8　　　　字典纸的质量指标（GB/T 1912—2018）

指标名称			单位	规定	
				普通型	微涂型
定量			g/m²	22.0±1.1　25.0±1.3　28.0±1.3　30.0±1.5　33.0±1.5　35.0±1.5　40.0±2.0	
紧度		≥	g/cm³	0.70	0.88
横向耐折度	<28.0g/m²	≥	次	5	
	≥28.0g/m²			20	
纵向抗张指数		≥	N·m/g	35.0	
平滑度	正反面均	≥	s	60	
	正反面差	≤	%	30	
D65亮度[a]		≤	%	90.0	

续表

指标名称		单位	规定	
			普通型	微涂型
不透明度 ≥	40.0g/m²	%	80.0	85.0
	35.0g/m²		79.0	84.0
	33.0g/m²		77.0	82.0
	30.0g/m²		76.0	81.0
	28.0g/m²		75.0	80.0
	25.0g/m²		74.0	78.0
	22.0g/m²		73.0	77.0
交货水分		%	4.0~7.0	
表面吸水性（正反面均）		g/m²	15.0~35.0	
表面强度[b]（正反面均）	蜡棒法	A	8	
	方法A IGT印刷试验仪（电动式）	m/s	0.60	
尘埃度	0.2mm²~0.5mm² ≤	个/m²	40	
	>0.5mm²~1.5mm² ≤		6	
	>1.5mm²		不应有	
表面PH ≥		—	6.5	

[a] 彩色字典纸不考核D65亮度
[b] 两种办法有一种符合标准则判为合格。

八、其他常用纸张

1. 书写纸

书写纸是供用墨水书写的纸张，多用于制作练习本、日记本及一般表格等供书写用的纸制品，如图1-3-8所示。像印刷用纸一样，书写纸也必须有较好的强度、白度和表面光洁度，还必须有一致的外表和足够的施胶度，以避免墨水在纸上洇开。

图1-3-8 书写纸

2. 证券纸

证券纸是用来印制汇票、存折、银行、财政部门账簿及长期保存的证件等印刷品的纸张，如图1-3-9所示。证券纸是双面光纸，好的证券纸是用100%的漂白棉浆制造的，供银行及财政部门长期保存的账簿、证件等用；另外用于印刷支票、汇票、存折、账簿等证券纸也可用漂白棉浆、化学木浆、竹浆、龙须草浆制作的，其中精制漂白化学木浆的用量在35%以内。证券纸根据需要有浅黄、米色、浅绿等颜色，还可以有各种水印。证券纸为平板纸。

图1-3-9 存折

3. 糖果包装纸

它由包装原纸（定量为24、28g/m²）经印刷、涂蜡而制成的纸，它具有很好的抗扭裂强度、不透气性及抗水性。它分为1号、2号两个型号，1号用于机械包装，2号用于手工包装。

糖果包装原纸一般以漂白化学木浆为主，其中有部分漂白草浆，不使用对人体有害的化学助剂及荧光剂。

4. 茶叶袋滤纸

它是专用于袋泡茶的低定量纸。它具有适应机械包装的干强度、弹韧性及耐沸水冲泡的湿强度。特点是过滤快，能有效地保持茶的原味。

5. 普通食品包装纸

该纸不需涂蜡，直接用于入口食品的包装，纸的定量一般在40、50、60g/m²。此纸是用木浆、草浆等制成，制浆过程不使用回收的废纸及对人体有害的化学助剂。

6. 鸡皮纸

它是单面具有很好光泽的强韧平板薄型包装纸，定量为40g/m²，具有较高的耐破、耐折度，一定的抗水性，纸质均匀，颜色淡于牛皮纸。原料主要是漂白硫酸盐木浆，要施胶、加填，不加对人体有害的化学助剂。

7. 羊皮纸

羊皮纸分动物羊皮纸与植物羊皮纸。植物羊皮纸也称硫酸纸，是一种半透明的具有高度防油、防水、不透气、湿强度大、弹性好的高级包装纸。羊皮纸多用于包装医药、食品、茶叶、烟草、仪器、机械零件等。

8. 牛皮纸

牛皮纸呈黄褐色，质地坚韧结实，用于工业包装的纸。从外观上可分成单面光、双面牛皮纸，如图1-3-10所示。

牛皮纸根据表面纹理可分为光、有条纹、无条纹等品种。它有优良的耐破度、撕裂度、耐水性。牛皮纸正因为强度大，多用于包装仪器、仪表、五金交电产品、各类的棉、麻、毛、丝织品，还可制成砂纸、卷宗袋、档案袋、纸袋等，如图1-3-10所示。

9. 合成纸

合成纸又称聚合物纸和塑料纸。合成纸是指那些不依赖木材、竹、芦苇、棉秆等天然纤维素，而是以合成树脂（PP、PE、PS等）为原料生产的纸。在合成树脂中加进发泡剂或添加剂，搅拌或发泡后，将发泡体压缩，拉成薄膜，再经过表面处理，就得到合成纸。在20世纪70年代，日本人首先研究开发出了合成纸。因其兼有传统纸张的性

图1-3-10 牛皮纸

能与塑料的特性，同时还可解决森林采伐、用水资源、"三废"污染等种种问题，故被誉为"环保纸"。产品投入市场后，得到了政府的大力推广和支持。实践证明：合成纸在机械强度、耐水性和印刷适应性方面比普通纸（植物纤维）更具有优势。因此，合成纸作为一部分普通纸的替代品将会成为一种趋势。

合成纸具备以下优点：强度高，包括抗张强度、撕裂强度和抗冲击强度；通过对合成

纸表面进行适当的表面处理，合成纸甚至具备比普通纸张更优异的印刷效果；耐水、耐油、耐化学品性突出；尺寸稳定好，不易老化。但合成纸由于其材料组成不同于传统纸张，也存在它固有的缺陷：抗热性差；不耐折叠，折叠会产生难以消失的折痕线。

合成纸的用途广泛：在印刷出版方面，合成纸可以印刷耐水报刊、书籍、地图、名片、日历及海报等，显得较为理想；在商业包装方面更是大显身手，比如高级礼品袋、高档服装袋、精致购物袋、轻型包装容器（盒）等，尤其可用于商品标签，如环罐标签、不干胶标签等，适用于自动标贴；在建筑装修方面，合成纸可制作彩色贴面纸的原纸、壁纸等，也可用在家具贴面上；其他方面，如现在一些国家出现了合成纸的参观门票、送货票单、扑克、风筝等，2000年悉尼奥运会所有参加者的胸前身份卡就是合成纸制作的。如图1-3-11所示为合成纸制作的壁纸。

图1-3-11　合成纸制作的壁纸样品

九、新型纸张

1. 无碳复写纸

人们在生活中经常要用到很多凭证、票据等，如飞机票、铁路货物运单、手机缴费单、发票等，这些凭证票据都有几联，这就要用到复写纸。复写纸有普通复写纸、有碳复写纸和无碳复写纸三种。

普通复写纸国外已淘汰了。因为它是用滚筒涂布机以热熔法将涂料涂布于原纸而成。原纸是组织均匀、表面平滑、强度大、无孔眼、具有一定吸油性的薄纸，涂料是由颜料、染料、油、蜡、树脂等物质组成。涂布工艺有单面和双面之分，颜色有红、蓝、紫、黑等颜色。普通复写纸具有耐多次复写、能较长时间保存等优点，但是因为涂料组成物质都是发黏的物质，容易粘脏手、衣服、纸面等，尤其是使用前要夹入，使用后还要取出，使用不便，浪费时间。如果是6层复写就需要加入5层复写纸，因增加了厚度，不能在计算机上应用，普通复写纸如图1-3-12所示。

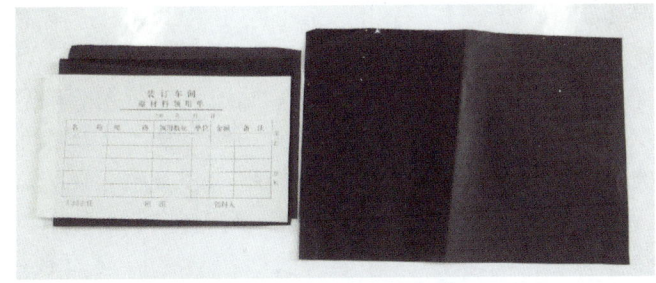

图1-3-12　普通复写纸

印刷有碳复写纸也叫一次性复写纸，是在纸的背面需要复写的地方用印刷机印刷上有碳复写油墨。使用的纸张应是专用复写纸原纸，也可用字典纸等代替专用纸。复写油墨是由颜料、树脂、植物油、矿物油、蜡等物质经调配、混合、研磨而成。印刷有碳复写纸与普通复写纸比较，具有清洁美观，省去了夹撒复写纸工作，节省了复写时间，提高了工作效率，可用于计算机，还能起到防伪作用等优点。与无碳复写纸比较，具有复写能力高、存放时间长、成本低等优点，有碳复写纸如图1-3-13所示。

无碳复写纸从表面上看与普通白纸差不多，使用时不用夹、撤复写纸，也不用在纸背面印刷有碳复写油墨，用笔加压复写就能得到复制品，这主要是应用了微胶囊技术。无碳复写纸是用涂布机在原纸的正面（需要印文字表格的一面）涂布含活性黏土的涂层，在原纸的背面（不需印刷文字表格的一面）涂布含有隐色染料微胶囊乳浆涂层。将涂布好的无碳复写纸印刷上图表文字后，按正反面图1-3-14无碳复写纸顺序（绝不能正面与正面，或反面与反面挨在一起）重叠，装订成册。加压复写时，纸背面的微胶囊中的隐色染料溶液由于笔的压力，从微胶囊中挤出后，被下面纸张正面上的活性黏土层吸附，接着进行瞬间呈色反应，而达到复写目的，如图1-3-14所示。

图1-3-13　有碳复写纸

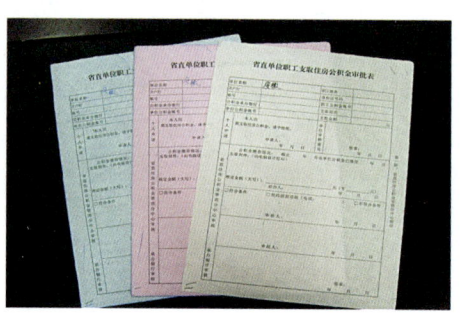
图1-3-14　无碳复写纸物理性质技术指标

综上所述可以看出，普通复写纸容易脏手、衣服和纸面，夹、撤复写纸工作繁杂，浪费时间，影响工作效率，在我们国家也将逐渐被淘汰。有碳复写纸省去夹、撤复写纸的繁杂工作，能起到防伪作用，只需在需要复写的地方印刷上有碳复写油墨，并具有节省油墨、成本低、价格便宜等优点。无碳复写纸外观清洁，省去夹、撤复写纸的繁杂工序，提高了工作效率，有广阔的发展前景，但目前生产设备、技术、原材料完全靠国外引进，成本很高，投入生产还有一些急需解决的问题。

（1）无碳复写纸的特点　无碳复写纸携带方便，使用时干净、整洁，显色可多达7层，并可在背面印刷。与有碳复写纸相比，无碳纸的价格略高，而且无碳复写纸对压力和光都很敏感，对化学药品及蒸汽也比较敏感，环境温度的变化易导致无碳纸的卷曲。

（2）无碳复写纸的结构　无碳复写纸采用微胶囊技术制造而成。微胶囊的种类很多，应用比较广泛的是明胶胶囊。微胶囊直径一般为1~30μm。明胶微胶囊直径为3~10μm。胶囊壁膜物质是由明胶（聚阴离子胶态物质）和阿拉伯树胶（聚阳离子胶态物质）组成，内芯物质由无色染料（如亚甲基蓝或红晶蓝等）和高沸点溶剂油组成。微胶囊是无碳复写纸的发色剂。

（3）无碳复写纸的显色原理　复写时，笔尖的压力使发色剂微胶囊壁破裂，油溶性无色染料与显色剂层中的酸性黏土一接触立即发生显色化学反应。在化学反应过程中，油溶性无色染料失去电子以醌型结构变成有色染料，酸性黏土吸收电子完成显色反应。按显色的颜色不同，无碳复写纸又分为黑印纸（显黑色）、蓝印纸（显蓝色）等。

（4）无碳复写纸的质量指标　无碳复写纸主要分为上层纸（CB纸）、中层纸（CFB纸）、下层纸（CF纸）、自感纸（SC或SC/CB）四种。CB纸，背面涂发色剂，作为无碳复写纸的上层纸使用；CFB纸，正面涂显色剂，背面涂发色剂，作为无碳复写纸的中层纸使用；CF纸，正面涂显色剂，作为无碳复写纸的下层纸使用；SC自感纸，在同一面上涂显色剂和发色剂；SC/CB自感纸，SC自感纸背面涂发色剂，作为无碳复写纸的上层纸使用。CB纸、CFB纸、CF纸按质量分为优等品、一等品和合格品。无碳复写纸分为平板纸和卷筒纸。平板纸规格为559mm×864mm、584mm×914mm、787mm×1092mm，尺寸偏差应不超过±3mm，偏斜度应不超过3mm。卷筒纸规格为：宽度大于400mm的其偏差应不超过$^{+4}_{-2}$mm；宽度小于400mm的其偏差应不超过$^{+3}_{-2}$mm。无碳复写纸的技术指标见表1-3-9所示。

表1-3-9　　　　无碳复写纸技术指标（GB/T 16797-2017）

项目			单位	规定			自感纸 (SC, SC/CB)
				CB纸、CFB纸、CF纸			
				优等品	一等品	合格品	
定量			g/m²	<50.0			
				50.0~60.0			
				>60.0, ≤90.0			
定量偏差 ≤	CB纸、CF纸、SC/CB自感纸		%	±5.0			±6.0
	CFB纸、SC自感纸			±6.0			±7.0
紧度			g/cm³	0.70			
D65亮度ª			%	75.0~92.0			
不透明度 ≥	<50.0g/m²		%	60.0			
	50.0~90.0g/m²			70.0			
平滑度（CF面） ≥			s	50	40	30	5
表面PH（CF面）			—	6.0~9.0			
横向伸缩率		≤	%	3.0			3.8
耐摩擦性	动态（ΔE）	≤	—	5.0			
	静态			合格			
显色性能 ≥	显色密度	蓝色字迹纸	—	0.85	0.75		0.65
		蓝色字迹纸和其他颜色字迹纸		0.70	0.60		0.50
	显色灵敏度		%	85.0	80.0		75.0
耐光性 ≥	蓝色字迹纸		—	0.60	0.50		0.40
	黑色字迹纸和其他颜色字迹纸			0.50	0.40		0.30
交货水分			%	6.5±2.0			

ª 彩色纸不考核D65亮度

2. 防伪纸

伪造和假冒发票、钞票案件时有发生，除了加大对这类犯罪分子的打击力度外，我们还有非常重要的防止措施就是对票据和钞票进行防伪印刷。防伪印刷主要是通过防伪纸张、防伪油墨和防伪印刷工艺来实现。

防伪纸张是指具有防伪性能的纸张，是防伪印刷的重要组成部分。一般在印刷之前造纸的过程中就采取了防伪措施。目前国内外防伪纸的主要类型有水印纸、夹丝纸、无荧光专用纸和几项合为一体的防伪纸等。

（1）印钞纸　钞票等有价证券所用的纸张不同于一般印刷纸，尤其是印制钞票的纸均采用坚韧、光洁、挺括、耐磨的印钞专用纸。这种纸经久耐用，不起毛、耐折、不断裂。其造纸原料以长纤维的棉、麻为主。

（2）无荧光专用纸　一般纸张在紫外光照射下均显有荧光，于是印钞纸及一些有价证券或票据则采用无荧光的专用纸防伪。如各国的纸币、护照以及一些票证的纸基均无荧光，这样更容易显露出附加暗记的荧光图文，如图3-15所示。

 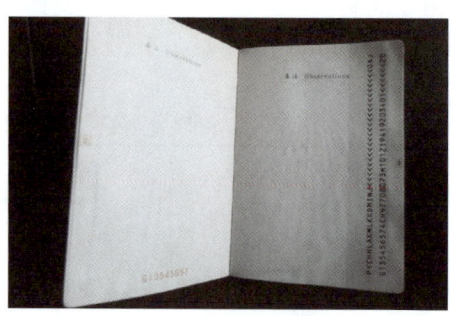

图3-15　护照

（3）有痕量添加物的纸　利用生物具有抗原抗体特异反应的原理，将极微量的抗原加入纸浆或纸张的某一局部。检测时用相应的特异性抗体与之结合，通过显色、荧光等标记物反应的有无来辨别真伪。也可在纸中加入痕量化学元素分别真假。

美国在研究开发一种特殊人造纤维或用基因棉花造纸、印制美元防伪。

有一种化学加密纸是在纸浆中加入或是在纸张表面施胶时在胶中加入了特殊的化合物，这种化学加密纸当涂上特定的化学试剂后可显色或显现荧光。据报道，在国外有一种球赛的门票就是用这种纸印制的，检查时只要拿浸有特制试剂的笔在票面上画一下，画过处真品即显示黑色笔迹，假门票则无，以此可辨真伪。

（4）水印纸　造纸过程中，在丝网上安装事先设计好的水印图文印版，或通过印刷滚筒压制而成。由于图文高低不同，使纸浆形成厚薄不同的相应密度。成纸后因图文处纸浆的密度不同，其透光度有差异，故透光观察时，可显出原设计的图文，这些图文即称之为水印，如图3-16所示。水印有固定水印、半固定水印及不固定水印三种。固定水印必须固定在纸币、护照、证件的主体的一定位置上，而且通常要与肉眼可见的印刷图文或其他防伪措施匹配准确。半固定水印每组水印之间的距离、位置均固定，各组在纸上呈连续排列，故也称为连续水印，这种水印多用于专用的纸张。不固定位置的水印分布于纸张或

图3-16　水印纸样品　　　　　图3-17　护照上的彩色纤维丝

票面的满版，故也称满版水印。

（5）纤维丝、彩点加密纸　造纸时在纸浆中加入纤维细丝或彩点，如图3-17所示。掺入纸浆中的纤维有彩色纤维与无色荧光纤维两种。前者用肉眼即可在纸面上看到；后者及彩点必须在紫外线照射下方可显现，其颜色有红、蓝、橘红等，其形态可粗可细、可长可短，依设计而定。有的纤维是在纸张未成型前撒在纸面上。纤维与彩点在纸中的位置一般都是随机分布的，因此其疏密、嵌露的多少各异。也有固定位置的，如美国1928年以前印制的美元，红、蓝两色纤维只分布在票面正中的一条狭长区域内。

（6）带安全线的纸　在抄纸的过程中，在纸张的特定位置上包埋入特制的金属线或不同颜色的聚酯类塑料线、缩微印刷线、荧光线。对光观察时可见一条完整的或断续（开窗）的线埋藏于纸基中。线的形状有直线形、波浪形、锯齿形等。图3-18所示为带有安全线的防伪证券纸。

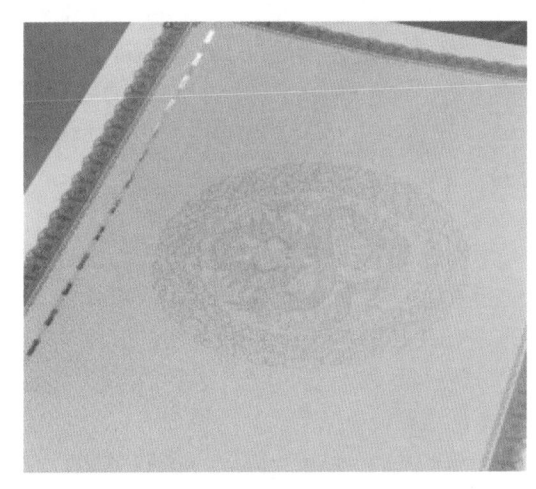

图3-18　带有安全线的防伪证券纸

知识拓展

涂料纸的加工工艺

根据纸张的表面是否涂布涂料可将纸分为非涂料纸和涂料纸。如新闻纸属于非涂料纸，铜版纸属于涂料纸。涂料纸是在原纸表面涂布一层涂料以获得高平滑表面的纸，若需要高光泽效果则再进行压光或超级压光处理。

1. 为什么需要涂布纸

纸张即使经过超级压光，其表面仍然还不能满足高质量印刷的需要，如图3-19所示为非涂料纸压光后的表面状况，很明显表面还是凹凸不平。为了在纸上得到分辨率更高、更为细致的图像，我们需要纸张表面更加光滑。为了实现这一目的，就需要在纸张表面进行涂布，这样得到的纸张称为涂布纸。根本的原因是高质量印刷的网点很细，如150线/in，则表示在1in内有150个网点。除了网点和网点相重叠的最浓部分外，中间色调部分的网点直径都在170μm以下，明亮部分的网点直径就更小，达到几十个微米以下。而纸浆纤维一般长度为1mm（1000μm）左右，直径为几十个微米左右。所以说非涂料纸表面的凹凸不平将导致部分网点落空或不能完整再现。网点的线数越高，细微部分还原就越丰满充实，也就要求纸张表面具有与网点间隔相适应的平滑性。可见，非涂料纸的表面构造不能适应对细微网点还原的要求，也不能达到印刷光泽高、实地部分油墨均匀、画面层次清晰等高级印刷品的高水平要求，如图3-20所示为未涂布纸和涂布纸的印刷效果对比图。因此，需要对非涂料纸进行加工，以使其具备与高线数网点间隔相适应的表面平滑性。

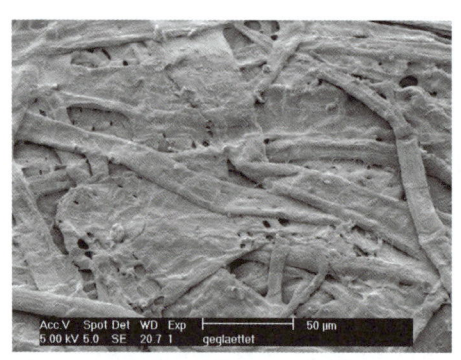

图1-3-19　非涂料纸压光后的表面　　　图1-3-20　未涂布纸和涂布纸印刷效果对比

对非涂料纸（涂布原纸）进行涂布的目的，就是在外表具有纸浆纤维形成的凹凸不平和带孔隙的非涂料纸上，涂盖一层由细微粒子组成的对油墨吸收性能良好的涂料，以便得到具有良好的均匀性和平滑性的表面，从而提高纸张对印刷网点的还原能力以及良好的白度、光泽度和不透明度。这些效果随着涂布量的增加而增加。

2. 涂料介绍

涂料的主要成分是颜料、胶黏剂和助剂。颜料是涂料的主要成分，占70%~80%，它是决定涂料纸油墨接受性、平滑度、光泽、白度和不透明度的主要成分。用作涂料的颜料主要有高岭土、硫酸钙、钛白等，其粒径一般在1~2μm。胶黏剂在涂料中的作用是使颜料粒子间相互黏结，使涂层与原纸间牢固黏结。如果黏结不牢固，印刷时就会发生故障。如果是颜料粒子间黏结不牢，则会发生掉粉掉毛现象，脱落的纸粉纸毛堆积在橡皮布上使图像变得粗糙。如果涂层与原纸间黏结不牢，则会在印刷中产生拉毛现象。只要涂料中胶黏剂用量足够，就不会发生上述现象。颜料要求有：高分散性和细小的微粒，低吸收水分性能且水分含量低，高化学稳定性，和其他涂料成分的兼容性，良好的光反射性，高不透明度，价格便宜等性能。

胶黏剂价格高于颜料，因此从经济的角度应把胶黏剂的用量控制在最少的需求量上，一般约为颜料的20%。此外，胶黏剂也会影响涂料纸的油墨接受性和光泽等质量指标。目前常用的胶黏剂有淀粉、干酪素、聚乙烯醇和合成树脂胶乳等，其中黏结力最强的是聚乙烯醇。

在实际生产中，为了改进颜料的分散性，提高涂层的耐水性，以及改善涂料的流动性，还加入了不同用途的助剂。这些助剂主要有分散剂、耐水剂、流动化剂和润滑剂等，其中润滑剂是为了改善超级压光的上光效果。

3. 涂料纸的生产

涂料纸生产的一般过程如下：

原纸的选择→涂料的制备→涂布机涂布→干燥→压光或表面处理→分切与复卷

（1）涂布的方式有两种，即机内涂布和涂布机涂布，如图1-3-21所示。

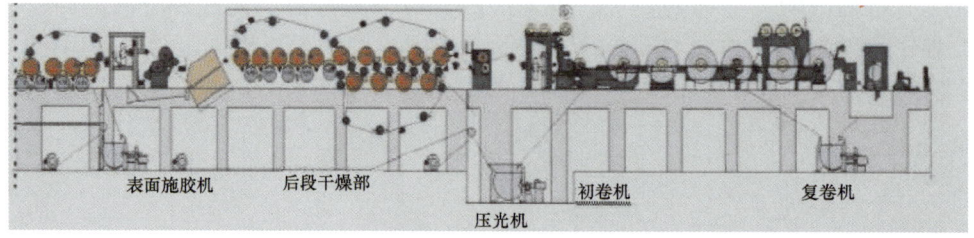

图1-3-21　机内涂布

机内涂布是将造纸机内的表面施胶机很方便地更换成机内涂布装置。

涂布机涂布可以进行单面和双面涂布，得到单面铜版纸和双面铜版纸，可以进行一次刮涂，也可以进行多次刮涂，控制涂布量和涂布面的平整性。对涂布的涂料量可以进行控制，有轻量涂布、中量涂布、铸涂三种，如图1-3-22所示。

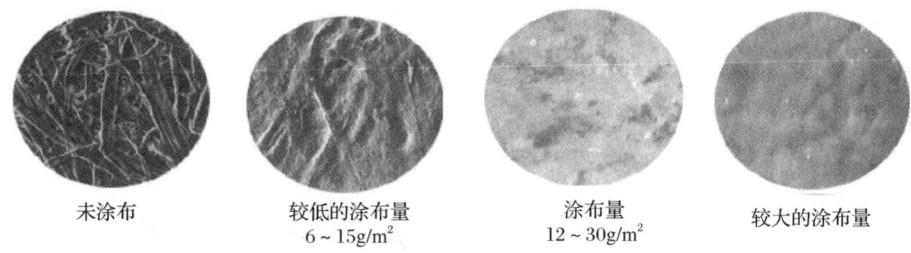

| 未涂布 | 较低的涂布量 6~15g/m² | 涂布量 12~30g/m² | 较大的涂布量 |

图1-3-22　不同涂布量的纸张表面

（2）涂布作业的方法　涂层平滑度和原纸平滑度之间的关系也取决于涂布的方法，如图1-3-23所示。例如气刀涂布，辊子提供了厚的涂层，并且多余的量由喷气来吹掉，喷气控制着最后的涂布量和涂布表面的特性。其结果在原纸的不平外观上形成了一层均匀的涂层。因此，如果原纸表面是粗糙的，它被涂布的时候就是这样进行的。气刀涂布是非常通用的，它能够应对更多种的涂料和涂布量。尽管该方法曾经用来生产高质量颜料涂布印刷纸，但是它还是被高涂布量的刮刀涂布机所普遍代替，这种涂布机能涂布出更光滑的印刷表面。刮刀涂布机是现在最重要的类型，它操作时通过薄的软刮刀把剩余的涂料带走，因此得到的是一个水平的表面，而不是和原纸外观一样的不平的表面。

刮刀涂布机通常在机外运转，并能实现高速度、高固含量的操作。多涂布头和多干燥能使原纸两面同时进行涂布，表面通过压光或超级压光来整饰。

铸涂能生产出最光滑、光泽度最高的整饰品，它是让湿涂层与被加热的磨光铬鼓进行接触压光，然后铬鼓就赋予了纸张像反射镜面一样的光泽整饰效果。

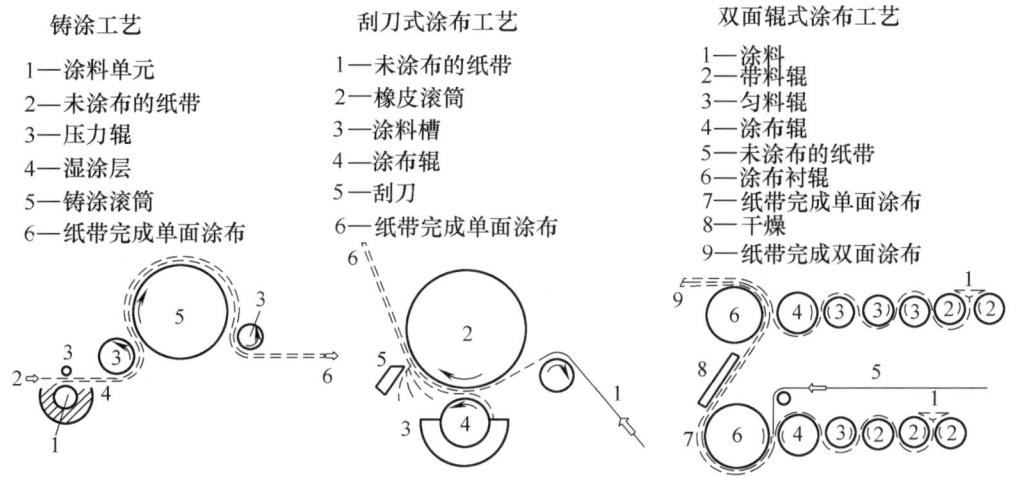

图1-3-23　涂布方法

（3）干燥　涂料涂布于原纸表面后，一般采用红外线干燥或热风干燥，或采用这些干燥方式干燥到一定干度后再用烘缸进行接触干燥。

（4）压光和整饰　"后处理"意味着对纸张产品所要求达到的表面进行整饰，通常是指获得足够的平滑度、光泽度和特殊的结构（如皱纹纸）。为提高纸张表面光泽度，通常采用对纸张表面进行压光处理的措施。

压光是利用压力与高温使得纸张表面光泽度增加，同时纸张的紧度也相应变大。

一些造纸机在干燥部和卷取部之间安装了压光辊，甚至在干燥部有中间压光装置。仅仅通过机械压光整饰过的纸叫做机械整饰纸。

压光也分为机内压光和压光机压光两种，如图1-3-24所示。

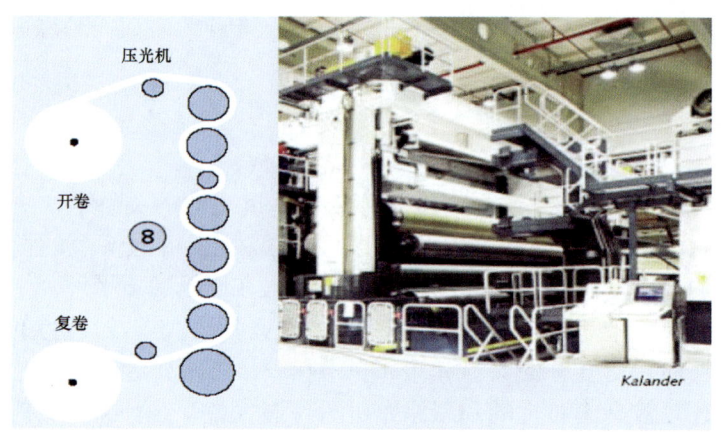

图1-3-24　压光机压光

目前常用的压光有两种类型，即硬压光和软压光。硬压光是指用被磨光的硬质铁辊作为压光辊，中空的铁辊内部被蒸汽加热到200℃左右。加热纸张的目的是塑化纸张表层，使它们能在压力下进入平滑结构。后来进行了改进，通过在两辊之间的温度梯度变化，达到改良压光性质的效果。一个辊被加热到200℃，另一个辊被加热到40℃。硬压光的缺点是：虽然硬辊之间压缩纸张得到一样的厚度，但是纸张在密度上不一定完全相同，并且这个性质影响了印刷期间的吸墨速率和固着速率。而软压光是一个柔和的工艺过程，靠纸张通过一对辊子来完成，其中一个是硬铁辊，另一个是加有易弯曲的弹性体的软层。与硬压光相比，当软压光的弹性体表面区域遭受到硬点时，在压区达到最高的张应力是比较小的。这样的结果是生产出了相同厚度的纸张，但是纸张的密度发生了变化，软压光使松厚密度均一，从而使油墨密度更均一。在相同的冷辊温度和纸内水分含量下，软压光优于硬压光的优点是低粗糙度、高光泽度、高抗张强度，因为硬压光处理减弱了结合和纤维强度。

软压光正在进一步取代机内或机外的硬压光。在机内，软压光可以被安置在干燥和卷取之间，或安置在涂布机之后。

超级压光被安置在机外，靠纸张通过一组纵向排列的辊子，这些辊子的数量根据压光程度的要求，有8～80个（玻璃纸和防油纸是一个极端超级压光的例子）。

因为硬压光和软压光被交替使用，超级压光的技术才能被现代软压光的研究者考虑和重视。

被用来压缩纸张的软辊被高度磨光,并且比用蒸汽加热的铸铁辊有较大的辊径。这些软辊在不同的圆周速度下旋转,旋转较快的辊磨得更光滑,为纸张提供磨光作用。在压光区,纸的滑移产生了磨光作用,磨光作用来自于压力和温度作用,使纸张光滑。这样的结果是获得了高光泽度,但是密度被增加的同时降低了不透明度和硬度。

（5）分切与复卷　最后根据使用要求和客户要求,对纸张进行整理。用复卷机制成卷筒纸,用分切机制成平板纸,如图1-3-25所示。

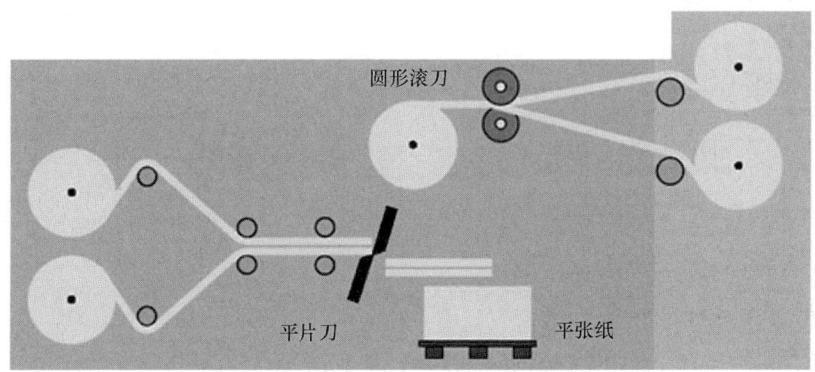

图1-3-25　分切与复卷

任务　技能训练

怎样判别出常用纸张如新闻纸、胶版纸、铜版纸。请同学们自己课后收集上述纸样,并说明各自特点和用途。

项目四 纸张的计量

纸张是一种最常用的印刷材料。纸张的成本是纸张印刷的重要成本之一。作为印刷从业者,应该掌握纸张的相关计算,为成本控制提供依据。本章主要介绍用纸量和纸款的计算方法。

一、平板纸的计算

在纸张的交易及印刷使用中,平板纸以"令"作为计量单位,而结算货款时又常以质量作为结算的基础,如6800元/t。因此,这就要求把每令纸的实际质量准确的计算出来。

◈ 专业术语

令　定量相同,幅面一致的500张全张纸为1令。

令重　表示每令纸的质量,单位是kg。

印张　印张是出版社计算出版物印刷用纸的计量单位。一张全张纸印刷正、反两面为2印张。对开纸正反两面印刷即为1印张。

1. 用纸量的计算

印刷品的总用纸量=实际用纸量+加放量(损耗)

由于加放量的计算涉及很多方面,如印刷的难易程度、机型、机器精度、地区等存在着差异,在计算时要灵活掌握,如每块版印数不足3000的按30~50张加放。这里只计算实际用纸量。

(1)单页印刷品实际用纸量的计算

单张纸的用纸量=印数/开数,计算单位为全张纸数。

令数=全张纸数/500

总用纸令数=印数/(开数×500)

例1:某超市要印20000份正16开彩色宣传单,需纸多少令?

实际用纸全张纸数=20000/16=1250(张)

实际用纸的令数=1250/500=2.5(令)

即实际用纸令数=20000/(16×500)=2.5(令)

例2:有一客户印8000张大16开印刷品需纸多少令?

实际用纸令数=8000/(16×500)=1(令)

(2)书刊印刷品实际用纸量的计算

书刊的用纸量=(印张×印数)/(2×500),计算单位为令数。

印张=总页码/开数=(页数×2)/开数

注:总页码即面数,等于页数×2。

例3:某出版社出版一本32开本的图书,包括扉页、目录、正文、后记、版权页总共336面(即168页),求该书的印张是多少?若印刷5000册,则用纸令数是多少?

印张=336/32=10.5

一本书实际用纸全张纸数=10.5/2=5.25（张）
5000册总用纸全张纸数=5000×5.25=26250（张）
5000册总用纸令数=26250/500=52.5（令）
即实际用纸令数=（10.5×5000）/（2×500）=52.5（令）
例4：一本16开本的图书总页码是172，试计算印刷4000册需纸多少令？
一本书印张=172/16=10.75
实际用纸令数=（10.75×4000）/（2×500）=43（令）

2. 纸款的计算

纸款=总用纸量×单价，同样，这里只计算实际用纸量的纸款，不涉及加放量。纸张的单价有吨价和令价两种，所以要计算纸款先要计算用纸总重量或总令数。

（1）知道令价计算纸款。用纸令数在上述用纸量里已经介绍了，只要知道用纸令数和令价，就可以算出纸款了。

例5：有一客户印5000张大16开，157双铜，价格是625元/令，求纸款是多少？
用纸令数=5000/（16×500）=0.625（令）
实际纸款=0.625×625=390.625（元）

（2）知道吨价计算纸款。一般纸张标签上都注明了纸张的定量，根据定量计算出每张成品纸的质量，再乘以印数得出用纸的总质量，最后乘以吨价，纸款就算出来了。

令重计算公式如下：

$$Q = \frac{L \times b \times 500 \times W}{1000} = 0.5LbW$$

式中　　Q——令重，kg
　　　　L——平板纸的长度，m
　　　　b——平板纸的宽度，m
　　　　W——纸张的定量，g/m²

令重公式中的$0.5Lb$的计算结果称为简化系数，用C表示，于是有：

$$C = 0.5Lb$$
$$Q = CW$$

式中　　C——简化系数

为了便于纸张令重的计算，现把常用平板纸的简化系数见表1-4-1所示。

表1-4-1　　常用平板纸的简化系数

纸张尺寸/mm	简化系数C	令重Q
690×960	0.33	0.33W
787×960	0.38	0.38W
787×1092	0.43	0.43W
850×1092	0.464	0.464W
850×1168	0.496	0.496W
880×1230	0.541	0.541W

续表

纸张尺寸/mm	简化系数C	令重Q
889×1194	0.530	0.530W
890×1240	0.518	0.518W
900×1280	0.576	0.576W
1000×1400	0.700	0.700W

令重算出来以后，再算出用纸令数，两者相乘即是用纸总质量，再乘以吨价即是纸款；还有一种算法是算出令重后，再算出一张成品纸张的质量乘以印数即是用纸总质量，最后乘以吨价即是纸款。

例6：有一客户印5000张大16开，157双铜，价格是7500元/t，求纸款是多少？

令重$Q=0.5LbW=0.5×0.889×1.194×157≈83.21$（kg）

或$Q=CW=0.53×157=83.21$（kg），通过查表4-1可知$C=0.53$

方法1

用纸令数=5000/（16×500）=0.625（令）

用纸总质量=0.625×83.21=52（kg）

每千克纸价=7500/1000=7.5（元）

纸款=52×7.5=390（元）

方法2

每一张大16开纸张的质量=83.21/（16×500）=0.0104（kg）

用纸总质量=0.0104×5000=52（kg）

每千克纸价=7500/1000=7.5（元）

纸款=52×7.5=390（元）

二、卷筒纸质量的计算

卷筒纸的质量是由造纸厂的生产车间直接称出，再扣除纸芯质量就得出该卷筒纸的净重，标于卷筒纸的包装上。使用卷筒纸印刷的印刷厂最关心的问题是卷筒纸的面积，当卷筒纸的质量一定时，纸张的定量大小是影响纸张面积的唯一因素。国标GB/T 1910—1999规定新闻纸的定量允许偏差为±5%，当纸张的实际定量大于标准定量时，纸张的实际使用面积减少，对于印刷厂来说，就必须考虑其生产成本。

为了保障印刷企业的权益，应以"标定质量"来结算，这种计算方法称为"定量换算法"。

定量换算法是用卷筒纸的净重与实际定量计算出卷筒纸的实有面积，再与标准定量相乘得到该卷筒纸的标定重量。其计算公式如下：

$$标定重量 = \frac{净重}{实际定量} × 标准定量$$

例7：某新闻卷筒纸，净重为685kg，标准定量为49g/m^2，测得的实测定量为51g/m^2，试求其标定质量。

标定质量=685/51×49=658.14（kg）

从以上计算结果看，印刷厂买此新闻纸只需付658.14kg的款项而不是付685kg的款项。

另外，还有一种计算标定重量的方法，卷筒纸在生产时由计算机控制并记录每个卷筒纸的总长度，再由总长度换算出卷筒纸的标定重量。计算公式如下：

$$标定重量 = \frac{总长度 \times 幅宽 \times 标准定量}{1000}$$

知识拓展

纸张的保管

纸张是一项大宗商品，从生产到使用一般要经过几个月甚至更长时间的存放。纸张占有的体积较大，怕水、怕火、怕虫、会霉变，因而保管工作十分重要。

运纸时切勿从高处向下抛掷，以免发生散件和损坏纸张。纸不要竖立，尽可能平放。卷筒纸的堆垛不应过高，以免压坏纸边或纸芯；堆垛过高还会发生人身事故。搬运时禁止使用铁钩。卷筒纸应按箭头指向滚动推送。

纸库和车间都是必须保持一定温度和湿度的地方。厂领导应从理性上认识，思想上重视，还要努力改善纸张仓库的条件，不论在冬天或夏天，都应尽量保持使其维持一定的范围。决不可将废旧不用的工棚或地下室作为纸张仓库，有空调设备的地下室除外。

一般应将纸张仓库建造在距离汽车入口较近的厂区，另一边有良好的道路通往各印刷车间。仓库的第一层应高于地面1.5m左右，以便从汽车上直接卸货，也可以防止雨季积水流入纸库，泡坏纸张。仓库内应该明亮干燥，窗户不必太多，最好有通风管道，避免在冬季和阴雨天气冷空气直接吹到纸垛上，门窗的设计应避免穿堂风和阳光直射在纸垛上。

在建筑纸张仓库时就应设计有防鼠害和虫害的措施，入库的纸张及纸板及其他材料要仔细检查，库内要定期喷药和灭鼠。

库房内严禁吸烟，并应配有必要的消防设施。墙壁上不应有明线通过，不许使用带有明火的电器。

纸张存放时不要拆开包装。如有包装损坏，应想办法补救，防止纸张直接暴露于空气中，造成纸张四周频繁地与外界交换水分，促使纸张产生不应有的变形。

各种不同的纸张及纸板，应当分类堆放，库内在地面上画出储存区域与叉车通道，主通道宽度在1.5~2.0m，侧通道为1.0~1.5m，距墙0.25~0.5m处不应堆放纸张。

纸张和纸板都不允许堆放在水泥地面上，应该平放在木制纸台上，以便叉车运输，码垛要注意本身的整齐垂直，防止倒垛伤人。仓库内的温度最好能控制在18~20℃，相对湿度控制在40%~65%，冬季温度必须在15℃以上，夏季则应防止过分潮湿，尘土和油类也是纸张所忌，因此不可将油脂存储在纸库内，刮风时应注意防尘。

在不得已的情况下，可能要将部分纸张暂时存放在露天，必须用不漏水的塑料套罩在纸张或纸台上，要有专人巡逻保护，防止因烟头或其他火星引起火灾。

纸张及纸板的验收、登记、检查、拆件和挑选都是必不可少的工作，仓库保管人员应当认真负责，一丝不苟。应建立流水账目，标明纸张出厂时间及入库时间。要按先进的纸先出库的原则发放纸张，以防纸张久存变质。

总之，纸张的保管要做好防潮、防霉、防晒、防热、防折、防污、防虫、防久存变质等工作。

任务　技能训练

1. 训练目的

（1）强化对纸张相关参数如定量、令、令重、开数、印张等概念的理解。

（2）熟悉纸张用质量和纸款的相关计算方法。

2. 训练内容

（1）某杂志社要印一本期刊，大16开，内文共96面，用70g双胶纸，印500册需纸多少令？印6500册需纸多少令？

（2）有一广告公司要印两种宣传单，规格为210mm×285mm，都用128g铜版纸，经计算，一种需288张全开纸，另一种需1500张全开纸。已知128g铜版纸的价格是6700元/t，求分别需多少纸款？

3. 工艺要求

（1）计算时只算实际用纸量，加放量不考虑。

（2）计算时要注意单位的量纲换算关系。

结果分析

成绩评定

习题

1. 某出版社出版一本16开的图书，暗码为10，正文页码为406，采用787mm×1092mm的纸张印刷，印刷数量为15000册。试计算该书的印张数是多少？印刷这一批书共需多少令纸张？

2. 某印刷厂新进一批卷筒纸，净重为665kg，标准定量为55g/m^2，测得的实测定量为56g/m^2，试求其标定质量。

第二部分　包装印刷材料

项目一　纸板与瓦楞纸板认知与应用
项目二　塑料薄膜认知与应用

　　包装材料是指制作包装商品并满足产品包装要求所使用的材料。各类商品通过包装可起到保护产品、美化产品、促进销售、方便储运的作用。包装材料按其构成材料的不同，可分为纸与纸板制品包装材料、金属包装材料、玻璃包装材料、陶瓷包装材料、纺织品包装材料、复合包装材料等。本篇主要介绍纸板与瓦楞纸板、塑料薄膜等几种包装材料。

项目一 纸板与瓦楞纸板认知与应用

本章主要介绍纸制品包装材料，重点讲解在包装印刷领域中应用广泛的纸板和瓦楞纸板。

在各种包装材料中，纸板与瓦楞纸板包装所占比例最大，使用量占整个包装材料的40%以上。这是因为纸板包装具有原材料丰富、价格低廉、易加工成各种形状、对商品保护性好、无毒、无味、纸箱可完全封闭、单位面积强度较大、运输方便、可回收利用、不污染环境等优点。

知识点1 纸板

纸板是常见的包装印刷品材料，如手提袋、化妆品的包装盒、挂历等。本节将重点阐述纸板的性能。

应用实例：由于纸板和瓦楞纸板材料、结构上的特性，能够承载一定的重量和压力，起到对产品的保护作用，常作为产品包装材料，如图2-1-1所示。

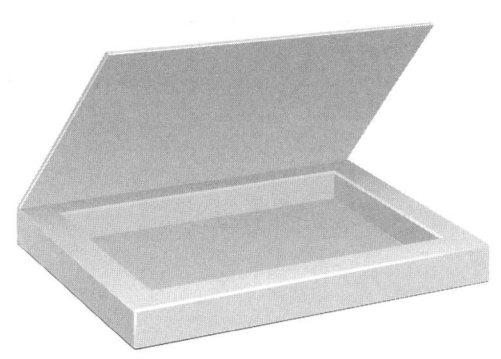

图2-1-1　纸板包装产品

一、纸张与纸板的辨别

从广义上讲，"纸"包含了纸张和纸板两个概念。习惯上把纸张简称为纸，纸张和纸板可以从以下四个方面来加以辨别。

1. 定量或厚度的不同

纸张和纸板是根据定量或厚度进行划分的，按照国际上比较通用的标准，把定量小于250g/m²的纸称作纸张，定量大于250g/m²的纸称作纸板。当然，这个标准的划分并不绝对，有时要根据纸的特性和用途加以区分。如有些定量小于250g/m²的纸制纸盒和白纸板被列入纸板类，而定量大于250g/m²的吸墨纸和图画纸则被列入纸张类。根据纸张厚度划分，习惯上通常把厚度小于0.5mm的称作纸张，厚度大于0.5mm的称作纸板。

2. 机械强度的不同

一般来说，纸板相对于纸张而言，挺度大，抗弯曲能力强，但纸板经折叠后折痕明显，有时甚至在折痕处产生明显的裂纹。

3. 结构的不同

从结构上看，纸板有单层、双层、三层或多层。包装用纸板大多是多层结构，一般是由三种以上不同浆料层经湿压合成的多层纸板，而纸张是薄页型的。

四层结构的纸板由面层、衬层、芯层和底层构成。面层应具有较好的外观性能和适印性能，如表面应白度较高、光滑平整、具有一定的表面强度等；底层应具有对包装物品的阻抗和保护作用，比如防水、防潮、防油、密封及隔热等。因此面层和底层一般采用纤维强度比较大的漂白浆。纸板的衬层起着隔离层的作用，保证面层的白度及平整度；纸板的芯层主要起增加纸板厚度、提高挺度的作用。纸板的芯层和衬层用磨木浆或废纸浆，这样可以降低生产成本，提高经济效益。

4. 外观的不同

纸张和纸板的辨别，大多数情况下可直接从纸的外观色泽上加以区分。纸板的正面平滑度高，光泽度好，白度也高，而它正反面之间却存在着明显的差异，特别是颜色方面更为显著。是否为纸板有时还可以从纸板的横截面上辨别，如果纸的横截面有几层不同的颜色，则为纸板。当然，最直接的方法是用手对纸进行分层剥离，直观地看到纸板内层的不同浆料层。

二、纸板的分类

纸板的种类繁多，按用途对纸板进行分类，可分为六类，即包装用纸板、工业技术用纸板、建筑用纸板、冲压纸板、过滤纸板、印刷用纸板。表2-1-1为纸板分类示例。

表2-1-1 纸板分类示例

纸板类别	纸板产品示例
包装用纸板	箱纸板、牛皮箱纸板、黄纸板、茶纸板、牛皮纸板、灰纸板、中性纸板、浸渍衬垫纸板、瓦楞原板、复合纸板、白纸板、厚纸板等
工业技术用纸板	电绝缘纸板、防水纸板、仪表盘纸板、钢纸板、衬垫纸板、封仓纸板、纺筒纸板、弹力丝管纸板、手风琴风箱纸板、制鞋纸板、高温绝热纸板等
建筑用纸板	隔热隔音纸板、装饰纸板、油毡纸、硬制纤维板、防水纸板、防火纸板、石膏纸板等
冲压纸板	扩音喇叭纸板、标准纸板、提花纸板等
过滤纸板	滤芯纸板
印刷用纸板	字型纸板、封面纸板、封套纸板等

三、常用纸板的性能

1. 单面白纸板

单面白纸板也称白纸板，主要供香烟、药品、化妆品、文具、食品等商品的外包装盒用。单面白纸板按质量分为优等品、一等品、合格品三个等级，通常为平板纸的包装形式，主要尺寸为787mm×1092mm，尺寸允许偏差应不超过$^{+4}_{-3}$mm，偏斜度允许偏差应不超过3mm。根据标准QB/T 2250—2005，其主要技术指标见表2-1-2。

表2-1-2　　　　　单面白纸板的质量指标（QB/T 2250—2005）

指标名称		单位	规定					
			优等品		一等品		合格品	
			定量/(g/m²)	定量偏差/%	定量/(g/m²)	定量偏差/%	定量/(g/m²)	定量偏差/%
定量和定量偏差		—	200 220 250 270 300 350 400 450	+5 −3	200 220 250 270 300 350 400 450	+5 −3	200~250 270~350 400~450	±5 +5 −4 +5 −3
紧度		g/m³	0.60~0.80		0.60~0.85		≥0.60	
施胶度 ≥		mm	0.5					
耐折度（横向）≥		次	10		5		3	
平滑度 ≥		s	14		12		12	
亮度（白度）		%	80.0		80.0		70.0	
挺度（横向）≥	200g/m³	mN·m	3.70		2.10		1.60	
	220g/m³		4.30		2.10		1.60	
	250g/m³		4.80		2.70		2.10	
	270g/m³		4.80		3.20		2.70	
	300g/m³		4.80		3.70		3.20	
	350g/m³		7.00		4.30		3.70	
	400g/m³		7.00		5.40		4.80	
	450g/m³		11.00		6.40		5.40	
尘埃度	0.3mm²~1.5mm²≤ 其中： 1.0mm²~1.5mm²黑色≤ >1.5mm²	个/m²	20 4 不应有		40 4 不应有		72 8 ≤4	
交货水分		%	5.0~9.0		6.0~10.0		6.0~10.0	

2. 单面涂布白纸板

单面涂布白纸板主要供化妆品、洗涤用品（如肥皂、牙膏等）、食品等商品的包装。单面涂布白纸板根据质量分为A、B、C三个等级，有平板纸和卷筒纸两种包装形式。平板纸的尺寸有787mm×1092mm、880mm×1230mm两种。

根据标准QB/T 1011—1991，其主要质量指标见表2-1-3。

表2-1-3　　　　　单面涂布白纸板的质量指标（QB/T 1011—1991）

指标名称		单位	规定		
			A级	B级	C级
定量		g/m²	200、220、250、270、300$^{+5\%}_{-4\%}$、350、400、450$^{+5\%}_{-3\%}$		
横向定量差 ≤		%	6.0	10.0	12.0
紧度 ≤		g/m³	0.82	0.85	—
平滑度（涂布面）≥		s	50	28	18
白度（涂布面）≥		%	78.0	78.0	75.0

续表

指标名称		单位	规定		
			A级	B级	C级
横向耐折度 ≥		次	10	5	4
表面吸水性 ≤		g/m²	55.0		
印刷光泽度（涂布面）≥		%	60	35	25
印刷表面强度（涂布面）≥		m/s	2.0	1.2	0.8
油墨吸收性（涂布面）		%	15～30	15～30	15～35
横向挺度	200g/m³ ≥	mN·m	2.00	1.70	1.50
	220g/m³ ≥		2.40	1.90	1.70
	250g/m³ ≥		3.00	2.30	2.00
	300g/m³ ≥		4.50	3.80	3.00
	350g/m³ ≥		7.00	4.50	3.60
	400g/m³ ≥		9.50	6.30	5.00
	450g/m³ ≥		13.00	8.00	6.00
尘埃度	0.3～1.5mm² ≤	个/m²	20	60	80
	1.0～1.5 mm²黑色 ≤		1	2	4
	>1.5mm² ≤		不许有	不许有	不许有
水分		%	7.0±2.0		

3. 铸涂白板纸

铸涂白板纸是以单面涂布白纸板为原纸，经过铸涂加工而形成，它比单面白纸板及单面涂布白纸板的质量更胜一等，它也适用于化妆品及食品的包装，通常为平板纸的包装形式，其尺寸有787mm×1092mm、850mm×1168mm、880mm×1230mm。

根据标准QB/T 3504—1999，其质量指标见表2-1-4。

表2-1-4　　　　铸涂白纸板的质量指标（QB/T 3504—1999）

指标名称		单位	规定		
			A级	B级	C级
定量		g/m²	220±11.0	220±13.0	220±13.0
			250±12.5	250±15.0	250±15.0
			280±14.0	280±17.0	280±17.0
			310±15.5	310±19.0	310±19.0
			350±17.5	350±21.0	350±21.0
白度		%	83.0～95.0	78.0～90.0	76.0～90.0
光泽度 ≥		%	50	38	28
印刷表面强度 ≥		m/s	1.50	0.80	0.45
油墨吸收性 ≥		%	18～30		
横向挺度	220g/m³ ≥	mN·m	2.60	2.00	1.90
	250g/m³ ≥		3.70	2.80	2.60
	280g/m³ ≥		4.70	3.60	3.40
	310g/m³ ≥		5.60	4.40	4.00
	350g/m³ ≥		7.20	5.40	5.00
横向耐折度 ≥		次	10	5	5
涂层耐折性180°			不破裂	不破裂	不破裂

续表

指标名称			单位	规定		
				A级	B级	C级
尘埃度	0.1~0.7mm²	≤	个/m²	30	40	80
	0.7mm²	≤		不许有	不许有	—
	>0.7~2.0mm²	≤		—	—	2
	>2.0mm²	≤		—	—	不许有
水分			%			

注：因国内尚待解决印刷表面强度和油墨吸收性的测定仪器和器材，对B级和C级产品这两项技术指标暂缓执行。

知识点2 瓦楞纸板

瓦楞纸板是制作商品包装用瓦楞纸箱的一种纸板。瓦楞纸板具有较大的刚性和良好的承载能力，富有弹性以及较高的抗振性能，并且又因其质量轻、价格较低而深受广大用户的欢迎。

应用实例：瓦楞纸板可用来制作瓦楞纸板箱、纸盒等。瓦楞纸板箱可以代替部分木箱、金属箱、塑料箱等，可以用来包装玻璃器皿、陶瓷等易碎品，也可包装电风扇、电视机、电冰箱等家用电器，如图2-1-2所示。

图2-1-2 瓦楞纸板箱包装产品

一、瓦楞纸板的定义

定义：在瓦楞机上压制的瓦楞芯纸上粘合面纸而制成的高强度纸板称为瓦楞纸板。

瓦楞纸板是商品包装领域中应用最为广泛的原材料之一，其结构见图2-1-3所示。

二、瓦楞纸板的组成

瓦楞纸板是由瓦楞原纸和箱纸板（即面纸）所组成的。瓦楞原纸又称为瓦楞芯纸，是由牛皮纸浆、半化学浆、草浆和废纸浆等构成

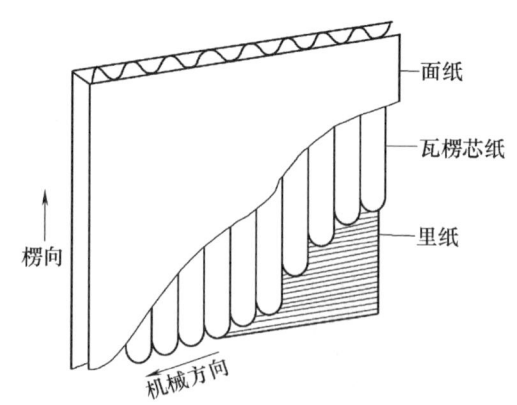

图2-1-3 瓦楞纸板结构

的,瓦楞芯纸经过瓦楞机轧制成瓦楞之后,再用胶黏剂和箱板纸黏合而成单楞、双楞或多楞的瓦楞纸板。

瓦楞原纸的定量在112~200g/m²,规格大多为卷筒纸型。瓦楞原纸分为A、B、C、D四个等级。A级瓦楞原纸的质量最好,属于高强度瓦楞原纸;B级为普通瓦楞原纸;C、D两级将被淘汰。

环压强度和含水量是瓦楞原纸的两个重要性能。因为瓦楞原纸的支撑强度约占瓦楞纸箱的60%,所以要求瓦楞原纸的横向环压强度超过8N·m/g,这样就可以满足制造瓦楞纸箱的要求了。瓦楞纸板的含水量关系到瓦楞纸箱的变形和强度,通常瓦楞纸板的含水量应控制在8%~12%;如果纸板水分超过15%,纸板在夹拱时会出现纸板发软、挺度差、不起楞、与箱板纸黏合性差等现象;如果纸板水分低于8%,则容易出现纸板发脆、瓦楞破裂等故障。

箱纸板是瓦楞纸箱的面层纸板,要求强度高、韧性好,由硫酸盐纸浆制作而成。箱纸板的定量在200~530g/m²,规格分平板纸和卷筒纸两种。按纸箱的质量和使用要求不同,箱纸板分为A、B、C、D、E五个等级。其中A、B、C级为面纸板,D、E级为普通纸板。A级箱纸板适用于制造精细、贵重和冷藏物品包装用的大型瓦楞纸箱,B级箱纸板适用于制作出口(长途运输)物品包装用的瓦楞纸箱,C级箱纸板适用于制作较大物品包装用的瓦楞纸箱,D级箱纸板适用于制作一般物品包装用的瓦楞纸箱,E级箱纸板适用于制作轻载商品包装用的瓦楞纸箱。

三、瓦楞形状

瓦楞形状对瓦楞纸板的抗压强度起主要的决定作用。瓦楞的形状按其瓦楞圆弧的大小分为V形、U形、UV形三种,如图2-1-4所示。

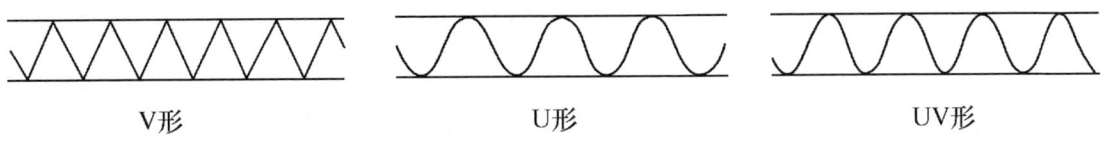

图2-1-4 瓦楞形状

V形瓦楞楞顶与面纸的接触面小,瓦楞纸与面纸之间的黏合剂用量少,黏结能力差,易剥离。由于两斜线的作用如稳定的三角形,因而抗压强度大,不过当压力超过其所能承受的限度后瓦楞会迅速遭到破坏,压力消除后不能恢复原状。

U形瓦楞弹性好,黏结牢固。但黏合剂用量大,平压强度低。U形瓦楞波峰被压坏的现象很少。

UV形瓦楞具有V形和U形的大部分优点,耐压强度较高,承载能力强并且刚性以及防振、弹性好,所以目前广泛使用的瓦楞纸板基本上采用UV形。

四、瓦楞的种类

(1)按瓦楞大小和高度来区分的,主要有微瓦楞、小瓦楞、中瓦楞、大瓦楞和超大瓦楞五种,分别用A、B、C、E、K表示,其主要规格见表2-1-5。

表2-1-5　　　　　　　　　　　瓦楞的主要规格

瓦楞名称	瓦楞代号	楞高/mm	楞条/（条/300mm）
大瓦楞	A	4.5～5	34±2
小瓦楞	B	2.5～3	50±2
中瓦楞	C	3.5～4	38±2
微瓦楞	E	1.1～2	96±4
超大瓦楞	K	6.6～7	24±1.5

　　A型瓦楞具有大的高度和大的间距，使它具有较好的减震性能和较大的承载能力，又具有很好的弹性。A型瓦楞纸板通常可用来制造包装易碎产品以及对冲击、碰撞和各种动载荷要求很高的产品的纸箱。

　　B型瓦楞的楞形峰端较尖，涂胶面窄，平面抗压能力较A型瓦楞好。B型瓦楞单位长度内瓦楞条数较多，与面层及底层有较多的支撑点，受压不易变形，稳定性较好，而且瓦楞纸板表面较平整，印刷时有较强的抗压能力，印刷效果良好。B型瓦楞纸板通常用来制作具有足够刚性并不要求有减震防护的产品包装，如罐头、日化产品、有小包装的仪器及小五金、木器等。

　　C型瓦楞兼有A型瓦楞和B型瓦楞的特点，平面抗压能力与B型瓦楞接近，减震能力与A型瓦楞接近。A型、B型和C型三种瓦楞对承受不同方向上的强度性能如图2-1-5所示，三种瓦楞受力比较见表2-1-6。

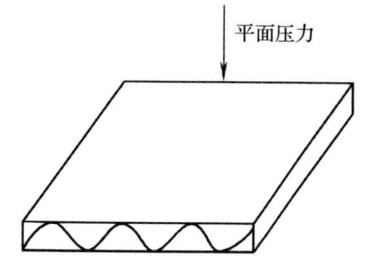 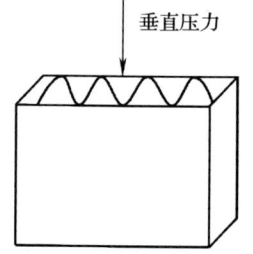 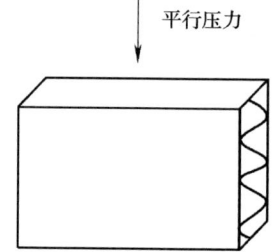

图2-1-5　瓦楞各向受力示意图

表2-1-6　　　　　　　　　　　三种瓦楞受力比较

瓦楞种类	平面压力	垂直压力	平行压力
A型	差	好	差
B型	好	差	好
C型	一般	一般	一般

　　E型瓦楞是最细的一种瓦楞，厚度最薄、单位长度内瓦楞条数最多，能够承受较大的平面压力。E型瓦楞纸板表面平坦，在瓦楞纸板中印刷性能最好，可印刷较高质量的图文。其强度与硬纸板相似，制成的瓦楞纸盒切口美观，但比硬纸板质轻、价廉。E型瓦楞纸板多用于小型包装。

K型瓦楞具有很好的抗冲击性和耐捆扎性。

（2）按材料层数不同，分为双层、三层、五层、七层瓦楞纸板，如图2-1-6所示。

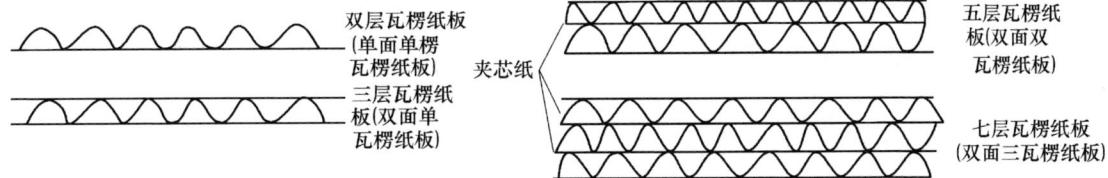

图2-1-6　瓦楞纸板结构示意图

双层瓦楞纸板又称单面单楞瓦楞纸板，由一张面纸和一张瓦楞芯纸黏合而成。双层瓦楞纸板多数用来制作内包装及包装衬垫，起缓冲作用。

三层瓦楞纸板又称双面瓦楞纸板或双面单瓦楞纸板，由外面纸、内面纸和一张瓦楞芯纸组成。多用于包装重量较轻的纸箱，三层瓦楞纸板在瓦楞纸板中的用量最大。

五层瓦楞纸板又称双面双瓦楞纸板，由外面纸、内面纸及中间垫纸和两张瓦楞芯纸黏合而成。两层瓦楞可由不同的组合方式制成，通常是由B型和A型瓦楞组合，将A型瓦楞放在纸箱的内侧，起缓冲作用；B型瓦楞置于纸箱的外侧，使纸箱表面印刷后更美观。五层瓦楞纸板具有较大的强度，通常用来包装重量较大的易损商品。

七层瓦楞纸板又称双面三层瓦楞纸板，由外面纸、中间垫纸两张、内面纸和三张瓦楞芯纸黏合而成。三张瓦楞芯纸一般采用不同的组合方式，主要用于超重型商品的包装，如用于包装摩托车等。

五、瓦楞纸板的作业适性

（1）瓦楞纸板的强度受环境湿度的影响很大。

通常情况下，当环境的相对湿度增大时，瓦楞纸板的含水量也随之增加，其强度就会下降。

在对瓦楞纸板进行裁切和压线作业时，最需要值得注意的是切边质量和压痕适度。切边质量和压痕适度都与纸板本身的含水量有关。当瓦楞纸板的含水量在10%～13%时，瓦楞纸板的挺度好，锋利的切刀可分切出边缘整齐、笔直的切口。当瓦楞纸板的含水量低于7%时，将导致瓦楞纸板纤维脆化，会造成压痕不明显或压线破裂。当瓦楞纸板的含水量超过13%时，其挺度会急剧下降，切口处会起毛边，甚至出现"闭口"故障，即纸边边缘被压扁，瓦楞顶部被压溃，如图2-1-7所示。出现"闭口"故障，不仅影响纸箱的外观质

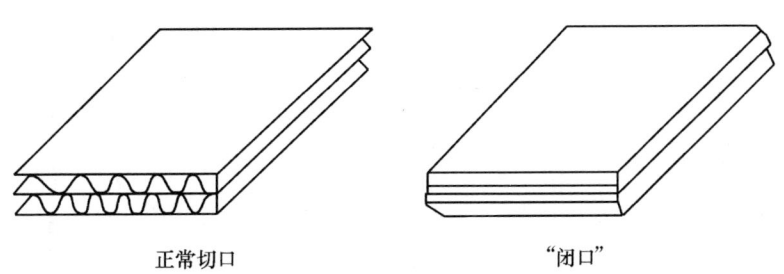

正常切口　　　　　　　　　　"闭口"

图2-1-7　正常切口与"闭口"

量，而且由于纸板边缘厚度大大减小，导致印刷开槽机送料时发生双重进纸故障，轻者产生废品，严重时损坏设备。

（2）适于印刷的瓦楞纸板表面应光滑平整，表层应具有一定的表面强度、较好的吸墨性、尺寸稳定性等。

（3）印刷瓦楞纸板可采用胶印、凹印、凸印及丝网印刷等方式，使用较多的是柔性版印刷方式。

目前，采用柔性版印刷法印刷瓦楞纸板有两种工艺。一种是预印，即在瓦楞纸板生产之前预先对其面纸进行印刷，然后将印刷好的面纸送到瓦楞纸板生产线上与底纸复合；另一种是后印，即是在已制成的瓦楞纸板上直接印刷，这是国内经常采用的方法。

知识拓展

瓦楞纸板的制造

瓦楞纸板的制造分为半机械化和全自动化两种方式。半机械化的生产方式一般经过以下各道工序：卷筒原纸裁切→平张切纸→手工拼接→面纸印刷→压楞→上胶裱制→瓦楞纸板形成，生产中采用单机生产。

现在瓦楞纸板的生产都在瓦楞纸板连续生产线（联动机）上进行，它将瓦楞纸板生产的多道工序一次完成，生产效率高，纸板质量好。

瓦楞纸板生产线由单面瓦楞机、双面瓦楞机及分纸压线机三部分组成。单面瓦楞机是瓦楞纸板生产线的中枢部分。在瓦楞纸板的生产中，最初产品是单面瓦楞纸板。在单面瓦楞纸板上再贴上一层里纸，就成为刚性良好的三层瓦楞纸板，因此可以说单面瓦楞纸板是三层、五层或七层瓦楞纸板的半成品。图2-1-8为单面瓦楞纸板机主要结构示意图。

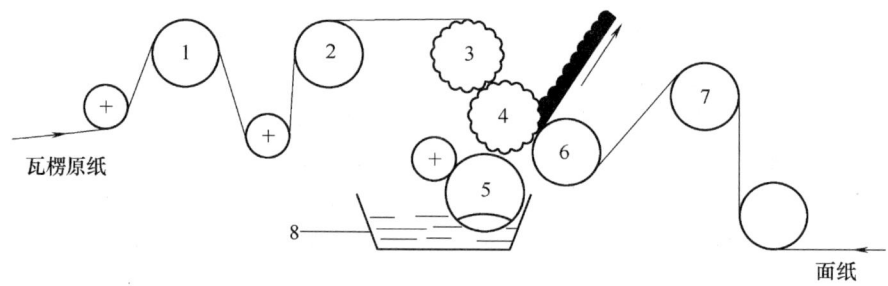

图2-1-8　单面瓦楞纸板机主要结构示意图
1—预热辊　2—润湿辊　3—上瓦楞辊　4—下瓦楞辊
5—涂布辊　6—压力辊　7—预热辊　8—胶料槽

瓦楞原纸先由预热辊和润湿辊进行水分调节和熨平，使原纸水分及平整性满足工艺要求。然后进入温度为160~170℃的上、下瓦楞辊，在咬入压力作用下形成瓦楞纸，再由涂布辊在瓦楞楞顶处涂以黏合剂，接着由上、下瓦楞辊旁的月牙形导纸板引导成瓦楞形纸幅，使之附在下瓦楞辊的齿上。最后在压力辊作用下将其与预热过的面纸裱合，形成单面瓦楞纸板。

预热装置促使面纸及瓦楞原纸在进入瓦楞辊之前展平。

润湿装置使瓦楞原纸在进入瓦楞辊之前适当提高其湿度，以便容易形成瓦楞且在瓦楞辊对其熨楞时不产生断楞现象。

瓦楞辊是瓦楞成形的关键部件，制造瓦楞辊的材料为铬钼钢，加工后经氮化或高频淬火，然后镀铬；也有使用45号钢或低碳合金钢而不进行热处理的。月牙形导纸板，其作用是保持成形后的瓦楞纸板不断裂和将瓦楞原纸准确地导入瓦楞辊，在涂布辊向瓦楞的楞顶涂黏合剂时，导正瓦楞纸板的位置，然后将瓦楞纸板导向压力辊和下瓦楞辊的啮合处，准确地和面纸粘合。

胶料槽用来盛装黏合剂，常用黏合剂为淀粉黏合剂。

双面瓦楞机的作用是将已涂黏合剂的单面瓦楞纸板和箱板纸紧密贴合，在加热及施压作用下形成双面三层瓦楞纸板或双面多层瓦楞纸板。

分纸压线机及其他装置的主要作用是对瓦楞纸板进行压线、裁切等。

习题

1. 单面白纸板有哪些主要性能？
2. 单面涂布白纸板、铸涂白纸板与单面白纸板相比，在性能上有什么区别？
3. 瓦楞有哪些形状？它们分别有哪些特点？
4. 分别画出双层、三层、五层、七层瓦楞纸板的结构示意图。
5. 瓦楞纸板的含水量对其裁断和压线作业有什么影响？

项目二 塑料薄膜认知与应用

塑料制品在我们生活中到处可见，已经成为人类生活中一种不可或缺的材料，如图2-2-1所示。

一、塑料的基本知识

1. 定义及基本特性

塑料是一种用天然的或合成的高分子化合物如合成树脂、天然树脂等为主要原料，并与填料、色料、增塑剂、稳定剂、发泡剂、耐老化剂等辅助剂混合，在一定温度和压力下塑造成一定形状，并在常温下能保持既定形状的高分子材料。

图2-2-1 生活中的塑料制品

塑料具有质轻、比强度高、电绝缘性能和化学稳定性能优异、减摩、透光和减震性能好等特性。

2. 成分

塑料的主要成分是树脂。树脂这一名词最初是由动植物分泌出的脂质而得名，如松香、虫胶等，树脂是指尚未和各种添加剂混合的高分子化合物。树脂占塑料总重量的40%~100%。塑料的基本性能主要决定于树脂的本性，但添加剂也起着重要作用。有些塑料基本上是由合成树脂所组成，不含或少含添加剂，如有机玻璃、聚苯乙烯等。为了改进塑料的性能，还要在高分子化合物中添加各种辅助材料，如填料、增塑剂、润滑剂、稳定剂、着色剂、抗静电剂等，才能成为性能良好的塑料。

3. 分类

（1）塑料根据用途分为通用塑料、工程塑料和特种塑料三种。通用塑料一般是指产量大、用途广、成型性好、价格便宜的塑料，如聚乙烯（PE）、聚丙烯（PP）、聚氯乙烯（PVC）等。工程塑料一般指能承受一定外力作用，具有良好的机械性能和耐高、低温性能，尺寸稳定性较好，可以用作工程结构的塑料，如聚酰胺、聚砜等。工程塑料在机械性能、耐久性、耐腐蚀性、耐热性等方面能达到更高的要求，而且加工更方便并可替代金属材料。工程塑料被广泛应用于电子电气、汽车、建筑、办公设备、机械、航空航天等行业，以塑代钢、以塑代木已成为国际流行趋势。特种塑料一般是指具有特种功能，可用于航空、航天等特殊应用领域的塑料，如氟塑料和有机硅具有突出的耐高温、自润滑等特殊功用，增强塑料和泡沫塑料具有高强度、高缓冲性等特殊性能，这些塑料都属于特种塑料的范畴。

（2）根据各种塑料不同的理化特性，可以把塑料分为热固性塑料和热塑性塑料两种类型。热固性塑料是指在受热或其他条件下能固化或具有不溶（熔）特性的塑料，如酚醛塑料、环氧塑料等。热加工成型后形成具有不溶（熔）特性的固化物，其树脂分子由线型结构交联成网状结构，再加强热则会分解破坏。热塑性塑料是指加热后会熔化，可流动至模具冷却后成型，再加热后又会熔化的塑料，即可运用加热及冷却，使其产生可逆变化（液态⟷固态），是所谓的物理变化。通用的热塑性塑料其连续的使用温度在100℃以下，聚乙烯、聚氯乙烯、聚丙烯、聚苯乙烯并称为四大热塑性塑料。热塑性塑料是指受热时变软，冷却时变硬，能反复软化和硬化并保持一定的形状，可溶于一定的溶剂，具有可熔可溶的性质。热塑性塑料具有优良的电绝缘性，特别是聚四氟乙烯（PTFE）、聚苯乙烯（PS）、聚乙烯（PE）、聚丙烯（PP）都具有极低的介电常数和介质损耗，宜于作高频和高电压绝缘材料。热塑性塑料易于成型加工，但耐热性较低，易于蠕变，其蠕变程度随承受负荷、环境温度、溶剂、湿度而变化。

塑料可以做成薄膜、容器等各种形状，本章主要以在软包装行业中广泛用于食品和药品包装的塑料薄膜为研究对象，详细分析塑料薄膜在包装印刷中应用。

塑料薄膜具有质轻、透明、防潮、抗氧化、耐酸碱、气密性好、易于印刷精美图案等优点，在包装材料中占有很重要的地位。

应用实例：塑料包装广泛地应用于食品包装、药品包装、化妆品包装、液体包装、粉质包装等包装领域，如图2-2-2所示。

 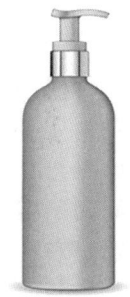

图2-2-2　塑料包装产品

塑料作为包装材料，可以根据内装物品的特征、色彩而印刷出的各类图文造型，可以使包装更加美观、色彩鲜艳夺目、层次丰富、立体感强，充分反映商品的高品位和高质量，可起到促进销售与消费的作用。塑料作为包装材料与其他包装材料相比，具有透明度好、外形美观、加工方便、耐抗性能优越、物理强度好等优点。

二、常用塑料薄膜的鉴别

1. 塑料的厚度

塑料按厚度的大小分为塑料薄膜和塑料板材两大类，习惯上称厚度低于0.25mm者为塑料薄膜，又称聚合物薄膜；厚度超过0.25mm者为塑料板材。

2. 常见塑料薄膜的鉴别

塑料薄膜因其化学组成成分不同，它们便具有各自不同的物理特性和燃烧特性。因此，区分不同品种的塑料薄膜可以从塑料薄膜的物理特性和燃烧特性两方面着手，具体见下述各种塑料薄膜的性能介绍。

三、常见塑料薄膜的印刷性能

1. 聚乙烯薄膜

（1）代号　PE。

（2）特点　聚乙烯薄膜无色、无味、无臭、无毒，呈半透明状，不与湿气、油脂、化合物等发生反应，室温下不溶于大部分的溶剂。聚乙烯薄膜对热的稳定性差，它能承受-70℃的低温，熔接性好，对氧气和二氧化碳有很好的透过性，对水蒸气的透过性较差，容易加工成型。价格便宜，应用非常广泛。

（3）燃烧特性

① 火焰色泽：尖端黄色、底部蓝色。

② 燃烧状况：边熔化落下，边燃烧，黑烟。

③ 散发异味：石蜡燃烧气味。

④ 残留迹象：黑色、蜡状、微脆。

（4）分类

① 低密度聚乙烯

　　a. 代号：LDPE。

　　b. 应用范围：广泛的应用于食品包装（如糕点、糖果、饼干、奶粉、茶叶、鱼肉及冷冻食品等）、纤维制品包装（如衬衫、时装、针纺织品、化纤制品等）、日化用品包装（如洗衣粉、洗涤剂、牙膏、化妆品等）、药品包装（如片剂、粉剂等）。印前处理后的低密度聚氯乙烯可作正面印刷，用作年画、商标、手提袋等，如图2-2-3所示。

 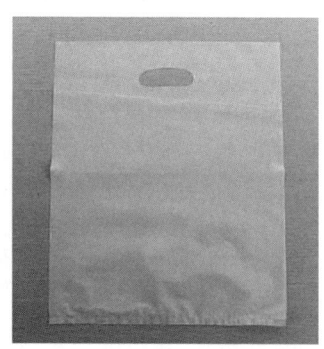

图2-2-3　低密度聚乙烯包装产品　图2-2-4　高密度聚乙烯包装产品

② 高密度聚乙烯

　　a. 代号：HDPE。

　　b. 应用范围：可用作垃圾袋、内衬袋，可以用来包装食品、办公和体育用品、药品，与其他材料复合可包装水泥、化肥等，如图2-2-4所示。

③ 线性低密度聚乙烯

　　a. 代号：LLDPE。

　　b. 应用范围：可作正面印刷，主要用于制作重包装袋、产品袋、食品袋及冰箱袋等。

④ 超高相对分子质量聚乙烯

　　a. 代号：UWMPE。

　　b. 应用范围：可作大型容器、特种薄膜使用。

未经处理的聚乙烯薄膜是一种比较难印刷的材料，因此在印刷之前或印刷过程中需对聚乙烯薄膜做适印性处理。

对聚乙烯薄膜做适印性处理的方法通常在电场中使聚乙烯薄膜表面离子化或在强氧化剂（如氧、臭氧、重铬酸钾）作用后做短时间的气体火焰加工。

2. 聚氯乙烯薄膜

（1）代号　PVC。

（2）特点　聚氯乙烯薄膜是一种无色透明的薄膜，它具有较好的强度、耐化学药品性、耐燃自熄性、耐磨性、电绝缘性、热封性。缺点是热稳定性差，受热会引起不同程度的分解，耐光性也较差。应当指出，氯乙烯是一种致癌物质，因此在配制无毒聚氯乙烯塑料时应注意氯乙烯的含量。聚氯乙烯可溶于丙酮、甲乙酮、环乙酮等溶剂。

（3）燃烧特性
① 火焰色泽：尖端黄色、底部青色。
② 燃烧状况：软化、白烟。
③ 散发异味：刺激性酸味。
④ 残留迹象：暗黑色。

（4）应用范围　聚氯乙烯薄膜广泛地应用于包装中。在印刷行业中经常用它来制作书刊、文件夹、票证等封面的包装，还可用作台布、雨衣、床单、化肥包装，用作瓶贴、瓶口套、干电池和电容器的外套等（图2-2-5）。由于普通的聚氯乙烯含有增塑剂特有的臭味及致癌的单体，所以不能用于食品包装。如果要使它作食品包装，必须对其进行改性。聚氯乙烯薄膜除用作包装外，还可制作凸版印版。

聚氯乙烯薄膜在印刷前一般不需要做表面处理，它可进行正反两面印刷。聚氯乙烯薄膜是塑料印刷和柔性版印刷常用的承印材料之一。

图2-2-5　聚氯乙烯包装产品

聚氯乙烯薄膜在印刷时主要存在以下不足：
① 聚氯乙烯薄膜在印刷时会产生静电现象。由于静电的产生会引起印刷油墨的飞散，吸附空气中的灰尘，形成透白现象等。
② 软质聚氯乙烯薄膜在同等张力作用下比普通纸及玻璃纸的伸长率大，在印刷时容易拉伸，形成皱褶，套印困难，因此印刷时牵引薄膜的力必须很小。聚氯乙烯薄膜受热作用也易产生较大的伸长率，因此对温度的控制也很重要。
③ 聚氯乙烯薄膜与印刷油墨之间的附着牢度差，对含增塑剂多的薄膜有时会产生粘页、背面蹭脏、油墨结块等印刷故障。

为了改善印刷油墨对聚氯乙烯薄膜的黏着性，印刷油墨的连接料可使用烯类树脂，同时可选用对聚氯乙烯薄膜有一定溶解性的溶剂。比如，选用酮类做溶剂，为防止粘页可掺一些对聚氯乙烯薄膜不具有溶解性的醇类、醚类溶剂来保持印刷油墨组分的平衡。

3. 聚丙烯薄膜
（1）代号　PP。
（2）特点　聚丙烯薄膜无色、无味、无毒。与其他通用热塑性塑料相比，它的密度最小，一般为0.90~0.91g/m³。聚丙烯有较好的耐热性，可以在100~120℃的温度下长期使用；无外力作用下，150℃时不会变形；可以在开水中蒸煮，在135℃100h的蒸汽中消毒不被破坏。聚丙烯几乎不吸水，具有优良的化学稳定性，只是在浓硫酸、芳香族溶剂及四氯化碳的作用下其稳定性才有所下降。聚丙烯还具有较好的机械强度，易加工成型，成品不易变形，优良的高频电性能并不受温度的影响。聚丙烯耐寒性差，耐气候性差，高温时刚性不足，印刷适性较差。

（3）燃烧特性
① 火焰色泽：尖端黄色、底部蓝色。
② 燃烧状况：边熔化边落下，边燃烧，少量黑烟。
③ 散发异味：石油气味。
④ 残留迹象：黑色、蜡状、脆性。
（4）应用范围　聚丙烯薄膜可用作高温蒸煮袋的内衬材料、家庭用品、医疗器械、皮箱及透明包装（图2-2-6）。对其做适当处理后可作为印刷的承印材料。

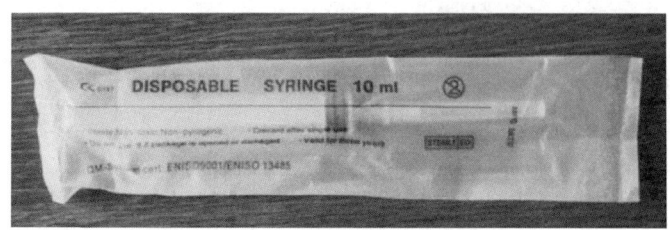

图2-2-6　聚丙烯包装产品

（5）分类
① 聚丙烯挤出薄膜（又称未拉伸聚丙烯薄膜）。
a. 代号：CPP。
b. 特点：具有热封性，刚性好，防油性好，对水蒸气的阻隔性很好，但气密性不良，低温时易发脆。拉伸强度好，但撕裂度低。
② 定向拉伸聚丙烯薄膜。
a. 代号：OPP。
b. 特点：刚性好，表面不易划伤，耐寒耐热性较好（-40～120℃），对水蒸气阻隔性强。
③ 聚丙烯收缩薄膜。聚丙烯收缩薄膜主要用于收缩包装，对这一类薄膜一般不进行印刷。

聚丙烯薄膜的透明性、耐热性及印刷性都优于聚乙烯薄膜，可用于正反面印刷。聚丙烯薄膜中的双向拉伸聚丙烯（BOPP）印刷性能最好，采用反面印刷，色彩非常鲜艳。由于聚丙烯薄膜是一种非极性高分子物质，加上其表面具有很好的光滑性，对印刷油墨的吸附性较差，因此聚丙烯薄膜在印刷之前一般须做电晕处理。

4. 聚酯薄膜
（1）代号　PET。
（2）特点　聚酯薄膜强度高、韧性好、耐磨、耐热、耐寒、耐油性，化学稳定性好，对水、水蒸气及其他气体的阻隔性好，有很好的透明性。在张力作用下尺寸稳定性好，在较宽的温度范围内能保持优良的力学性能。在-20～80℃温度范围内影响很小，长期使用温度可达120℃，能在150℃的温度中使用一段时间，在-200℃的液氮中仍能保持柔软。其电绝缘性很高，易燃烧，燃烧时会爆裂成碎片并呈黄色火焰，边缘呈蓝色，热封性差。
（3）燃烧特性
① 火焰色泽：黄色火焰、边缘蓝色。

② 燃烧状况：收缩熔融、黑烟。
③ 散发异味：松香味。
④ 残留迹象：残留黑粉。

（4）应用范围　聚酯薄膜可制成0.0015~0.36mm的厚度，通常用于印刷和包装的薄膜厚度为0.012~0.025mm。聚酯薄膜可用于制作磁带；既适于冷冻食品的包装，又适于蒸煮包装；常与其他材料复合后使用，复合后其性能更加优越，用途极为广泛，如图2-2-7所示。

聚酯薄膜印刷前一般需要进行电晕处理，使印迹牢固达到要求。大多数情况下，为利用其透明性和表面的光泽而在其反面印刷。聚酯薄膜优越的绝缘性对于包装电器非常有利，但对印刷来说，极高的绝缘性形成很大的绝缘电阻，印刷过程中产生的电荷很容易在膜面堆积而又不容易泄漏，严重时与滚筒吸引，导致无法进行正常的印刷，而且由于膜面带电引起的吸尘会严重影响印刷品质量。因此在高速印刷时，必须装有有效的静电消除器，改善聚酯薄膜的印刷适性。

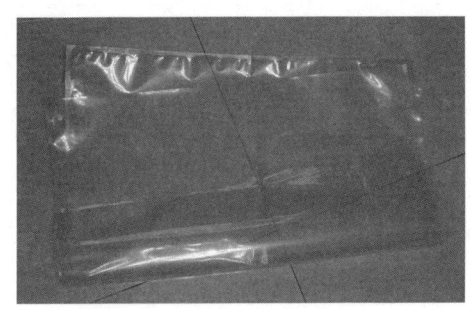

图2-2-7　聚酯包装产品

5. 玻璃纸

（1）代号　PT，又称赛璐粉，因其柔软透明，所以也称为透明纸。玻璃纸不属于塑料薄膜类，但它的性能与塑料薄膜非常相似。

（2）特点　玻璃纸非常透明，具有十分漂亮的光泽。普通玻璃纸透湿性很好，但经涂布树脂后可防潮、防锈、防污染。玻璃纸纵向强度比横向强度大，但撕裂强度较差，稍有缺口，一撕就破。

（3）燃烧特性

① 火焰色泽：红黄色。
② 燃烧状况：如纸一样燃烧。
③ 散发异味：同纸一样气味。
④ 残留迹象：白灰色粉末。

（4）应用范围　在包装领域内玻璃纸的应用非常广泛。它可作为乳制品、肉制品、水果、蔬菜、糖果、冷冻食品、点心、面条、药品、化妆品、香烟、录音带等包装。它还可以和纸、纸板、金属合金箔片黏结，玻璃纸表面可涂布树脂，做平版印版的版材。另外，也可用于扭结包装、外皮包装等，如图2-2-8所示。

（5）分类　玻璃纸一般可分为玻璃纸和防潮玻璃纸两种，防潮玻璃纸还可以细分。各种类型的玻璃纸通常采用下面的标记，见表2-2-1。

图2-2-8　玻璃纸包装产品

表2-2-1　　　　　　　　　　玻璃纸中各字母的意义

文字代号	意义	文字代号	意义
M	防潮性	L	低防潮性
S	可热封	O	单面涂布
A	经定着处理	P	未涂布
T	透明	J	耐燃性
C	着色	H	在潮湿情况下不会产生黏合现象

例如：常用玻璃纸的代号组合如下：

PT：普通玻璃纸（未处理）

MOT：单面防潮玻璃纸

MOST：单面防潮有热合性的玻璃纸

MT：两面防潮无热合性的玻璃纸

玻璃纸印刷一般采用凹版印刷和柔性版印刷，因此通常采用溶剂型油墨。玻璃纸是一种不具有吸墨性的纸张，印刷时通常采用热风干燥或红外线干燥法使印刷油墨中的溶剂迅速挥发而干燥。玻璃纸尺寸稳定性差，干燥后会发生收缩变形，而且还会使玻璃纸变脆，强度下降。

普通玻璃纸对油墨的吸附力很差，印刷出来的产品的耐磨性差。为了增加玻璃纸对油墨的吸附力，对于涂有硝化纤维素层的防潮玻璃纸，要求所采用的印刷油墨具有与硝化纤维素有相互融合的性质。提高纸面的温度可促进这种融合，增加印迹的耐磨性。

对于卷筒型玻璃纸，无论何种类型，它受力后与一般纸中无论哪个相比都有较大的变形，为了保证套印精度，防止收卷起皱，在印刷过程中必须注意张力的控制，保持张力的恒定。

玻璃纸对温度和湿度都很敏感，在印刷以及印后加工时最好在温湿度相近的条件下进行。

由于玻璃纸的撕裂强度差，因此，印刷时要防止玻璃纸边缘产生裂口，以免造成纸带的断裂。

玻璃纸可利用其透明性而印其反面，提高印刷效果，但要防止印迹污染商品。

四、塑料薄膜的印前处理及静电控制

1. 塑料薄膜的印前处理

塑料薄膜的印刷效果是通过油墨在塑料薄膜表面良好附着实现的。不同的塑料薄膜，其表面性能各不相同，有的塑料薄膜具有良好的表面性能，在印刷之前不必进行表面处理，如聚氯乙烯薄膜、玻璃纸等。但有的塑料薄膜表面性能较差，如聚乙烯薄膜、聚丙烯薄膜、聚酯薄膜等，必须在印刷前进行适当处理后方可印刷。

（1）塑料薄膜对油墨的吸收性差的原因

① 聚乙烯薄膜和聚丙烯薄膜属于非极性高分子材料，化学性能稳定，惰性强。

② 塑料薄膜的表面张力低，并与油墨的表面张力非常接近，塑料薄膜表面不易被油墨润湿。

③ 塑料薄膜中的助剂极易析出，汇集于表面形成一层强度低、厚度薄的薄弱界面层。

（2）印前处理方法　塑料表面处理的方法有很多，常用的有火焰处理、化学处理、溶剂处理和电晕处理等。

① 火焰处理：这种工艺用于中空吹塑制件和注塑制件。在火焰处理时，制品表面经瞬间高温作用，能够驱赶表面气体，除掉油污，进而能除掉表面弱边界层，改善润湿性，提高了表面的着墨性能。此法对薄膜不适用，同时，由于火焰处理法难以控制，现已被电晕处理等其他方法所取代。

② 化学氧化处理：此法是用氧化剂处理聚烯烃塑料表面，使表面氧化生成极性基团，从而提高制品表面的极性。处理时先将薄膜经四氯化碳脱脂，然后将其浸入浓硫酸或铬酸溶液中处理数分钟，再经清洗和风干后，尽快地送去印刷。处理时，要选择适当的温度和时间才能取得最佳效果。浸入浓硫酸或铬酸溶液中的处理过程主要是用来在塑料表面生成树根状的空穴，使塑料表面得到一定程度的粗化。

化学氧化处理工艺既脏又有强烈腐蚀性，费用高且存在废液处理问题，而且薄膜处理后发黄，食品包装不宜采用。

③ 溶剂处理：溶剂处理是利用某些溶剂或氯烃等洗擦处理表面，使聚烯烃的非结晶部分产生不同程度的溶胀、溶解，形成粗糙不平的表面，然后以热空气进行干燥。常用的溶剂是二甲苯与乙醇各占50%的混合物。如果将一定浓度的过氧化物在上述溶剂中再进行处理，效果会更好些。也可用氯仿或二氯甲烷溶液进行处理。

④ 电晕处理：电晕处理又称电子冲击、电火花处理。采用高频高压或中频高压对塑料薄膜表面进行处理，使其表面活性化，呈多毛孔性，这样能提高薄膜表面对油墨的吸附力，改善薄膜的印刷适性。电晕处理法操作简单，控制容易，处理材料范围广泛，处理时只涉及塑料薄膜表面极浅的范围，对其力学性能不产生较大影响，处理时间短，速度快，对环境基本上无污染。

电晕处理的原理（图2-2-9）：电晕处理装置中包括一个高频高压电源发生器、输出变压器和两个电极。其中一个电极是连接在高压金属极板和高频发生器上，另一个电极是接地钢轮和刃刀，它和高压电极保持一定的距离（1.5~3mm）。金属极板的宽度比被处理薄膜的宽度略窄5~10mm，避免直接放电短路。将待处理的薄膜连续地送进两个电极之间，由于高压电使空气中的氧高度电离而产生臭氧，臭氧是一种强氧化剂，可使薄膜表面氧化，在活性点生成极性基团，从而易于接受油墨。经过处理的表面发生极化，产生静电吸附，并在膜面产生细微的糙化作用，从而改善了薄膜表面与印刷油墨的化学结合和机械结合。

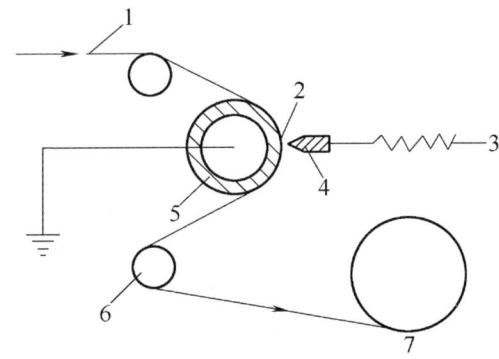

图2-2-9　电晕放电处理

1—塑料薄膜　2—电弧放电　3—高频高压电源发生器
4—电极　5—绝缘辊　6—导辊　7—收卷装置

电晕放电处理的注意事项：

① 两个电极之间的距离要求在3mm以内，电火花呈现暗紫色，金属极板的宽度比被

处理的塑料薄膜的宽度略窄5~10mm，避免之间放电短路。

② 要经常检查电晕放电处理效果。要求印刷文字图案表面张力达到360μN/cm，印刷大色块表面张力达到380μN/cm，同时也要注意防止电晕处理过度，以免形成粘连。

③ 对塑料薄膜进行电晕处理后最好立即印刷，效果最好。

④ 应保证各工序工作环境的清洁，防止电晕处理后的塑料薄膜产生静电吸附。

电晕放电处理的效果检查：

① 液滴滴定法：在电晕放电处理过的塑料薄膜表面滴一滴水或油墨，观察液滴是否扩展和扩展的快慢。比较好的处理结果是液滴会迅速地在其表面扩展，形成一层均匀的膜层。

② 水笔画线测定法：可用普通的自来水笔在塑料薄膜表面画线，观察所画线段在其表面的扩展渗透状况。如果画涂的墨水在塑料薄膜表面均匀扩展渗透，说明印前处理的效果较好，对普通油墨的附着牢度较为理想。如果划涂的墨水在塑料薄膜表面聚结成细小的水珠，如图2-2-10所示，说明墨水并未向其周围扩展，印前处理效果较差。

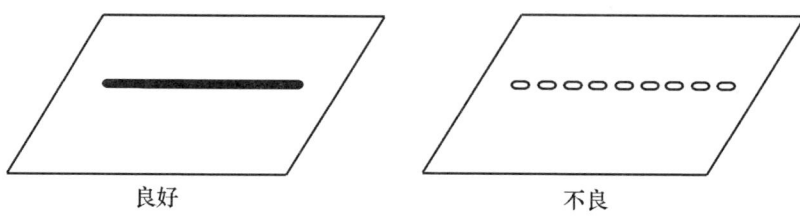

图2-2-10 水笔画线测定效果图

③ 胶带粘拉测定法：用胶带或橡皮膏对印刷后的油墨层10mm×20mm做慢速粘拉测试两次，来检查印前处理的效果。如果油墨层未被拉下，则印前处理效果良好；反之，如果油墨层被成片拉下或部分拉下，则印前处理效果差，应重新进行印前处理。也可对准印刷部位微微拉伸，查看墨层是否有脱落现象，如有墨层脱落应重新进行印前处理。

④ 抗折皱测定法：对塑料薄膜的印刷面进行搓揉，观察油墨层是否出现脆裂，并从塑料薄膜表面脱落下来，以此判定油墨层在塑料薄膜表面的附着牢度。

⑤ 表面张力简易测定法：表面处理效果的好坏一般用一种规定的表面张力测定液来检查。表面张力测定液是由甲酰胺和乙二醇乙醚按一定比例混合，并加入微量的色素混配而成。甲酰胺和乙二醇乙醚两者的比例不同，其混合液表面张力的大小也不同，为 $32 \times 10^{-5} \sim 48 \times 10^{-5}$ N/cm，如表2-2-2所示。

表2-2-2　　　　　　　表面张力测定液配方

甲酰胺/%	乙二醇乙醚/%	表面张力/(μN/cm)	甲酰胺/%	乙二醇乙醚/%	表面张力/(μN/cm)
10.5	89.5	320	54	46	380
19	81	330	59	41	390
26.5	73.5	340	63.5	36.5	400

续表

甲酰胺/%	乙二醇乙醚/%	表面张力/(μN/cm)	甲酰胺/%	乙二醇乙醚/%	表面张力/(μN/cm)
35	65	350	67.5	32.5	410
42.5	57.5	360	71.5	28.5	420
48.5	51.5	370	74.5	25.5	430

表面张力测定液的使用方法是：用脱脂棉球蘸取已知表面张力的测定液涂在已被电晕处理过的薄膜上，涂布面积为30mm^2，在2s内观察测定液在薄膜表面的状态。如果测定液按原来涂布时均匀分布，说明薄膜的表面张力已达到或超过测定液的表面张力数值，即达到或超过所要求的数值标准；如果测定液形成分散状的水珠，则说明薄膜的表面张力达不到测定液的表面张力数值，即达不到所要求的数值标准，则薄膜表面处理强度不足，需要提高电晕强度对塑料薄膜重新处理。每次涂布之后的脱脂棉球不能再用，以免污染溶剂，影响测试数据。表面张力采用本方法测定应在温度（23±2）℃、相对湿度为（50±5）%的条件下配制测定液并进行测定。印刷小面积图文时塑料薄膜的表面张力为360μN/cm，印刷大色块或实地图文时塑料薄膜的表面张力为380μN/cm，塑料复合薄膜的表面张力为380~400μN/cm时印刷效果最好。

2. 塑料薄膜的静电处理

由于塑料薄膜具有介电性能，电阻高、导电性能差，在塑料薄膜的生产、印刷及印后加工过程中会因摩擦而产生静电，并不易释放。塑料薄膜带有静电会给印刷带来一系列的难题，如由于静电使塑料薄膜之间相互吸引而粘在一起，薄膜间处于缺氧状态，影响墨层的固化，增加印刷、分切、整理等工序的难度。在印刷大幅面塑料薄膜时，由于大量的静电得不到泄漏而有可能引发火灾或爆炸事故。

塑料包装印刷一般采用在油墨中掺入抗静电剂的方法来消除静电。抗静电剂主要是一些表面活性剂，其分子结构中含有亲水基团和亲油基团，亲油基团与塑料有一定的相溶性，亲水基团可以电离或吸附空气中的水，形成一层导电层，使得电荷得以泄漏，从而起到抗静电的作用。

知识拓展

日常生活用塑料制品小百科

塑料使用中的三角标小知识

每个塑料的器皿，在底部都有一个数字，如图2-2-11所示，它是一个带箭头的三角形，三角形里面有一个数字。

（1）PET 聚对苯二甲酸乙二醇脂（聚酯）。"1号"PET常用于矿泉水瓶、碳酸饮料瓶等。耐热至65℃，耐冷至-20℃，只适合装暖饮或冻饮，装高温液体、或加热则易变形，有对人体有害的物质融

图2-2-11 塑料品可循环使用标识

出。并且，科学家发现，1号塑料品用了10个月后，可能释放出致癌物DEHP，对睾丸具有毒性。

因此，饮料瓶等用完了就丢掉，不要再用来作为水杯，或者用来做储物容器乘装其他物品，以免引发健康问题得不偿失。

注意：饮料瓶别循环使用装热水。不能放在汽车内晒太阳；不要装酒、油等物质。

（2）HDPE 高密度聚乙烯。"2号"HDPE常用于清洁用品、沐浴产品的包装。可在小心清洁后重复使用，但这些容器通常不好清洗，残留原有的清洁用品，变成细菌的温床，最好不要循环使用。不要再用来作为水杯，或者用来做储物容器装其他物品。

注意：很难彻底清洁，建议不要循环使用。

（3）PVC 聚氯乙烯。"3号"PVC常用于雨衣、建材、塑料膜、塑料盒等，很少用于食品包装。这种材质可塑性优良，价钱便宜，故使用很普遍。只能耐热81℃，高温时容易产生有害物质，甚至连制造的过程中都会释放有毒物。若随食物进入人体，可能引起乳癌、新生儿先天缺陷等疾病。这种材料的容器已经较少用于包装食品。如果使用，千万不要让它受热。难清洗易残留，不要循环使用。若装饮品不要购买。

注意：不可用于食品的包装。

（4）LDPE 低密度聚乙烯。"4号"LDPE常用于保鲜膜、塑料膜等。耐热性不强，通常，合格的PE保鲜膜在遇温度超过110℃时会出现热熔现象，会留下一些人体无法分解的塑料制剂。食物中的油脂也很容易将保鲜膜中的有害物质溶解出来。因此，食物放入微波炉，先要取下包裹着的保鲜膜。高温时产生有害物质，有毒物随食物进入人体后，可能引起乳腺癌、新生儿先天缺陷等疾病。

注意：用微波炉加热，别用保鲜膜包裹食物。

（5）PP 聚丙烯。"5号"PP常用于豆浆瓶、优酪乳瓶、果汁饮料瓶、微波炉餐盒。常见熔点高达167℃，是唯一可以安全放进微波炉的塑料盒，可在小心清洁后重复使用。需要特别注意，一些微波炉餐盒，盒体的确以5号PP制造（微波炉专用PP耐高温120℃，耐低温-20℃），但因造价成本高，盖子一般不使用专用PP却以1号PET制造，由于PET不能抵受高温，故不能与盒体一并放进微波炉。为保险起见，容器放入微波炉前，先把盖子取下。

注意：放入微波炉时，把盖子取下。

（6）PS 聚苯乙烯。"6号"PS常用于碗装泡面盒、快餐盒。又耐热又抗寒，但不能放进微波炉中，以免因温度过高而释出化学物（耐温70℃时即释放出）。并且不能用于盛装强酸（如柳橙汁）、强碱性物质，因为会分解出对人体不好的聚苯乙烯，容易致癌。因此，您要尽量避免用快餐盒打包滚烫的食物。

注意：不要用微波炉煮碗装方便面。

（7）PC 其他塑料。"7号"PC其它类常用于水壶、水杯、奶瓶。被大量使用的一种材料，尤其多用于奶瓶中，因为含有双酚A而备受争议。香港城市大学生物及化学系副教授林汉华称，理论上，只要在制作PC的过程中，双酚A百分百转化成塑料结构，便表示制品完全没有双酚A，更谈不上释出。只是，若有小量双酚A没有转化成PC的塑料结构，则可能会释出而进入食物或饮品中。因此，小心为上，在使用此塑料容器时要格外注意。

复合包装材料

日常生活中常见的真空包装、充气包装、蒸煮食品包装等食品包装材料，与传统的单一塑料薄膜在外观和结构上都存在差别，这是因为所使用的是复合包装材料，如图2-2-12所示。

复合包装材料简称复合材料，是指由两种或两种以上不同特性的基膜构成的统一整体材料。

由于塑料的塑性、韧性、透明性以及其他方面的优良特性，复合薄膜一般都有塑料薄膜参与，这样可以克服各自薄膜的缺点，集中各自的优点，以适应各种商品包装的需要。

（一）复合薄膜的结构与分类

1. 复合薄膜的组成及表示方法

图2-2-13是一种比较典型的纸、铝、塑复合薄膜，在包装行业中常用缩写的方式表示复合的结构。如纸/聚乙烯/铝箔/聚乙烯（即纸/PE/Al/PE），写在前面的纸是复合薄膜的外层，写在最后面的聚乙烯与被包装的物品相接触，是复合薄膜的内层，介于外层与内层之间的聚乙烯和铝箔则为复合薄膜的中间层。

图2-2-12 复合包装材料产品

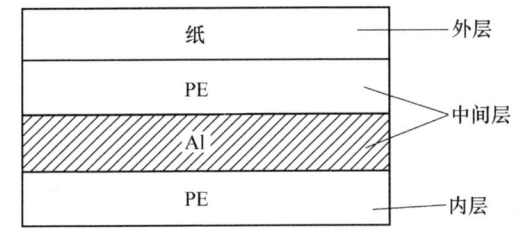
图2-2-13 复合薄膜结构示意图

2. 复合薄膜的分类

复合薄膜常见的类型主要有纸塑复合型、塑塑复合型、纸铝塑复合型等。

（1）纸塑复合型 纸塑复合型有纸底塑面、纸面塑底、塑纸塑三种。

纸底塑面，即在纸面上过塑，其目的是增强纸的防潮、防水性及增加印刷品色泽的鲜艳度。

纸面塑底，塑底的作用是防潮，并使其具有热封合性，以适应含水分、油质的事物的包装。塑底的材料常用聚乙烯。

塑纸塑则兼有上述两种的作用，并且具有更好的防潮性能。

纸塑复合型包装产品如图2-2-14所示。

（2）塑塑复合型 采用几种塑料薄膜复合在一起，可以取长补短，发挥各种塑料薄膜的特长，使其具有新的

图2-2-14 纸塑复合型包装产品

功能和特性。如聚乙烯薄膜的透明性、防潮性、耐潮性、化学稳定性均较好，但强度、耐油性、气密性等较差；聚酯薄膜具有很高的强度和优良的耐油性、气密性、保香性、防潮性，但它的热封性比较差。把它们单独做成包装袋时，就存在一些不足，聚乙烯薄膜好热封但不结实，包装的食品容易变质；聚酯薄膜强度高，保护性好，但不易封口。把这两种薄膜复合在一起所形成的复合薄膜则具有了这两者的优点，如图2-2-15所示。

（3）纸铝塑复合型　纸铝塑复合型，将铝置于中间层，其目的在于提高复合薄膜的气密性，阻挡太阳光及紫外线的透过，延长食物的保鲜期。纸塑复合，是应用塑料薄膜的防潮、阻水、抗油、保护纸不受水油的浸渍，使复合薄膜能满足包装水性、油渍性的食品的要求；而纸铝复合，铝箔层也能起到相应的作用，但铝箔的封合性差，没有塑料薄膜方便。另外，当用于饮料包装时，由于饮料中常含有果酸、柠檬酸、乳酸等酸性物质，这些酸性往往会造成对铝的侵蚀，所以再复合一层塑料薄膜，这样不仅具有了热封合作用，而且阻止了饮料中的酸性物质对铝的腐蚀。

常见的纸铝塑复合型的薄膜有：纸/铝箔/纸/聚乙烯、纸/聚乙烯/铝箔/聚乙烯、玻璃纸/聚乙烯/纸/铝箔/聚乙烯、玻璃纸/聚乙烯/铝箔/纸/聚乙烯、纸/聚乙烯/双向拉伸聚丙烯/铝箔/聚乙烯，如图2-2-16所示。

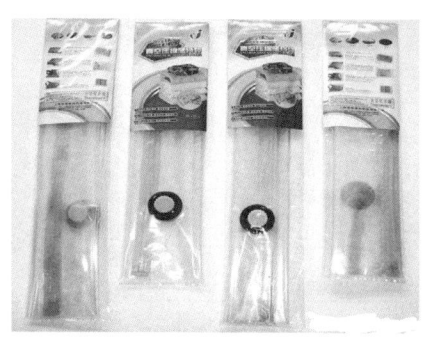
图2-2-15　纸铝塑复合型包装产品

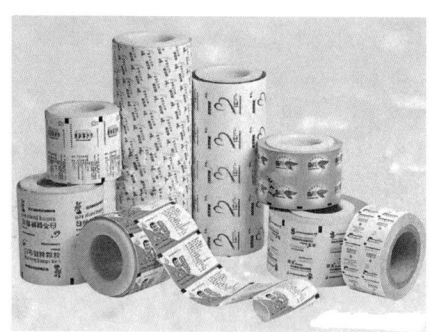
图2-2-16　纸铝塑复合型包装材料

（二）复合薄膜的鉴别

结合单层薄膜的性能特点和进行复合的目的、使用要求等可大致区分是否为复合薄膜。例如，从透明性可知，不透明的铝箔复合或镀铝膜一般情况下是复合薄膜；从薄膜的使用要求可知，要求具有阻气功能的薄膜往往是复合薄膜，因为单层薄膜通常无法满足综合的性能要求。

鉴别是否为复合薄膜可采用以下一些简单易行的方法：

① 一般复合薄膜有自然卷曲的现象，特别是在热水中更加明显。对称结构的薄膜无此现象。

② 用火柴烘烤，如出现微小气泡，则是复合薄膜。

③ 由于复合薄膜是由不同基材复合到一起的，不同的基材具有不同的撕裂特性，利用这一性质，在薄膜的边缘切一小口进行缓慢斜向撕开，便可辨别。

④ 对于干式复合或挤出复合制得的复合薄膜，通过拉扯或揉搓以后，由于不同的单层薄膜变形不一致而发生剥离。也可以对其进行一定的加热处理，使胶黏剂层变稀，黏合

能力下降，从而使黏合在一起的薄膜可以剥离。

复合薄膜到底是由哪几种基材复合而成，则要进一步对剥离后的薄膜作出分析，这时要注意胶黏剂等因素的影响。

（三）复合薄膜材料的选择

复合薄膜中的基材是决定复合薄膜性质的主要因素。复合薄膜基材的选择取决于复合薄膜的用途、包装物的要求以及单层薄膜的性质。通常情况下，复合薄膜的外层一般选用非热塑性或高熔薄膜，如聚酯、尼龙、拉伸聚丙酯、玻璃纸、纸、铝箔等；内层选用热塑性薄膜用于制袋和热封，如聚乙烯、未拉伸聚丙烯、乙烯醋酸乙烯酯共聚物、离子键聚合物等；中间层以提高复合薄膜形状的稳定性，如常用的玻璃纸、铝箔等。

为了能科学、准确地选择基材，必须对单层薄膜的性能有充分的了解，表2-2-3列举了包装所需的性能及其适合的材料。

表2-2-3 包装所需性能及适合的材料

性能	适合的材料
不透明性	铝箔、纸、满版印刷的塑料薄膜
透明性	玻璃纸、LDPE、OPP、PET等大部分塑料薄膜
高强度	PP、PET、PA、LLDPE
水蒸气阻隔性	铝箔、PVDC、MS、HOPE、OP、LDPE
气体（氧气）阻隔性	铝箔、PVDC、PET、UPVC、NY、玻璃纸
耐高温性	铝箔、NY、PET、HDPE、PP、纸
耐低温性	铝箔、纸、LDPE、HDPE、ION、EVA、PVC、PET、NY、OPP
耐油脂性	铝箔、玻璃纸、NY、EVA、HDPE、PP、PET、CA、PVC、PVDC、ION、防油纸
热封性	LDPE、ION、EVA、NY、PVC（高频热封）、HDPE、CPP、PVDC
热收缩性	PVC、PP、PE、PS、PET
印刷适性	纸、铝箔、玻璃纸、PC、PET、CA、NY 表面处理后：ION、EVA、PP、PE 使用特殊油墨：PVC、PS

任务　技能训练

常用单层塑料薄膜的辨别

通过观察、触摸、揉搓、抖动、拉伸、熔融、热收缩、热水可溶、火焰燃烧等方法，进行综合性评定，最终确定试样的种类。

1. 训练目的

能正确判断出常用塑料薄膜，进一步熟悉各塑料薄膜的性能。

2. 材料

PE膜、PP膜、PET膜、PVC膜各一块。

3. 训练步骤

（1）对被测定的薄膜分别进行观察、触摸、揉搓和抖动试验，大体上确定被测定薄膜的种类。常见薄膜的显著特性见表2-2-4。

表2-2-4　　　　　　　　　　　　常见薄膜的显著特性

薄膜种类	显著特性
拉伸聚丙烯、聚丙乙烯、聚酯、聚碳酸酯	无色、透明、有漂亮光泽、表面光滑、较挺实
聚乙烯醇、软质聚氯乙烯	手感柔软
聚乙烯、聚丙烯	透明、经揉搓后变为乳白色
聚酯、聚苯乙烯	抖动后发出金属清脆声

（2）对薄膜进行拉伸、熔融、热收缩、热水可溶性试验，进一步确定被测定薄膜的种类，表2-2-5为几种薄膜的简易辨别方法。

表2-2-5　　　　　　　　　　几种薄膜的简易辨别方法

	拉伸测定	薄膜种类	熔融或热水可溶	热收缩
薄膜	不易延伸薄膜	普通玻璃纸	不熔融	—
		防潮玻璃纸		
		醋酸纤维素	熔融	热收缩性差
		硬质聚氯乙烯		
		聚碳酸酯		
		聚酯		
		尼龙		
		拉伸聚丙烯		热收缩性好
		拉伸聚氯乙烯		
		聚苯乙烯		
		聚偏二氯乙烯		
	容易延伸薄膜	聚乙烯醇	热水可溶	—
		水溶性薄膜		
		聚乙烯	热水不溶	
		未拉伸聚丙烯		
		软质聚氯乙烯		
		盐酸橡胶		

（3）对被测定的薄膜进行火焰燃烧测定，根据其火焰色泽、燃烧状况、散发异味、残留迹象最终确定被测定薄膜的种类。

4. 工艺要求

燃烧时注意防火安全。

结果分析_____

成绩评定_____

习题

1. 常用的塑料薄膜有哪些？请分别写出它们的代号。
2. 聚氯乙烯薄膜印刷时存在哪些不足的地方？
3. 为什么对聚酯薄膜高速印刷时必须安装有效的静电消除器？
4. 为什么要对塑料薄膜进行印前处理？常用的方法是什么？
5. 如何检查对塑料薄膜进行电晕放电处理的效果？

第三部分　油墨

项目一　油墨的基本知识认知
项目二　油墨的性能及其控制
项目三　常用印刷油墨的性质分析

　　油墨，它有着丰富的色彩，它展现和传递了我们所需要的图像、文字，它是印刷五大必要条件之一。在印刷媒体中，油墨是十分重要的材料，因为它是使图文信息得以再现的关键。

　　油墨在中国有着悠久的使用历史，早在西汉时期就开始使用墨了，这些墨可以在竹帛上写字传递信息，其某些功能与当代油墨类同。北宋毕昇发明胶泥活字印刷后，大大提高了印刷效率，同时也提高了制墨技术，油墨采用木材烧后的炭与树胶均匀地混合干燥而制成，属水溶性油墨。随着15世纪德国谷登堡发明铅合金活字印刷，相应的油性油墨就出现了，用灯黑作为颜料，亚麻油作为连结料，用手工将其均匀混合制成了当时的油墨。直到19世纪中叶，随着科学尤其是化学的进步，油墨的原材料有了更多的选择，油墨走向了新的发展阶段。

　　现代印刷油墨种类很多，物理性质各不相同。有的很稠、很黏，有的很稀；有的用于平版印刷，有的用于凹版印刷，有的用于柔性版印刷，还有的用于丝网印刷、特种印刷等各种不同的印刷方式；有的用于纸张印刷，有的用于铁皮印刷，有的用于塑料薄膜印刷，还有的用于陶瓷、木材等各种承印材料印刷。这些油墨色彩鲜艳，着色力强，化学性能稳定，有良好的印刷适性，能适应不同的使用环境。整个油墨工业正呈现多样、高质的繁荣景象。

　　尽管油墨工业已经相当成熟，但现代油墨依然面临着各种各样的挑战。一方面新型承印物的不断涌现，需要相应的油墨来匹配；另一方面印刷技术的发展也迫使油墨不断的更新改进，如无水胶印、数字印刷、喷墨印刷等都需要相应的油墨来支持。此外，油墨的污染问题正越来越引起各方的重视，尤其是食品包装、儿童玩具等印刷油墨的安全和环保性成为消费者及政府部门关注的热点，油墨业势将刮起绿色环保之风。

　　时代的车轮不断前进，这位千年的文化使者将在21世纪迎来更辉煌的未来。

项目一 油墨的基本知识认知

我们把油墨定义为由色料、连结料、填充料及各种助剂组成的稳定均匀分散体系。其中色料和连结料为主料，填充料和助剂则为配料。这四个成分在油墨中分工不同，都起着重要的作用。色料赋予油墨颜色，油墨的颜色完全由色料决定。连结料是油墨中的运输队，它将其他成分（特别是颜料颗粒）均匀分散，并使油墨具有流动性，同时连结料是油墨中的主要液体成分，所以油墨的干燥性能也取决于连结料。填充料虽然在油墨中只是一个配料，但它的作用不小，它可以代替某些颜料，降低成本、冲淡油墨的颜色，还可以调节油墨中固体和液体的比例。助剂在油墨中也是不可或缺的成分，只需要少量的助剂就可以改善油墨的性能。如在干燥速度慢的油墨中加入干燥剂可以加快其干燥速度，在黏稠的油墨中加入稀释剂可以降低其黏性，提高其流动性。

不同的色料、不同的连结料可组合成各种表观不同的流体。有的很黏稠，如胶印油墨、商业轮转油墨；有的很稀软，如凹印油墨、柔印油墨，但这些表观不同的油墨有着相似的结构——胶体分散体系。

本章将介绍各种常用的油墨成分、油墨的结构、油墨的分类及油墨的制造工艺，这些将帮助我们从本质上对油墨有一个了解。

知识点1 油墨的组成

油墨的成分是由色料、连结料、填充料和助剂四个部分组成。其中主料包括色料和连结料，辅料则包括填充料和各种助剂。

油墨的组成

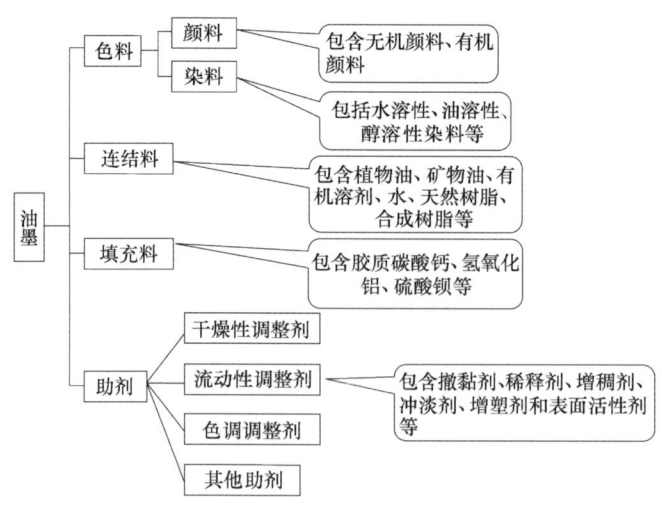

一、色料

色料在油墨中的作用是赋予油墨颜色，其分类如下：

色料包括染料和颜料两种，如图3-1-1、图3-1-2所示。它们的区别在于：染料溶于水、油和有机溶剂，能使物体全部染色；颜料不溶于水、油和有机溶剂，仅能使物体表面着色。

由于油墨要求色料作为一种分散相分散于连结料中，而不是溶解在连结料中，所以目前大部分油墨均采用颜料作为其色料，本书也以颜料为主介绍油墨中常用的色料。

颜料是一种呈细微粉末状的固体有色物质，可以呈现球状、片状等不规则形态。通常我们把颜料分为有机颜料和无机颜料两类。

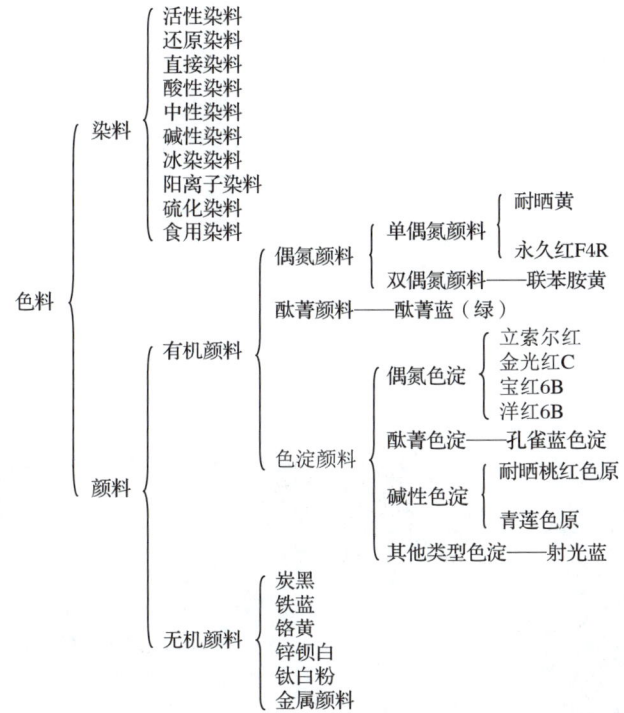

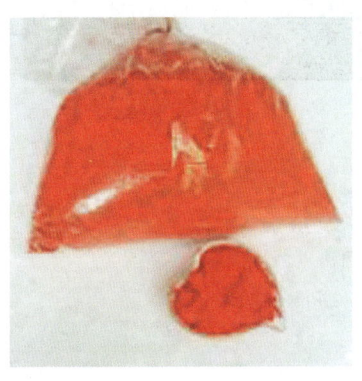

图3-1-1　染料

图3-1-2　颜料

有机颜料在着色力、环保性等方面优于无机颜料，而无机颜料则在成本、色相方面有独特的优势，整体来说有机颜料占据了大部分的份额。下面介绍油墨常用的几种颜料。

1. 黄色颜料

（1）联苯胺黄（图3-1-3）　色泽鲜艳，着色力高（是汉沙黄的3～4倍），透明度好，耐酸、耐碱、耐水，但流动性差，耐光性不如汉沙黄。联苯胺黄是制造黄色油墨的主要原料。其结构式为：

相对分子质量629。

（2）汉沙黄（图3-1-4）　又称耐晒黄，色泽鲜艳，着色力高，耐碱，耐晒，不耐溶剂，烘烤后会起霜，所以不适合用于制造溶剂型油墨和印铁油墨。其结构式为：

相对分子质量为295。

图3-1-3　联苯胺黄

图3-1-4　汉沙黄

（3）铬黄（图3-1-5）　全称铅铬黄，其主要成分是铬酸铅（$PbCrO_4 \cdot xPbSO_4$）。它遮盖力强，耐溶剂性好，但不耐光，不耐碱，且有毒性。由于其价格低廉，故应用于生产低质量黄色油墨。

图3-1-5　铬黄

2. 红色颜料

（1）永久红F4R（图3-1-6）　色泽鲜艳，耐碱和耐水性很好，故广泛用于肥皂、洗涤剂等包装的印刷油墨，适用于各种油墨，特别是水型油墨和溶剂型油墨。

（2）耐晒桃红色原（图3-1-7）　色泽鲜艳，着色力强，透明，耐光，化学性能稳定，是最好的红色颜料，几乎应用于各种场合。其结构式为：

$$\left[(H_5C_2)NH{-}\underset{\underset{COOC_2H_5}{|}}{\bigcirc}{-}NH(C_2H_5)\right]_4 H_3\left[P\begin{pmatrix}W_2O_7 & 75\%\\ Mo_2O_7 & 25\%\end{pmatrix}\right]$$

$\cdot n H_2O[Al(OH)_3]_x [BaSO_4]_y$

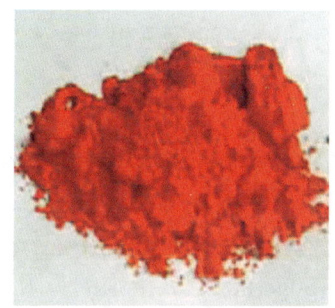 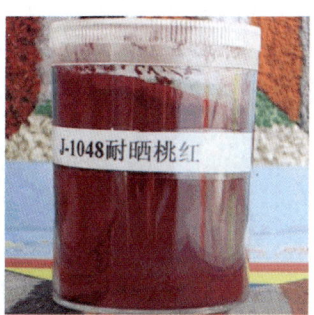

图3-1-6　永久红F4R　　　图3-1-7　耐晒桃红色原

3．蓝色

（1）酞菁颜料（图3-1-8）包括酞菁蓝和酞菁绿，色泽鲜艳，着色力高，具有优异的化学稳定性，耐光、耐热性能极佳，在200℃高温下不变色，是当前有机颜料中最优良的品种。几乎用于各种场合，现在大部分青色油墨都由酞菁颜料制成。结构式为：

相对分子质量为575.5。

 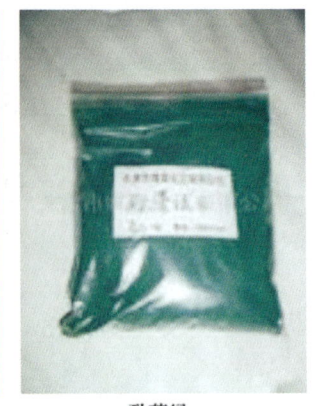

酞菁蓝　　　　　　　　　　酞菁绿

图3-1-8　酞菁颜料

（2）铁蓝（图3-1-9）　色彩鲜艳，具有独特的深蓝色相，耐光性好，价格低廉，但耐碱、耐热性能差。

4．黑色

炭黑（图3-1-10）　油墨中应用的黑色颜料几乎全部是炭黑，它价格低廉，实用价值很高。油墨中应用的炭黑是由无定形粒子炭组成的，大小为 $0.1\sim0.15\mu m$，具有很强的着色力和遮盖力，密度为 $0.8g/cm^3$。炭黑的化学性能稳定，酸碱对它不起作用，在高温及日光下不发生变化。炭黑的吸油量高，最高时可达180g/100g，其极强的吸附力对油墨的干燥性影响很大，特别是在亚麻仁油连结料中，干燥十分缓慢，一般要增加干燥剂的使用量。

图3-1-9　铁蓝　　　　　　　　　　图3-1-10　炭黑

5．白色

（1）锌钡白（图3-1-11）　俗称立德粉，它是硫酸钡和硫化锌的混合物，它耐碱性能好，但耐酸、耐光性能差，同时作为白色颜料它的遮盖力差是其致命的弱点。

（2）钛白粉（图3-1-12）　它是当前最优良的白色颜料，颜色白、遮盖力大，着色力强，化学性能稳定，无毒，能耐高温，故大多用来制造高质量的白色油墨，尤其是在印铁油墨和牙膏软管白油墨中。

图3-1-11 锌钡白

图3-1-12 钛白粉

6. 金属颜料

通常我们见到的金属颜料（图3-1-13）有金粉和银粉两种。其中金粉大多是由铜锌合金组成（也有用银粉加透明黄墨调和而成的），银粉则由铝组成。金属颜料最大的特点是具有金属特有的光泽，是其他颜料无法仿制出来，故常用来印刷精装书籍的封面或产品包装盒以提高其档次。

金粉

银粉

图3-1-13 金属颜料

二、填充料

填充料在油墨中的作用是冲淡油墨颜色、调节油墨固液比、代替某些颜料降低成本。填充料实际上也是一种白色颜料，但着色力较低。油墨中常用的填充有胶质碳酸钙、氢氧化铝等。

（1）胶质碳酸钙（图3-1-14） 又叫沉淀碳酸钙或超细碳酸钙，颗粒微细，吸油量较大，透明度好，亮度好，稳定度好。性能优异，在油墨工业中已有取代其他所有填料之势。

（2）氢氧化铝（图3-1-15）　透明度好，光泽好，相对密度小，但与酸性连结料反应成胶变质，在存放过程中吸收干燥剂，从而降低油墨的干燥性能（原常用于油型油墨）。

图3-1-14　胶质碳酸钙　　　　　　图3-1-15　氢氧化铝

三、连结料

连结料是油墨中的液体部分，它是颜料、填充料等固体粉末的载体。它将色料和填充料均匀分散其中，使之具有适当的流变性能和干燥性能，同时它又是一种成膜物质，颜料要依靠连结料的干燥成膜性牢固地附着于承印物表面并使墨膜耐摩擦，有光泽，因此，连结料决定着油墨干燥性和膜层品质。

连结料主要包括油、有机溶剂、树脂和辅助材料，其分类如下：

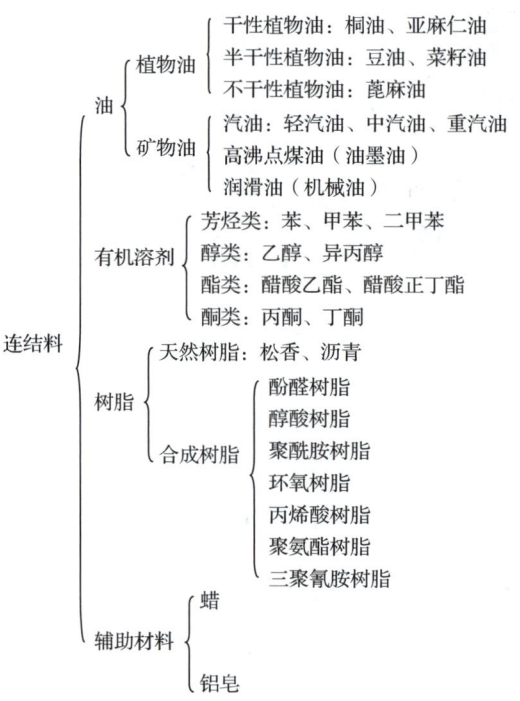

1. 油

（1）植物油　植物油的主要成分是甘油三脂肪酸（简称甘油三酸酯），其化学式为：

$$CH_2—OOCR_1$$
$$|$$
$$CH_1—OOCR_2$$
$$|$$
$$CH_2—OOCR_3$$

式中R_1、R_2、R_3代表脂肪酸基中的烃基部分，是多碳链结构，碳数一般在6~24的范围，可相同可不同。碳链间的结合可完全为单键，也可含一个、二个或三个双键，前者叫做饱和脂肪酸基，后者叫做不饱和脂肪酸基。故植物油是含有多种复杂的饱和与不饱和甘油三酸酯的混合物，它的不饱和程度常用碘值来表示。

⊕ **专业术语**

碘值 在一定的标准条件下，100g油脂所吸收的碘的质量（g），为该油脂的碘值。

碘值越高则植物油的不饱和程度越高，干性越快，我们根据碘值将植物油分为：

① 干性植物油（碘值为140~200）：干性油能够吸收空气中的氧气，较快的结膜干燥，形成坚韧的固态薄膜。属于这一类的有桐油、亚麻仁油、梓油、苏子油、大麻油等。

② 半干性植物油（碘值在100~140）：半干性油在空气中干燥较慢，不易形成薄膜，即使形成薄膜，也不像干性植物油那样坚韧。属于这一类的有豆油、菜籽油、葵花籽油、棉籽油、芝麻油等。

③ 不干性植物油（碘值在100以下）：不干性植物油在空气中干燥极慢，表面不能形成薄膜，不能自行干燥。属于这一类的有蓖麻油、椰子油、花生油、茶油等。

（2）矿物油 矿物油来自石油的不同馏分，油墨中常用的矿物油有汽油、高沸点煤油和润滑油。

① 汽油：汽油的沸点范围为30~200℃，主要成分为戊烷到十二烷。溶剂用汽油按其沸点高低又可分为三档：轻汽油又叫石油醚，馏程30~70℃；中汽油，馏程60~170℃；重汽油又叫白节油，馏程160~220℃。汽油是油类、树脂和橡胶的优良溶剂。中汽油与二甲苯或重汽油混合，可用于制造凹印油墨。

② 高沸点煤油：又叫油墨油，此品种为胶印油墨专用馏分，一般要求馏程为270~310℃，主要成分为十烷至十八烷。

③ 润滑油：又称机械油，油墨工业中应用的主要是轻润滑油和中润滑油。它们能溶解多种树脂，能与植物油相混溶，用来制造沥青油和石灰松香油等连结料，用在轮转新闻油墨里。

2. 有机溶剂

在油墨中，有机溶剂用于溶解树脂类成膜物质而制成溶剂型连结料。油墨常用的溶剂有芳香烃类、醇类、酮类和酯类。

（1）芳香烃类有苯、甲苯、二甲苯（图3-1-16）等，以下的其余有机溶剂装在类似于图3-1-16的棕色玻璃瓶内。

（2）醇类有乙醇、异丙醇、丁醇等。

（3）酮类有丙酮、丁酮、环己酮等。

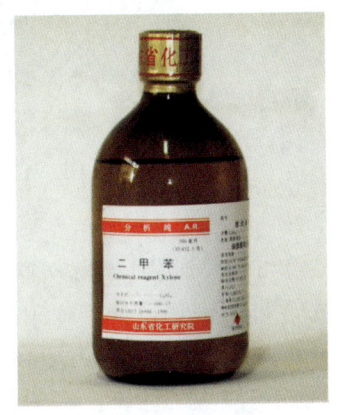

图3-1-16 二甲苯

（4）酯类有乙酸乙酯、乙酸丁酯等。

3. 树脂

树脂是连结料的中心原料，它对油墨的干燥以及干燥后墨膜的质量有直接影响（光泽、牢固、印刷适性等）。

◉ **专业术语**

树脂　树脂是一种结构复杂、具有高相对分子质量的有机化合物的统称。

树脂分为天然树脂和合成树脂两大类。树脂这一名词最初是由动植物分泌出的脂质而得名，如松香、虫胶等，图3-1-17展示了提取松香树脂的过程，这一类树脂被称为天然树脂。随着化学工业的发展，可以由简单有机物经化学合成或由某些天然产物经化学反应而得到树脂产物，这一类树脂被称为合成树脂。

（1）天然树脂　主要有松香（图3-1-18）、松香衍生物、沥青（图3-1-19）。

图3-1-17　松香树脂的提取过程

图3-1-18　松香

图3-1-19　沥青

（2）合成树脂

① 松香改性酚醛树脂（图3-1-20）：可应用于各种油墨中，具有成膜硬、光泽大、耐光性好的特点，是胶印油墨中不可缺少的一个品种。

② 聚酰胺树脂（图3-1-21）：主要用于塑料制品上的印刷油墨，特别是聚乙烯、聚丙烯薄膜上的印刷。将树脂溶解在有机溶剂中，制成柔性版油墨和凹版油墨。它的特点是对塑料制品的附着牢度好，光泽高，干性好。

图3-1-20　松香改性酚醛树脂　　　　　图3-1-21　聚酰胺树脂

③ 硝酸纤维及乙基纤维（图3-1-22）：一般不单独使用，通常都与其他树脂拼用，广泛用于柔性版和凹版油墨中。

④ 丙烯酸树脂（图3-1-23）：具有不饱和性，对紫外线有比较强的反应，故被广泛用于光固化油墨的制造，其缺点主要是有气味。

图3-1-22　乙基纤维　　　　　　图3-1-23　丙烯酸树脂

⑤ 聚氨酯树脂（图3-1-24）：与颜料的润湿性好，形成的墨膜坚固耐磨，是制造胶印油墨的优良品种，但价格相对较高。

4. 辅助材料

连结料的辅助材料主要是蜡和铝皂。

（1）蜡　蜡能使印品表面耐磨性好，印迹清晰，并能防止蹭脏。它包括植物蜡、动物蜡、矿物蜡、合成蜡。目前油墨中常用的蜡是合成蜡——聚乙烯蜡，相对分子质量一般为1000～6000。这种蜡化学稳定性好，能在许多溶剂中溶解，和树脂的混溶性良好。

图3-1-24　聚氨酯树脂

（2）铝皂　铝皂是连结料的凝胶剂，加入油墨后能使油墨外表上呈现增稠状态，所以又称为增稠剂。它增稠的机理是与连结料中树脂的活性基团反应形成大分子基团或螯合化合物，把稀料部分包围在其中，形成凝胶状态。

四、助剂

助剂是指在制造或使用油墨时，加入少量可以改善油墨本身性能的一种材料，以适应不同的印刷条件。本书着重介绍六种常用的油墨助剂，包括干燥剂、反干燥剂、减黏剂、稀释剂、冲淡剂和防脏剂。

1. 干燥剂（催干剂、干油、燥油）

氧化结膜干燥的速度相比之下比较慢，往往需要几十个小时才能完成，特别是使用吸收性较小的铜版纸印刷时，容易产生背面粘脏现象。为了解决此故障，可以考虑加入一些可以加快油墨干燥速度的助剂。

干燥剂的作用是加快氧化结膜干燥型油墨的干燥速度。常用的干燥剂包括白燥油和红燥油两种。

（1）白燥油　白燥油是以铅盐为主制成的白灰色膏状体。催干性没有红燥油强烈，内外同时干燥，适合加入浅色油墨。

（2）红燥油　红燥油是以钴盐及油料制成的红紫色浆状体。干性强烈，干燥顺序由外到内，适合加入深色油墨。

干燥剂在使用时应注意：白燥油的使用量要控制在3%~10%，红燥油的使用量要控制在1%~5%。如果用量过多，会使油墨干燥过快，易结皮。

2. 反干燥剂（防干剂、止干剂、抗氧化剂）

油墨中采用催干性强的颜料（如铁蓝、铬黄等），在轧制时会有结膜现象，使油墨难以轧细。在印刷过程中，如果油墨的干燥速度太快，则油墨在胶辊表面就会出现干燥结皮现象，或在印刷中途由于各种原因需要较长时间停机时，油墨暴露在空气中更会出现结皮现象。加入反干燥剂可以解决这些问题。

反干燥剂的作用是抑制或延缓氧化结膜干燥型油墨的干燥速度。常用反干燥剂包括B.H.T和丁香油两种。

（1）B.H.T　B.H.T是常用的止干剂2,6-二叔丁基对甲酚（俗称间二叔丁基对羟基甲苯）的简称，它是白色或微黄色粉末，其分子结构如下：

$$\text{(CH}_3\text{)}_3\text{C} - \underset{\underset{\text{CH}_3}{|}}{\overset{\overset{\text{OH}}{|}}{\bigcirc}} - \text{C(CH}_3\text{)}_3$$

这种反干燥剂是由5份B.H.T与95份六号油在不断搅拌下，升温到110~115℃溶解而制得。

（2）丁香油　丁香油专用作防结皮剂，喷在机器的墨辊和版面上，可以抑制油墨氧化，防止油墨结皮。一般可使墨辊上的油墨在2~3h内不结皮。当印在纸张上时，干燥速度照常。

反干燥剂在使用时应注意：使用量控制在1%以内，过多则干燥过慢。

3. 减黏剂

在印刷过程中，由于纸张性能及印刷条件的变化，如表面强度差、油墨黏性过大、印刷车间气温过低，会引起拉毛、堆版、糊版等故障，影响产品的质量。此时使用适量的减黏剂，降低油墨的黏性，可以起到减弱、消除以上故障的作用。

减黏剂的作用是降低油墨黏性。目前油墨中常用减黏剂是采用以精漂亚麻仁油和高沸点煤油为主体，加入合成树脂、凝胶剂和蜡，制成半凝胶状态（白色）物质。

减黏剂在使用时应注意：使用量控制在3%～5%，过多会使油墨的干燥性能明显下降，另外过多的减黏剂还会使油墨的转移性下降，出现传递不良的故障。

4. 稀释剂

在印刷过程中，往往由于油墨的黏稠度大，或因纸张质量较次，会产生拉毛、掉版、不下墨等现象，可以加入减黏剂，降低油墨的黏性，但还要加入少量的稀释剂，提高油墨的流动性。

稀释剂的作用是降低油墨黏性，同时提高油墨的流动性。油墨中稀释剂的选用要以油墨的连结料为依据进行。下面是不同油墨稀释剂的选用情况：

油脂型油墨：6号调墨油

溶剂型油墨：甲苯、二甲苯

水型油墨：水、乙醇、异丙醇

树脂型油墨：树脂型调墨油（采用低黏度的植物油、高沸点煤油和少量的松香改性酚醛树脂炼制而成）

5. 冲淡剂（撤淡剂）

若在印刷中发现油墨颜色太深无法还原时，即可加入适量的冲淡剂，使之达到理想效果。

冲淡剂的作用是冲淡油墨颜色。油墨中常用冲淡剂包括维利油和亮光剂两种。

（1）维利油（透明油）　维利油是用氢氧化铝和干性植物油混合轧制而成的透明浆状体，主要用于油脂型油墨。

（2）亮光剂（树脂型冲淡剂）　亮光剂是用树脂，干性植物油，高沸点煤油、蜡、凝胶剂等制成的黄褐色透明浆状体，用于树脂型油墨。

冲淡剂在使用时应注意：其用量没有限制，一般根据调配所需的墨色而定，但要加入2%左右的白燥油以使油墨能正常干燥。

6. 防脏剂（防蹭脏剂）

印刷过程中，由于油墨干燥速度过慢，印品上的油墨蹭脏粘污到另一张印品背面，甚至成堆的印品粘在一起。除了加入干燥剂加快油墨干燥速度外，还可以加入防脏剂，防止粘脏或粘连。

目前印刷工业常用的防脏方法就是喷粉法，喷粉所用的粉子一般是淀粉（玉米）、沉淀碳酸钙、方解石、细颗粒的蜡、二氧化硅等。这些白色粉末颗粒（一般在15～75μm）产生隔离，将纸张分开，防止粘脏或粘连，同时空气便可进入纸张之间，以保证油墨的氧化结膜干燥。

冲淡剂在使用时应注意：粉末的颗粒大小应一致，否则可能导致局部蹭脏和产生灰尘。粉末种类、颗粒大小及喷粉量，应根据纸张情况和印刷油墨墨层厚度而定。喷头应尽量接近印品，以减少喷粉量和粉末四处飞扬。

知识点2 油墨的结构

印刷油墨是由色料、连结料、填充料和助剂经过充分搅拌、研磨之后，使色料和填充料均匀地分散在连结料中，形成一种稳定的胶粘状悬浮分散体系，如图3-1-25所示。

理想化的油墨结构模型就是微细的颜料颗粒表面包裹一层由表面活性剂构成的牢固而柔软的外壳，稳定地悬浮在黏稠液态的连结料中，形成一个稳定的胶体分散体系。油墨能否形成稳定的胶体分散体系关键取决于颜料颗粒在连结料中的悬浮分散状态以及颜料颗粒之间的聚集、絮凝现象消除的情况。

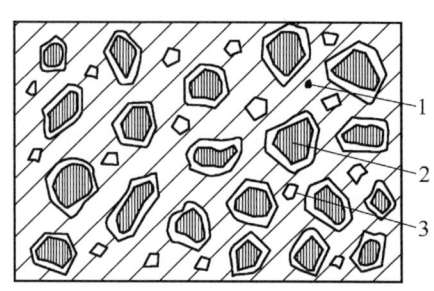

图3-1-25 油墨结构示意图
1—连结料 2—有保护层的颜料 3—填充料

通常在油墨中加入表面活性剂并使之在颜料颗粒周围形成一层保护膜，限制颜料颗粒之间的絮凝，使油墨的悬浮分散体系不受到破坏。如果油墨中没有表面活性剂存在，颜料颗粒周围没有保护层而容易聚集成团状，使油墨失去印刷性能。所以油墨是否稳定，在一定程度上，取决于颜料颗粒的细度及润湿程度，取决于连结料的黏度以及油墨中表面活性剂的性能。

知识点3 油墨的分类

油墨的种类很多，分类方式也不少，实际生产中应用较多的是按印刷版型、连结料组成、干燥形式和承印材料四种方式分类。

一、按印刷版型分类

我国的行业标准QB/T 3597—1999以印刷和油墨品种为基础对油墨进行分类，具体分类见表3-1-1。

表3-1-1 印刷油墨产品分类

印刷版型类	油墨种类	
平版油墨	胶印亮光油墨	胶印树脂油墨
	胶印轮转油墨	胶印四色版油墨
	平版印铁油墨	平版光敏印铁油墨
	珂罗版油墨	胶印热固油墨

续表

印刷版型类	油墨种类	
凸版油墨	铅印书刊油墨	凸版轮转印报油墨
	铅印彩色油墨	铅印塑料油墨
	橡皮凸版塑料油墨	凸版水型油墨
	凸版轮转书刊油墨	橡皮凸版油墨
凹版油墨	影写版苯型油墨	影写版水型油墨
	影写版汽油型油墨	
	凹版塑料薄膜油墨	
	凹版（糖果纸）醇溶油墨	
网孔版油墨	油型誊写油墨	水型誊型油墨
	丝网塑料油墨	丝网油墨
专用油墨	软管油墨 印铁滚涂油墨 制版墨	
	玻璃油墨 标记油墨 盖销油墨	
	喷涂油墨 复印油墨 号码机油墨	

其中平版油墨现在主要是胶印油墨，凸印油墨则以柔性版凸印油墨为主。

二、按连结料组成分类

可分为油脂型油墨、不干性矿物油型油墨、树脂型油墨、溶剂型油墨、水型油墨、热固型油墨、UV油墨、EB油墨等。

三、按干燥形式分类

可分为氧化结膜干燥型油墨、渗透干燥型油墨、渗透氧化结膜干燥型油墨、挥发干燥型油墨、能量固化干燥型油墨等。

四、按承印材料分类

可分为纸张油墨、金属油墨、塑料油墨、布料油墨、玻璃油墨等。

此外，在油墨工业中还有许多功能性油墨，如光敏油墨、磁性油墨等；还有新型的印刷油墨，如喷墨印刷油墨、数字印刷油墨等。

知识拓展

油墨的发展史

国际间公认中国为古代文明中最先使用墨的国家，早在西汉时期（公元前200年）中国就开始使用墨了，这种墨可以在竹帛上写字传递信息，其某些功能可以与当代油墨相类比。

油墨的发展与印版的发展是相伴相随的,因为两者不匹配,印迹就不清,墨膜会脱落,影响印刷质量。例如印版处于雕刻木版时期,油墨就是用木材烧后的炭与树胶均匀地混合干燥而制成,属水溶性。印刷时将墨涂于版上,再将纸置于其上,然后用布或刷轻轻拭之,即可将雕版上的图文通过墨转印到纸上。发展到金属版时期,由于水性墨不能均匀的涂于版上,于是发明了油性油墨,它是将颜料均匀分散在油脂中而制成。

最初的油墨颜料是天然无机矿物质,连结料是植物或动物油脂。这类油墨,干燥速度慢,印品光泽度差,对承印物附着能力差。随着化学工业的发展,给油墨行业带来了生机,油墨制造中广泛地采用了新型的合成树脂和高级有机颜料,使油墨的品种更加丰富,性能更加优良。油墨的发展进入了新的阶段,最终传统的平版、凸版、凹版、网版印刷都有了完善成熟的油墨体系。

随着人类文明的推进与印刷业的发展,承印物材料在不断地开发与拓展,印刷方式也不断地推陈出新。油墨的生产工艺更加精良,油墨产品的类型和花色品种不断增加。如无水胶印工艺的推广使无水胶印油墨需求增大,灵活的数字印刷的兴起也让数字印刷油墨站上了历史的舞台。还有绿色环保的强大呼声又掀起了油墨原材料重新选择和制造工艺的改革,如水性油墨、大豆型胶印油墨、UV油墨、EB油墨等。油墨,这个印刷业中最大的污染源,正在努力地减少其有机物的挥发和有害金属的应用。

我们有理由相信,未来油墨工业的发展会朝着关怀生命、拥抱自然、和谐社会的大方向前行。

现代油墨制造工艺简介

油墨的制造过程概括起来说就是把颜料颗粒均匀分散到连结料之中,同时加入填料、助剂,使之成为均匀稳定的混合物。

现代油墨的生产过程主要分为以下六个步骤:

准备 → 配料 → 混合 → 研磨 → 调整(检验)→ 分装

准备:将所需的油墨原料加工成可供制墨时用为止。

配料:科学配比所生产油墨的原料。

混合:按确定好的配方及加料顺序依次将连结料、颜料等材料加入料桶中搅拌。

研磨:把从搅拌机或捏合机中放出的墨料进一步分散和磨细,使之进一步润湿。

调整:将研磨后的墨料加入助剂放入搅拌机中,使之混合均匀,调整到适合的黏度。

检验与分装:将调整好的油墨进行检验,检验合格后,用分装机分装。

油墨生产过程中混合和研磨是两个工艺要求较高的工序,两者对选用的设备要求也很高。

进行混合工序的设备是搅拌机,如图3-1-26所示。搅拌

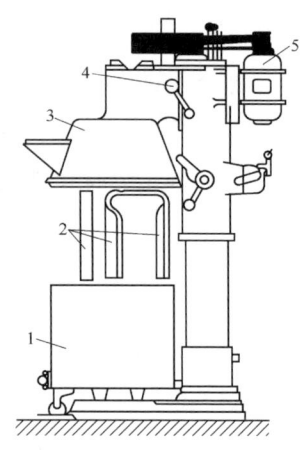

图3-1-26 搅拌机
1—料桶 2—搅拌叶片 3—上盖
4—手柄 5—电机

机的原理是电动机带动搅拌叶片在料桶中按照所需要的转数旋转，使得连结料和颜料在叶片剪切力和挤压力的作用下初步浸润及分散，形成糊状物。为了使搅拌更加均匀，搅拌叶片可以上升或下降，也可调整转数。不同黏度的油墨所用叶片是不同的，叶片的数量也是不同的。搅拌的速度是由低到高，开始搅拌时的速度应较低，以防止未润湿的颜料颗粒飞扬或逸出；搅拌一定时间后再进行高速搅拌，以加强对墨料的剪切力，将颜料团打开。当油墨料混合成糊状后就可以停止搅拌工序，取下墨料桶，然后转入研磨工序。

另外，对于亲油性较好的有机颜料，常采取比较先进的捏合机进行搅拌。操作方法是将未烘干的颜料滤饼与含油的连结料一起放入捏合机分批捏合挤水，水汽被抽出冷凝后除去。与搅拌机相比，捏合机不仅效率高，而且分散效果好。

进行研磨工序的设备是三辊轧墨机（图3-1-27）或球磨机（图3-1-28）。其中，高黏度状（浆状）的油墨采用三辊轧墨机进行研磨，低黏度状（液状）的油墨采用球磨机进行研磨。

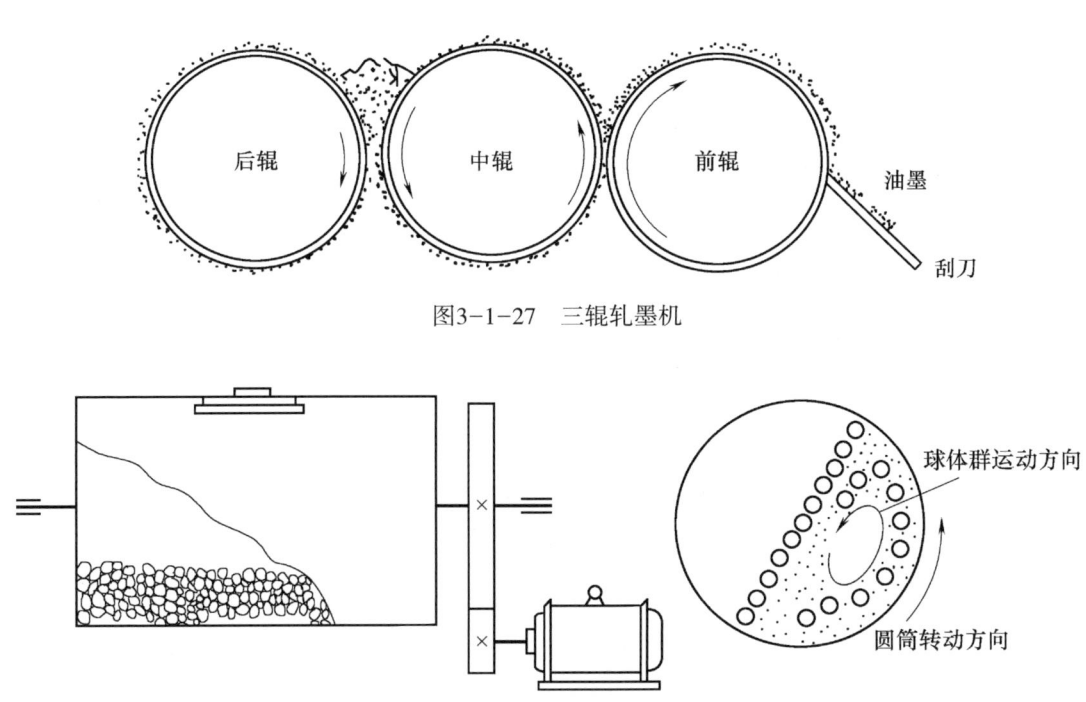

图3-1-27 三辊轧墨机

图3-1-28 卧式球磨机

三辊轧墨机由三个直径相同的滚筒组成。三个滚筒的转速不同，转速比为1∶3∶9，因存在速度差而产生剪切作用使颗粒被碾碎。使用时将糊状的墨料通过后辊子和中辊子上装有的送料斗送入辊子中，然后通过中辊子旋转带到前辊子，前辊子上装有与前辊子表面成一定角度的刮刀装置将油墨刮下。调整前、中、后辊子之间的距离可以改变油墨的研轧程度。通常一次轧墨不能达到要求的墨料细度，一般要通过3～5次才能达到小于15μm的细度，有的颜料（如酞菁颜料）需要的次数更多。

球磨机有卧式和立式之分。卧式球磨机出现较早，由一个水平放置的钢质筒与钢球或瓷球组成。通过电动机带动钢质筒使其沿水平中轴旋转，钢球或瓷球和桶内装的墨料不断撞击，使颜料等物料受剪切力和摩擦力，达到研磨与充分混合的目的。卧式球磨机用于批量生产，所有原料可一同加入，密封圆筒内的溶剂不会挥发，十分安全，操作简便，保养费用低。缺点是噪声大，清洗困难，生产效率低。立式球磨机与卧式工作原理相似，但转速较快，磨球较小。

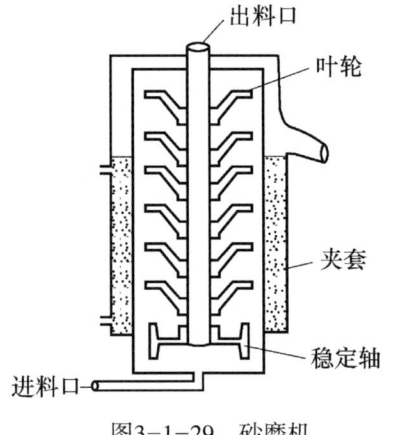

另外，还有一种砂磨机可用于进行高效率的研磨工作，如图3-1-29所示。砂磨机由夹套圆桶、旋转叶轮组成，磨球可用玻璃球、氧化铝球、瓷球等任意一种。墨料在每一层叶轮间受到高速甩出的小球撞击和剪切，可以较快地分散并研细。砂磨机生产效率较高，但对油墨的黏度有要求，只适合于生产黏度在1Pa·s以下的液体油墨。

图3-1-29　砂磨机

表3-1-2为某厂商提供的印刷辅助材料一览表。

表3-1-2　某厂商提供的印刷辅助材料一览表

种类	产品名称	编号	适用范围　性能特点
调整油墨稀稠的助剂	树脂调墨油	TPP-021	适用于胶印亮光快干油墨如THP、TCT、TGS、TRT、TRR、TNS型等产品中，流动度小、黏度适合时加入可增加油墨的流动性能，不影响油墨的光泽及干性
	稀释剂	TPP-062	适用于胶印亮光快干油墨如THP、TCT、TGS、TRT、TRR、TNS型等产品中，流动度小、黏度大时加入可增加油墨的流动性，降低油墨黏性不影响光泽及干性
	撤黏剂	TPP-043	适用于胶印亮光快干油墨如THP、TCT、TGS、TRT、TRR、TNS型等产品中，当油墨黏度大、流动度合适时加入可降低油墨的黏性，不增加油墨流动性能，不影响光泽及干性
	六号油	TPP-161	适用于TSP型合成纸油墨、TOP型胶印油墨、TLP型铅印油墨等产品，流动度小，黏度大时加入可降低黏度，并增加流动性
	拉纸毛抑制剂	TPP-041	适用于印刷低强度纸张时使用，加入油墨中可改善油墨性能，抑制纸张表面由于强度不够，在印刷中出现拉纸毛和深层剥落、掉纸粉现象
降低油墨的浓度	撤淡剂	TCT-015	适用于TCT、TNS型胶印亮光快干油墨撤淡时使用，加入后对原类型油墨的光泽、干性及印刷适应性不影响
	撤淡剂	THP-019	适用于THP型胶印亮光快干油墨撤淡时使用
	撤淡剂	TGS-019	为半透明浆状胶黏体，适用于TGS型四色版油墨中加入，具有干性快、光泽好等特点
	撤淡剂	TGS-015	适用于加入TGS、TRT型油墨中，使用时不加入干燥剂，具有良好的干燥性及印刷适用性
	撤淡剂	TRR-015	适用于加入TRR型胶印耐摩擦油墨中使用，使用时不需加入其他助剂，可保持TRR油墨的耐磨性
	撤淡剂	TSP-015	适用于TSP型胶印合成纸油墨中，是专为印刷非吸收性基质油墨的冲淡颜色所提供的助剂

续表

种类	产品名称	编号	适用范围　性能特点
印金油	胶印印金油	TPP-039	胶印印刷调金油,具有良好的抗水性和干燥性
	凸印印金油	TPP-031	凸印印刷调金油、易与金粉调和,印刷光泽高、金属感强
润版原液	胶印单张润版原液	TPP-001	用于配制胶印刷用润版液,可降低其自身表面张力,改善油墨的抗水性,并提高印刷网点清晰度,提高版亲水层的润湿性,更好的抑制脏版现象,该产品无毒、无污染、易分散、无结晶、使用方便
		TPP-005	单张纸专用润版液,可有效减少酒精(IPA)用量,水墨平衡快,洁版能力强,使用稳定可靠
	胶印轮转润版原液	TPP-003	用于配制胶印轮转印刷用润版液,本产品无毒、无污染、原液易分散、无结晶,使用方便,能够降低表面张力,提高印刷网点清晰度,抑制脏版现象出现
		TPP-006	通用型润版液,适用于单张纸及轮转印刷,具有合理的动态表面张力,不乳化油墨,洁版能力强,可减少酒精润版系统的酒精用量,降低上水量,提高印品的鲜艳度
		TPP-006-Y	特别适合于高速轮转机,具有合理的动态表面张力,不乳化油墨,洁版能力强,可减少酒精润版系统的酒精用量,降低上水量,提高印品的鲜艳度
促进油墨干燥速度的助剂	红燥油	TPP-427	加入到胶印油墨中促进油墨墨膜表面干燥,具有加入量少,促进干燥效果明显的特点
	白燥油	TPP-404	可入到胶印油墨中,可促进油墨内层干燥,可使油墨从里到外彻底干燥,具有复合干燥的特点
	印刷药液干燥剂	TPP-002	该产品用于加入胶印刷润版液中,其作用是促使油墨印刷表面干燥速度加快,防止印刷品沾背现象发生,该干燥剂在胶印合成纸油墨印刷时,其作用尤为明显
干燥抑制剂	防干剂	TPP-522	该产品加入油墨中,可减缓油墨结膜干燥速度
	喷雾型防结皮剂	TPP-525	该产品采用喷雾方式,印刷机短时停机时,可将少量防结皮剂喷射到墨辊和墨斗上,即可有效的防止油墨结皮,在TSP型胶印合成纸油墨印刷时,必备防结皮剂
	防干剂	TPP-527	该产品为高效防结皮剂,在油墨中少量加入即可获得明显防结皮的效果
防潮油	防潮油	TPP-550	适用于印刷需要具有防潮性能的各种纸箱,具有干性快、颜色浅、防潮性能优良等特点
		TPP-553	光泽比TPP-550好
耐磨剂	耐摩擦剂	TPP-601	高效耐摩擦助剂,少量加入即可提高油墨的耐摩擦性
		TPP-607	稍稠加入油墨中可提高油墨的耐摩擦性
		TPP-608	稍稀加入油墨中可提高油墨的耐摩擦性
		TPP-609	适中加入油墨中可提高油墨的耐摩擦性
防脏助剂	防沾脏剂	TPP-051	适用于加入胶印油墨中,起防沾脏作用
	号外油	TPP-101	适用于加入胶印油墨中,对印刷时橡皮布堆墨(图像部分、非图像部分)起脏,(印纸外的橡皮布、版上)水辊上脏等情况,有明显改善作用

续表

种类	产品名称	编号	适用范围　性能特点
清洗剂	洗车水	TPP-007	用于清洗胶印机、清洗干净、彻底，省时省力，提高生产效率，是汽油的换代产品
	橡皮布清洗剂	TPP-008	对橡皮、印版有较好的清洗效果，不损伤橡皮及印版，清洗干净、彻底

习题

1. 油墨的组成成分和各成分的作用是什么？
2. 树脂型油墨是按什么对油墨进行的分类？
3. 为什么油墨多采用颜料作为其色料？
4. 金粉和银粉分别是由哪些物质组成的？
5. 为什么说油墨的干燥取决于连结料？
6. 植物油的干燥性能由什么来衡量？
7. 稀而黏的油墨中应加入何种助剂，稠而黏的油墨又应加入何种助剂？
8. 油墨是一个怎样的结构体？
9. 印刷时出现背面蹭脏故障可以考虑加入哪些助剂？
10. 蜡在油墨中起什么作用？

项目二 油墨的性能及其控制

油墨作为印刷五要素之一,其性能直接影响印刷品的形成及质量。性能优良的油墨应具有适当的黏度和黏性、良好的流动性能、较好的着色力和透明度、较强的耐抗性和附着力以及印刷在承印物上能快速干燥并形成高光泽的墨膜。了解和掌握油墨的性质以及与印刷的关系,是科学、正确、合理选用油墨的一个重要内容。能根据不同印刷方式和承印材料选择合适的油墨进行印刷,同时要对油墨的性能有足够的了解,并能掌握其控制方法,使之与印刷相适应是印刷工作者应具备的能力。

油墨的性能包括基本性能、颜色性能、流变性能和干燥性能。

知识点1 ⊕ 油墨的基本性能

油墨的基本性能包括密度、细度、着色力、透明度、光泽度、耐抗性等。这些基本指标体现了油墨的结构特征、显色能力、光学特征和化学特征,对油墨的品质有一个全方位的展示。只有具备良好的基本性能的油墨,才有可能具有良好的流动性能、出色的成色效果及较强的环境适应能力。

油墨基本性质

一、密度

1. 密度的概念

概念:20℃时,单位体积油墨的质量,用 g/cm^3 表示。

2. 油墨密度的测量

油墨密度的测量可以用密度仪法和容积法。

密度仪法的测定方法是:用千分之一精度的分析天平称取0.3g油墨试样,置于密度仪的下玻璃片上,然后安装在仪器的圆筒上,使上、下玻璃片夹紧。油墨受挤压后扩展成与玻璃片中间的垫片厚度相同的圆柱体,再用透明量度尺量取油墨圆的直径。然后按下式计算油墨的密度:

$$D = \frac{G}{\pi R^2 H}$$

式中 D——被测油墨的密度,g/cm^3

m——被测油墨的质量,0.3g

R——油墨圆的半径,cm

H——油墨圆柱体的高,即垫片的厚度,cm

容积法的测定方法是:使用微量容积仪量取一定容积的油墨,再测定其质量。然后按下式计算油墨的密度:

$$D = \frac{W - W'}{V}$$

其中　　D —被测油墨的密度，g/cm³

　　　　W —容积仪和被测量油墨的总质量，g

　　　　W' —容积仪的质量，g

　　　　V —被测油墨的容积，cm³

3. 油墨密度的控制

油墨密度的大小取决于油墨中所用原料的种类及各原料之间的比例，并受外界温度的影响。一般来说，油墨的密度在1～1.25g/cm³。

油墨的密度大，主要是由油墨中所选用的颜料密度过大造成的。印刷过程中，特别是高速印刷时，油墨中的连结料无法带动密度过大的颜料颗粒一起转移，使颜料颗粒滞留于墨辊、印版或橡皮布表面，造成堆版故障。

调配油墨时应尽量避免将密度悬殊大的油墨调和在一起，否则容易产生墨色分层现象，即使油墨表层的颜色偏向于密度小的油墨，油墨底层偏向于密度大的油墨。如果印刷时需要密度相差比较大的两种油墨调和在一起，则应现调现用。

了解油墨密度的大小，可以估算印刷时油墨的用量，测算印刷成本。相同质量的油墨，在印刷品墨层厚度相同的情况下，密度大的油墨印刷数量比密度小的油墨印刷数量少。

二、细度

1. 细度的概念及理解

概念：油墨中颜料、填充料等固体粉末在连结料中分散的程度，又称分散度。单位为μm。

理解：细度表明了油墨中固体颗粒的大小及颗粒在连结料中分布的均匀程度。油墨的细度好，则油墨的颗粒小，表明油墨的颗粒在油墨体中分散均匀。

2. 油墨细度的测量及标准

通常用刮板细度计来测量油墨的细度。刮板细度计又名细度计，是一块中间刻有由深到浅凹槽的钢板，如图3-2-1所示。细度计上端凹槽深50μm，细度计上端凹槽深50μm，往下逐渐变浅到零，槽边有刻度。试验时用墨刀将已用6号调墨油稀释的墨样（根据油墨流动度大小进行稀释）约0.5mL放在放在50μm处凹槽内，将刮刀垂直放在槽上，自上而下（由深到浅）刮到零点，使油墨充满细度计的凹槽。然后立即以30°斜对光源，用放

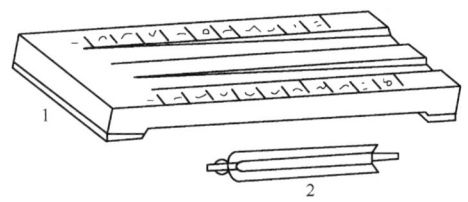

图3-2-1　刮板细度计示意图
1—带有微米刻度的凹槽　2—刮刀

大镜观察密集的固体颗粒，如果某刻度范围内颗粒数为15个，此刻度即为测定油墨的细度值。每种油墨都要重复试验2～3次，取其平均值。

3. 油墨细度的控制

油墨的细度是一个重要的质量指标。印刷油墨的细度一般为15～20μm，多数在15μm左右。各种油墨辅助剂的细度一般为20～35μm。油墨颗粒太粗会引起许多印刷故障，

例如在平版印刷中会引起毁版、堆墨、糊版等，溶剂型油墨颗粒太粗在印刷中会引起毁版、油墨沉降等。而且由于颜料的分散不均匀，油墨颜色的强度不能得到充分的发挥，影响油墨的着色力及干燥后墨膜的光亮程度。一般来说，印刷网线比较细的印刷品时，对油墨的细度要求更高。

油墨的细度取决于连结料对颜料、填充料等固体的润湿程度及油墨搅拌、轧研等工艺处理的程度。连结料的润湿性强，颜料等固体易于被润湿时，固体颗粒容易分散，轧研后油墨的细度好。

三、着色力

1. 着色力的概念及理解

概念：油墨的着色力是指油墨的色浓度或色强度。

理解：油墨的着色力表明油墨显示颜色能力的强弱，一种颜料与另一种颜料混合呈自身颜色的能力。例如黄色墨和青色墨的相对着色力将决定叠色后所产生的颜色是一个蓝绿色还是一个黄绿色。

2. 油墨着色力的测量

油墨的着色力通常用白墨对被测油墨进行冲淡的方法来测定。用被测油墨被冲淡到一定程度后所用的白墨量与相同质量的标准色墨冲淡到相同颜色时所用的白墨量的百分比来表示。

$$着色力 = \frac{被测油墨所用的白色油墨}{标准油墨所用的白色油墨} \times 100\%$$

3. 油墨着色力的控制

油墨的着色力大小影响油墨的呈色能力以及油墨的用量。

在印刷色调优美、层次丰富的印刷品时，特别是采用胶印的方法印刷时（胶印墨层较薄），要求所用的油墨着色力应强一些，否则就难以达到色调再现、层次分明的目的。而在印刷实地产品时，由于整体墨量较大，油墨的着色力可适当小一些。

油墨的着色力的大小关系到油墨的用量。这是因为在印刷同色产品时，着色力大的油墨只需较薄的油墨层就能达到印刷效果，而用着色力小的油墨印刷时，为达到相同的印刷效果，只能加大油墨的使用量。油墨使用量的增加，会使印刷品的墨层较厚，油墨的干燥速度减慢，而且还容易引起网点扩大、字迹线条变粗的现象。另外，在调配油墨时，着色力强的油墨在配色时耗用量就少，而着色力小的油墨则耗用量较多。

四、透明度

1. 透明度的概念及理解

概念：透明度是指油墨对入射光线产生折射（透射）的程度。

理解：印刷中透明度是指油墨均匀涂布成薄膜状时，使其覆盖面所能显现底色的程度。相应地，油墨的不透明度也就是油墨对底色的遮盖程度。

2. 油墨透明度的测量

油墨透明度的测定可以通过刮样法进行。这种方法常用于不同油墨透明度大小的比较。测定的具体方法是：在印刷有一定宽度（通常为5mm左右）的黑色横条的刮样纸上，将油墨刮成薄层，对比观察两种油墨的墨层对黑色横条的遮盖程度，从而确定两种油墨透明度或遮盖力的大小。

3. 油墨透明度的控制

印刷对油墨透明度的要求是不一致的。在进行彩色印刷时，要求油墨的透明度越高越好。如果油墨没有较高的透明度，则会将前一色油墨的颜色盖住，不能透过后一色的墨层显示出来，这就不能产生油墨层颜色的混合现象，只能显示后一色油墨层的颜色。只有当后一色油墨层具有良好的透明度时，才能达到印刷品应有的色彩效果。因此，在安排印刷色序时，应将透明度低的油墨先印，透明度高的油墨后印，才能得到较好的呈色效果。如果四色版油墨的透明度都非常高，那么在安排印刷色序时将不再受油墨透明度的限制，按任意色序印刷都能取得较好的印刷效果。但并非所有的印刷品的印刷都要求油墨具有较高的透明度，如实地印刷品的印刷，则要求油墨的透明度差，遮盖力强一些，才能使所印的油墨颜色真实显现而不受底色的影响，特别是印刷白墨时，对油墨的遮盖力要求更高。

油墨的透明度取决于油墨中颜料与连结料的折射率差值，并与颜料的分散度有关。颜料与连结料的折射率差值越小，颜料在连结料中的分散度越好，则油墨的透明度越高。例如：

白色油墨：颜料折射率/连结料折射率=1.68　不透明

调墨油：颜料折射率/连结料折射率=1　透明

当油墨的透明度或遮盖力不符合要求时，可进行适当的调整。油墨的透明度不足时，可加入适量的冲淡剂、透明油等辅助剂进行调整。油墨的遮盖力不足时，应选用遮盖力强的油墨或通过调整油墨颜色的方法，来弥补遮盖力差的缺陷，使印刷的颜色达到标准。

五、光泽度

1. 光泽度的概念及理解

概念：光泽度是指油墨转印到承印物表面并干燥后，在光线照射下，向同一个方向上集中反射光线的能力。

理解：油墨的光泽度表明了油墨在承印物表面形成墨膜后的光亮程度。油墨转移到承印物表面干燥后，在无印后处理的情况下，是印刷品最后的表观，所以油墨的光泽度即为印刷光泽度。

2. 油墨光泽度的测量

测试油墨膜层光泽与测量纸张光泽所采用的仪器及测量原理相同，参见第二章第五节。

3. 油墨光泽度的控制

光泽赋予印品外观以美感，所以是人们长期以来所追求的。许多印刷品需要上光、涂塑、覆膜等，其目的就是为了增加印刷品的美观程度和对印刷品起到保护作用。色彩并不鲜艳的印刷品在其上面加上一层透明的薄膜物质后，其效果就大为改观。所以，印刷品的效果与其光泽是密不可分的。

油墨的光泽度主要取决于油墨中连结料的种类及性质、油墨制造中炼制工艺的处理以及墨膜干燥后的平整程度。此外，油墨的光泽度还与纸张的性能、油墨的流动性能、干燥性能等都有直接的关系。

纸张表面平滑度越高，光泽度越好，越能显示出很高的油墨光泽，而在很粗糙的白纸表面印刷油墨，不可能得到很高光泽的印刷品。

流平性不佳的油墨可能会使印刷品表面出现波纹或橘皮状，这要求油墨具有良好的流平性，过快和过慢都不行。

油墨的干燥速度过快、渗透量过多，油墨转移到承印物上后还没来得及流平就已干固不动，油墨的光泽不良。干燥过慢又容易造成背面蹭脏，也会影响油墨的光泽。

六、耐抗性

1. 耐抗性的概念及理解

概念：耐抗性是指油墨在印刷过程中或在印后加工以及印刷品的使用过程中不发生颜色变化的性质。

理解：油墨在上述过程中会受到外界因素的侵袭，抵抗这些侵袭保持墨层色彩及其他品质不变称为油墨的耐抗性，又称为稳定性。定义中油墨颜色的变化分为两种情况。一种称为褪色，它指的是油墨的颜色变淡或消失；另一种称为变色，它指的是油墨的颜色变暗或变为其他颜色。根据油墨的使用环境、用途等把油墨的耐抗性分为以下几种情况：耐光性、耐热性以及耐化学药品性。

⊕ 专业术语

耐光性 油墨在日光的长时间照射下，颜色不发生变化的能力。

耐热性 油墨在高温加热时颜色不发生变化的能力。

耐化学药品性 油墨在酸、碱、水、溶剂等化学药品的作用下，其颜色不发生变化的能力。

2. 油墨耐抗性的测量及标准

（1）耐光性 测定油墨耐光性主要使用褪色仪，俗称曝晒仪。其原理是将试样与国家规定的日晒牢度蓝色标准一起用黑色厚纸板遮盖一半放入褪色仪，在5500～5600K色温的氙灯下曝晒20～40h，取出后观察被测油墨试样与8个日晒牢度标准中哪一个标准最接近，就以该标准的级数作为被测油墨的耐光性级数。共有8个级数，其中8级最不易褪色，耐光性最好，1级耐光性最差。

（2）耐热性 耐热性的测定采用恒温烘箱测定，测定方法是：将4.75g被测油墨和0.25g燥油调匀，用小橡胶辊均匀涂在镀锡的铁皮上，然后将铁皮剪成6小块，分别置于烘箱内，在60、80、100、120、140、180℃温度下恒温烘30min。取出后冷却，以60℃烘30min的一块为标准，与其他的5块进行比较，检视颜色状况（有无变色、褪色或泛黄等），以颜色相同的最高温度表示油墨的耐热性。

（3）耐化学药品性 在国家标准中，规定了测试印刷油墨耐酸、碱、水和溶剂性能的测试方法，有浸泡法和滤渗法两种。

① 浸泡法：将被测油墨在刮样纸上刮样或印成实地版，在常温下干燥24h，剪成小条分别浸泡在下列试管中：a. 1%盐酸溶液；b. 1%氢氧化钠溶液；c. 蒸馏水；d. 95%乙醇或其他溶剂。

浸泡24h后，取出试样与保留的未浸泡的原样对比，根据表3-2-1中的规定，判断被测油墨耐酸、碱、水和溶剂的级别。共有5个级别，其中1级最差，5级最好。

表3-2-1　　　　　　　　　　　　　　　油墨耐化学性级别

级别	样张变色程度	溶液染色程度	级别	样张变色程度	溶液染色程度
1	严重变色	严重染色	4	基本不变色	基本不染色
2	明显变色	明显染色	5	不变色	无色
3	稍变色	稍染色			

② 滤纸渗透法：按照浸泡法制备样张，将其一半平放在玻璃板上，取定性滤纸10张浸透酸、碱、水和溶剂，放在试样上，加盖一块玻璃板和砝码，静置24h后取出，仍按表8-1中的规定观察试样，滤纸染色张数0张为5级，1~3张为4级，6~7张为2级，8~9张为1级，张数与试样变化级数不一致时，以两者中较差者为准。

3. 油墨耐抗性的控制

（1）耐光性　油墨的耐光性主要取决于颜料。在光的作用下，颜料会发生化学反应或物理变化，使颜料分子结构发生变化或颜料粒子的晶态发生变化，这样都会造成油墨颜色的改变，以至于完全褪色。一般来说，有机颜料的油墨耐光性高于无机颜料的油墨；油墨单位体积内颜料的含量比例越大，则油墨的耐光性越好。另外油墨中连结料的种类及性能、环境的温湿度以及对印品表面覆膜或上光对油墨的耐光性也有一定的影响。

印刷本身对油墨的耐光性没有严格的要求，主要是油墨在使用过程中，特别是某些室外的印刷品，如宣传画、招贴画、广告画、标语、户外广告、地图等，应选用耐光性好的油墨。

（2）耐热性　油墨的耐热性主要取决于颜料和连结料的种类及性能。有些颜料在加热时不但产生变色，甚至发生变化。如汉沙黄系的颜料受热后有升华的现象出现，而连结料受热后则易由浅白色变为黄色，影响油墨色相。

有些油墨印刷后需要加热干燥，对油墨的耐热性要求较高，如铁皮、牙膏软管的加热干燥，高速多色印刷的热风烘干，如果选用的油墨耐热性差会在加热干燥过程中产生褪变色现象，影响印刷品的颜色准确性。

（3）耐化学药品性　油墨的耐化学药品性是由颜料和连结料的种类决定的，并与颜料和连结料的结合状态有关，与油墨的稳定性有关。

油墨在印刷、印后及使用过程中都可能接触到化学药品。应当根据印刷品的加工和使用情况，选用达到相应要求的耐化学药品性的油墨。主要从以下几个方面考虑：

① 胶印油墨应考虑耐水、耐酸性要好。因为胶印利用的三大原理之一就是水墨不相溶原理，油墨在印刷过程中始终会与润版液（润版液呈弱酸性并含有大量的水）接触。耐水性或耐酸性差的油墨在印刷过程中黏度、流动性、传递性等会逐渐变差，容易出现油墨的过度乳化现象或润版液被染色而产生油墨化水现象，从而导致相关的印刷故障。

② 需要进行上光或覆膜的印刷品耐溶剂性要好。上光或覆膜都会使油墨接触到醇、酯类溶剂，如果油墨的耐溶剂性差，就会使墨层出现褪色或变色现象，也有可能出现颜色渗出和网点增大等现象，从而影响印刷品质量。

③ 印刷酸、碱性产品包装的油墨应具有良好的耐酸、碱性能。如大多数洗涤用品都是呈碱性的，而酸奶、醋等食品则是酸性的。

任务1　技能训练

1. 油墨细度的测定

（1）训练目的　检测油墨的细度。

（2）工具和材料　刮板细度仪、吸墨管（0.1mL）、酸式滴定管（25mL）、调墨刀、放大镜（5~20倍）、6号调墨油、玻璃板。

（3）训练步骤

① 用0.1mL的吸墨管量取被测油墨0.5mL。

② 根据被测油墨流动度的大小加6号调墨油进行稀释，见表3-2-2。

表3-2-2　　　　　　　　　　　被测油墨的稀释

流动度/（直径/mm）	6号调墨油用量（0.02mL/滴）	流动度/（直径/mm）	6号调墨油用量（0.02mL/滴）
<24	18	36~45	10
25~35	14	>46	—

③ 用调墨刀挑取已稀释均匀的油墨置于刮板细度仪凹槽最深处，将刮刀垂直横置于刮板细度仪凹槽处的油墨上，刮刀保持垂直，双手用力均匀，自上而下徐徐刮到零点处，使油墨充满刮板细度仪凹槽，如图3-2-2所示。

④ 刮好以后，应立即将刮板细度仪表面以30°斜对光源，用放大镜检视颜料颗粒的密集点数值（每一个刻度范围内超过15个颗粒算上一刻度值，不超过15个颗粒算下一刻度值）。

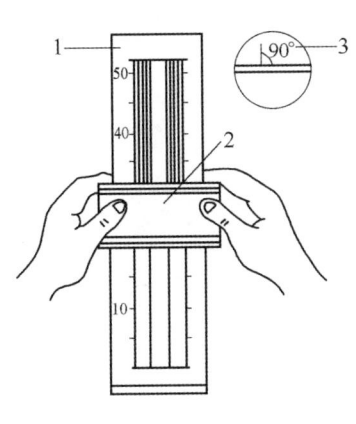

(a)　　　　　　　　　　　　　　　(b)

图3-2-2　刮板细度计操作图

（a）刮板细度计操作示意图　（b）刮板细度计实际操作图

1—带有微米刻度的凹槽　2—刮刀　3—刮刀与刮板垂直90°操作

⑤ 将试样种类及测试结果记录到表3-2-3中。

表3-2-3　　　　　　　　　　　　油墨细度的测定

试样种类 \ 测量次数	1	2	3	平均值

（4）工艺要求

① 用吸墨管吸取油墨，油墨内不许有气泡存在。

② 油墨在加油稀释时必须调和均匀，但不必过分用力，以免产生研磨作用，影响测试结果。

③ 在对油墨稀释时防止油墨中落入灰尘。

④ 双手横执刮刀时，用力不宜过猛，也不能一边偏重，刮板细度仪槽外两边油墨必须刮干净。

⑤ 油墨细度测定要重复2～3次，取平均值，如果相差一个刻度，应重测。

⑥ 测定细度用工具要应用洁净的软布或棉纱来擦拭，特别是刮刀和细度仪，更不能划伤或损坏。

⑦ 本方法仅适用于非溶剂型浆状油墨。

结果分析＿＿＿

成绩评定＿＿＿

2. 油墨着色力的测定

（1）训练目的　检测油墨的着色力。

（2）工具和材料分析　天平（图3-2-3）、两块重量相同的玻璃片、调墨刀、刮片、刮样纸、标准白墨、标准油墨。

（3）训练步骤

① 用玻璃片在分析天平上称取标准白墨2g，被测油墨0.2g。用同样的方法，相同的比例称取标准白墨和标准油墨。

② 将称好的墨样分别用调墨刀充分调匀。

③ 用调墨刀取冲淡的标准油墨约0.5g，置于刮样纸的左上方处。再取冲淡的被测油墨约0.5g，置于刮样纸的右上方处，两者的位置应相近而不相连。

④ 将刮刀置于油墨样品的上方，使刮片主体部分与刮样纸垂直。然后，自上而下将油墨于刮样纸上刮成薄层，刮至35～45mm时，减小用力，使刮片内侧角度近似25°，将油墨在纸上涂成较厚的墨层。

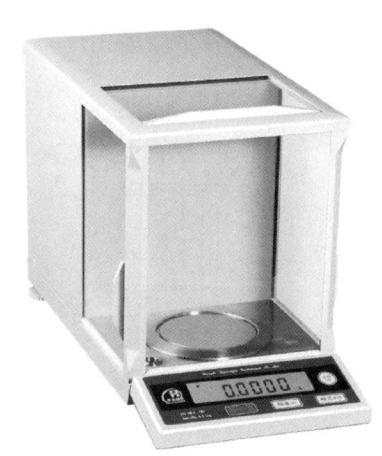

图3-2-3　电子分析天平

⑤ 观察被测油墨与标准油墨的面色、墨色是否一致，如果不一致，则改变被测油墨的标准白墨的用量，至冲淡被测油墨与标准油墨一致，得出被测油墨的着色力。着色力计算公式如下：

$$着色力 = \frac{被测油墨所用的白色油墨质量}{标准油墨所用的白色油墨质量} \times 100\%$$

（4）工艺要求

① 实验条件：温度为（25±1）℃，相对湿度为（65±5）%。观察冲淡刮样应在D65标准照明体下进行。

② 刮样后，以30s内观察所反映的墨色为准。

③ 将标准白墨和被测油墨调和时，不可过分用力，以免产生研磨作用。

④ 着色力的测定只有当标准油墨与被测油墨的色相近时才有意义。

结果分析_____

成绩评定_____

3. 油墨耐光性的测定

（1）训练目的　检测油墨的耐光性。

（2）工具和材料　褪色仪、小调墨刀、刮墨刀、《日晒牢度蓝色标准》（俗称羊毛）、染色牢度褪色卡、刮样纸。

（3）训练步骤

① 按测定颜色的方法进行刮样，但不留厚墨层部分，并在室温下干燥。

② 将试样和《日晒牢度蓝色标准》（8种）一起用黑色厚纸板（内衬白色书写纸）遮盖一半。

③ 将用黑色厚纸板遮盖的试样及《日晒牢度蓝色标准》一同放在褪色仪上进行曝晒。待曝晒到7级蓝色标准的褪色程度，即相当于染色牢度褪色样卡3级的程度时，停止曝晒。

④ 将试样及《日晒牢度蓝色标准》从褪色仪中取出，放于暗处，半小时后进行评级。

⑤ 将试样与《日晒牢度蓝色标准》进行对比，试样的变色或褪色情况与哪一级标准的变色或褪色情况相当，则被测油墨的耐光性等级就等于该蓝色标准的等级。

（4）工艺要求

① 选用不同的光源将会得出不同的结果，目前常用的光源为氙灯，色温规定为5500~5600K。

② 刮样纸应选用在光源照射下不泛黄、不含荧光漂白剂的中性木浆纸。

③ 曝晒终点还可以采用黑色纸板分梯级遮盖的方法，有助于了解被测油墨褪色的全过程。

结果分析_____

成绩评定_____

4. 油墨耐化学药品性的测定（滤纸渗透法）

（1）训练目的　检测油墨的耐化学药品性。

（2）工具和材料　调墨刀、刮墨刀、小玻璃板（9.5cm×6cm）、1000g砝码、定性滤纸（直径11cm）、1000mL蒸发皿、蒸馏水、1%NaOH溶液、1%盐酸溶液、95%乙醇溶液、小镊子。

（3）训练步骤

① 用调墨刀取少量被测油墨置于刮样纸中上方，刮墨刀自上而下用力刮墨于刮样纸上，剪去墨色部分，常温下放置24h使之干燥。个别品种可以适当延长放置时间。

② 取小玻璃板置于平面工作台上，将刮样的1/2平放于玻璃板上。

③ 在蒸发皿中注入溶液，取定性滤纸10张，用镊子夹住一端浸入溶液中，当完全浸透后取出，覆盖于油墨刮样1/2部分。

④ 将另一块玻璃板压在滤纸上，并加砝码静置24h后取下砝码及玻璃板。稍干后检视刮样变色情况（与未压滤纸原刮样比较）及滤纸染色张数，按表3-2-4列出的标准评定等级。

表3-2-4　　　　　　　　　　滤纸染色法等级评定

级别	滤纸染色张数	刮样变化程度	级别	滤纸染色张数	刮样变化程度
1	8~9	严重改变	4	1~3	基本不变
2	6~7	明显改变	5	0	不变
3	4~5	稍变			

⑤将测试结果记录到表3-2-5中。

表3-2-5　　　　　　　　　　油墨耐化学药品性的测定

测试项目 \ 样品序号	1	2	3	4	5	6	7	8	9	10
耐水性										
耐酸性										
耐碱性										
耐溶剂性										

（4）工艺要求

① 滤纸染色张数计数时与刮样接触的第一张不算。

② 测试中如果滤纸不染色，可根据表3-2-3中刮样变化程度评级。

③ 耐乙醇试验时应放在可封闭的盒内进行，其他操作相同。
④ 作空白实验对比，以便观察纸张在溶液中的变化，定级时应减除纸张变色因素。
⑤ 评级时如滤纸染色张数与油墨刮样变化程度不吻合时，以两者中较差的一个等级评定。

结果分析_____

成绩评定_____

习题

1. 油墨颜色的变化包括哪两种情况？
2. 等量的黄色油墨和青色油墨混合后呈黄绿色，这说明了什么？
3. 调配油墨时为什么要避免密度悬殊大的油墨混合在一起？
4. 油墨颗粒太粗会引起哪些故障？
5. 多色套印时应如何考虑油墨的透明度因素？
6. 印品光泽度高低与哪些因素有关？
7. 用于印刷肥皂包装盒的油墨需具有哪些耐抗性能？
8. 油墨的耐光性和耐化学药品性是如何评定的？

知识点2 油墨的颜色性能

油墨的颜色取决于色料，当光射到印刷面的墨膜上时，油墨中的色料对白光进行选择性吸收，剩下的色光被透射或反射而使眼睛感觉到色。黄色油墨之所以看起来是黄颜色的，就是因为其黄色色料吸收了蓝光、反射出红光和绿光的缘故。油墨呈现颜色应用的光学原理就是色料减色法。

⊕ 专业术语

色料减色法将色料三原色Y、M、C按不同的组合方式、不同的比例混合后得到新颜色，新颜色的明度比三原色都要低，这种现象叫色料减色法。如Y、M、C三原色两两或三者等比列混合可以得到R、G、B、BK四色，如图3-2-4所示。

色料三原色非等比例混合时，可以得到各种颜色。例如：2Y+C+M=Y+BK（古铜色）。

Y+M=R
Y+C=G
M+C=B
Y+M+C=BK

图3-2-4　色料减色混合示意图

根据三原色原理，理想的黄色油墨，应该吸收三原色光中的全部蓝色光谱区，而反射全部红、绿两色光谱区；理想的品红色油墨，应该吸收三原色光中的全部绿色光谱区，而反射全部红、蓝两色光谱区；理想的青色油墨，应该吸收三原色光中的全部红色光谱区，而反射全部绿、蓝两色光谱区。但是实际生产的三原色油墨不可能达到以上理想效果，这主要是由于油墨中的色料本身存在有害吸收，也就是说不可能有100%的黄色油墨、100%

的青色油墨和100%的品红色油墨。

油墨中色料对白光的有害吸收程度采用GATF（美国印刷技术基金简称）推荐的四个参数和GATF色轮图来评价。

一、GATF推荐的油墨颜色质量评价的四个参数

目前，国内外印刷业广泛采用GATF推荐的四个评价油墨颜色质量的参数，即色强度、灰度、色相误差和色效率。

根据GATF方法，在评定三原色油墨以前，先要在有可以变换滤色片的彩色反射密度计上对油墨色样用红、绿、蓝三原色滤色片分别测出油墨色样对应于三原色滤色片的反射密度值，如图3-2-5所示。

⊕ 专业术语

彩色反射密度计测量法利用反射密度计，选用相应的滤色片，把测量值限定在可见光谱波长范围内，如印刷试样被一个光源以45°照射，再以0°反射回来的光量通过一个光电元件而被测量出印样油墨的密度值的测量方法。

一般来讲，反射率指印刷品上某一色调区反射的光量与印刷品白纸部分反射光量的比值，反射率用ρ表示，即：

$$\rho = \frac{印样上反射的光量}{基准白纸反射的光量}$$

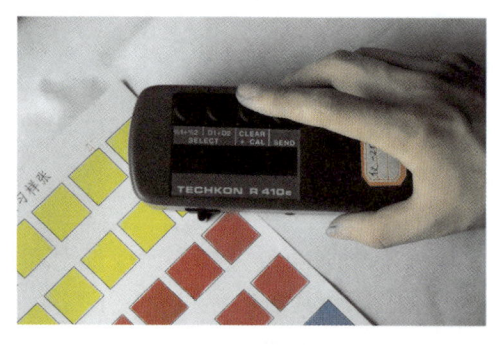

图3-2-5 彩色反射密度计测量密度值

反射密度为反射率倒数的十进制对数值，即

$$D = \lg \frac{1}{\rho}$$

根据反射密度计所测得黄、品红、青三原色油墨密度值可计算油墨颜色的色强度、色相误差、灰度和色效率。表3-2-6为某三原色油墨的密度值。

表3-2-6　　某三原色油墨的密度值

油墨颜色	滤色片		
	红	绿	蓝（紫）
黄油墨色样（Y）	0.10	0.17	1.30
品红油墨色样（M）	0.20	1.40	0.66
青油墨色样（C）	1.50	0.50	0.15

每种原色油墨有三个密度值，其中按密度值的大小分为高（D_H）、中（D_M）、低（D_L）密度。

（1）色强度　原色墨在补色滤色片下测得的反射色密度值，即原色墨的三个密度值

中的高密度值D_H。如表3-2-6中的1.30、1.40、1.50分别是黄、品红、青油墨的色强度。

油墨的色强度代表了颜色的着色力。一般来说，油墨的色强度越高，该色墨的选择性吸收补色光的能力越强，其着色力就越高。如表3-2-6中青色油墨的着色力就高于黄色油墨，两种油墨叠色后将得到一个蓝绿色。

（2）灰度　表示原色油墨中含有灰成分的量，用百分率表示。其计算公式如下：

$$灰度 = \frac{D_L}{D_H} \times 100\%$$

灰度不影响油墨的色相，但对油墨的明度和饱和度有一定的影响。灰度值越大，油墨的明度就越低，油墨的饱和度也会减小，即颜色变得暗淡无光泽。如黄色油墨应该完全反射红和绿色光，但是由于它反射很少的红色光，故灰度就大了。灰度大的三原色油墨配成的混合色墨的灰度就更大了。

（3）色相误差　表示原色墨中含有其他颜色成分所造成色相偏移程度的量，又称为色偏，用百分率表示。其计算公式如下：

$$色相误差 = \frac{D_M - D_L}{D_H - D_L} \times 100\%$$

原色油墨对理应等比例反射的光反射量不一致，就造成了色偏。反射得最多的颜色为偏向的颜色。因为反射的光越多，其密度值越小，所以原色油墨都偏向密度值最小的那个滤色片颜色。如表3-2-6中的品红色油墨就偏向密度值为0.20的红色滤色片的颜色。

（4）色效率　综合反映油墨选择性吸收和反射能力大小的参数，用百分率表示。其计算公式如下：

$$色效率 = \left(1 - \frac{D_M + D_L}{2D_H}\right) \times 100\%$$

色效率为油墨色相的实际效率。一个颜色应当反射而没有反射，应当吸收而没有吸收，甚至有相反的作用，则它的效率会降低。表8-6中黄墨的效率为89.6%，品红墨的效率为69.3%，青墨的效率为78.3%。

二、GATF色轮图

GATF色轮图是以油墨的色相误差和灰度两个参数作为坐标，在图3-2-6所示的图上进行标识。图中圆周分为六等份，有三原色Y、M、C和三间色R、G、B，圆周上的数字表示色相误差。圆心向外分为10格，每格表示10%。从圆心往外表示灰度，最外层的灰度为0，圆心的灰度为100%，灰度坐标是由外向里计算确定的。一个颜色的灰度坐标越接近圆心，则说明这个颜色的灰度越大，颜色越不饱和。

利用GATF色轮图可以达到两个目的，一是预测间色的呈色情况，二是实际三原色

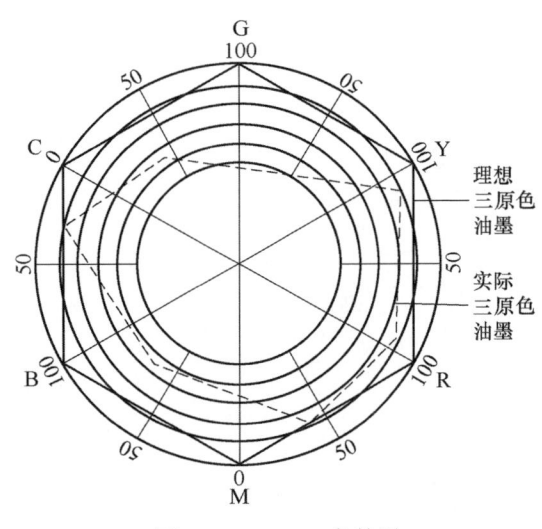

图3-2-6　GATF色轮图

油墨与理想三原色油墨的呈色范围进行比较,得出实际三原色油墨的呈色效果与理想三原色油墨之间的差距。

三原色油墨的坐标标识以0为基准,在确定色偏方向时,以测得该原色墨的最小密度所用的滤色片的颜色为该原色墨的色偏方向。例如,在表3-2-6中品红墨色相误差为38.3%,最小的数值是用红滤色片测得的,说明品红色的色相偏向于红色,所以确定黄墨的坐标时应向红偏38.3%左右。

三间色的色相误差是以100%为基准。因为理想的三间色在本颜色滤色片下的密度值为0,而在另两个滤色片下应呈现较大的密度值。

用反射密度计分别测定某印刷品上黄、品红、青三原色以及叠印后的红、绿、蓝三间色的实地密度值,并通过一系列的计算后,再将它们的色偏和灰度标绘在GATF色轮图上,把它们的坐标点用直线连接起来,这个用直线连接起来的所包围的面积大小基本上就可以说明三原色油墨的呈色效果。所包围的面积越大,则说明实际三原色油墨的呈色效率越高。

三、常用标准四色油墨

常用标准四色油墨指的是四色印刷工艺中的三个原色黄、品红、青色油墨和黑色油墨。按照减色法原理,彩色印刷时通常用黄、品红、青三原色油墨去再现画面的色彩,补充以黑色来"勾绘轮廓"。

1. 光谱特性

决定油墨颜色质量的是油墨对光谱的吸收反射特性,简称为光谱特性。如图3-2-7所示为三原色油墨黄、品红和青的光谱反射率曲线。虚线为理想油墨曲线,粗实线为实际油墨曲线。理想的三原色油墨应各自吸收白光中1/3波长范围的光谱,反射2/3波长范围的光谱,见表3-2-7。

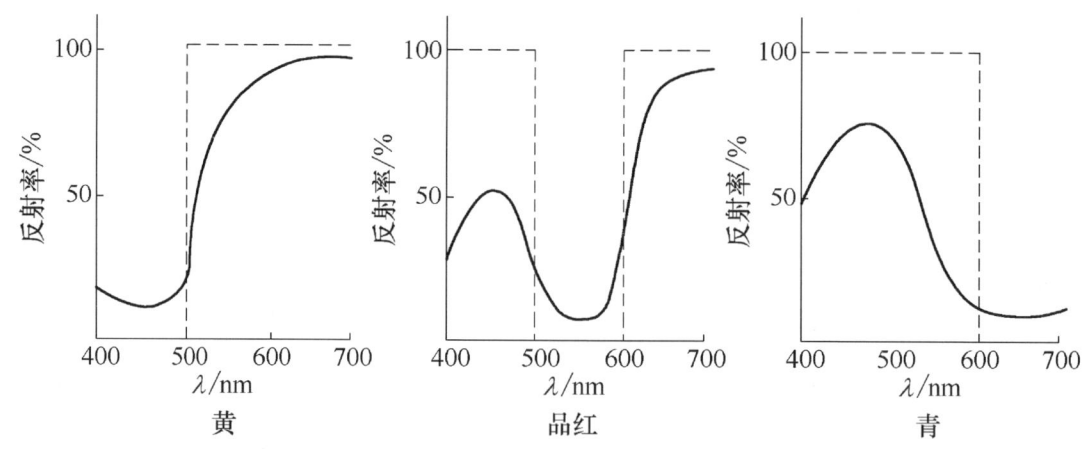

图3-2-7 理想油墨与实际油墨的反射率曲线图

表3-2-7　　　　　　　　　　理想的三原色油墨的光谱反射吸收特性

光谱＼油墨	Y（黄）	M（品红）	C（青）
红光（600~700nm）	反射	反射	吸收
绿光（500~600nm）	反射	吸收	反射
蓝光（400~500nm）	吸收	反射	反射

在应该全部吸收的色光波段吸收不足，用补色滤色片测量密度时会产生密度值不够高的现象。在应该全部反射的色光波段反射率不够高，用另两种滤色片测量时均可测得一定的密度值，于是产生色偏现象和灰度值。以实际黄色油墨为例，从图3-2-7中可以看到，它既没有完全反射白光中所有红、绿色光，也没有完全吸收白光中所有蓝光。对于理想油墨来说，使用其补色滤色片可以得到2.0以上的高密度，吸收率达到90%，使用另外两种滤色片时，其密度值接近于0，反射率接近100%。例如，理想品红油墨，使用绿滤色片可以测得2.0的高密度，使用红、蓝滤色片可以测得接近于0的低密度。对于实际油墨来说，情况却不是这样。表3-2-6是一组实际三原色油墨的密度值。以表中青墨为例，用红滤色片测得的最高密度值只有1.50，而用绿、蓝滤色片测得的中、低密度值却达到了0.50和0.15。这说明实际三原色油墨与理想油墨相比，在应该全部吸收的色光波段吸收不足，用补色滤色片测得的密度值不够高；在应该全部反射的色光波段反射不够，用其他两种滤色片测到了不应有的密度。

2. 黑墨

根据减色法混合原理，如果用理想的三原色等量混合可以得到一系列明度不同的无彩色即灰色系列。但实际使用的油墨吸收和反射色光的程度均不十分理想，这样的三原色墨实地叠印出的往往是深棕色或黑中偏红，而非纯黑色。为了弥补三原色油墨的缺陷，所以加入了黑墨，即常说的黄、品红、青、黑四色印刷。

黑墨在四色印刷时起到了非常重要的作用。首先，它可以稳定中间调和暗调的颜色。由于三原色油墨的缺陷、校色不良或印刷中原色墨层厚薄不匀等情况都可导致叠印出的黑色或灰色产生色偏。在三原色印刷品中，出现最多的是暗调偏暖的情况，而许多彩色原稿的暗调则大多是偏冷的。采用适当的黑墨印刷之后，可以使暗调部位偏暖的现象大为减轻，从而起到稳定中间调和暗调颜色的作用。其次，黑墨印刷可以增大图像的反差，加强中间调和暗调的层次。用三原色油墨实地叠印后密度一般只有1.5左右，中间调和暗调显得层次平，反差小，轮廓发虚。采用黑墨印刷后可以使暗调密度达到2.0左右，使发虚的轮廓得以强调，使整幅图像反差增大，显得有神，暗调层次相对清晰。此外，用黑墨印刷还可以解决图文中文字线条印刷的问题，改善了油墨的印刷适性，降低了印刷成本。

四、油墨的颜色调配

在实际印刷生产中经常听说专色印刷，这里就涉及油墨调配的问题。油墨调配包括油墨的适性调配和油墨的颜色调配。例如黏性太大加撤淡剂、油墨干燥太慢加催干剂等属于油墨的适性调配；用现有的常见油墨调配专色油墨则属于油墨的颜色调配。专色更多的用于包装印刷中,所以在一些包装印刷企业专门设有调墨这一工作岗位。

任务2 技能训练

1. 油墨颜色参数(GATF推荐的四个参数)的评定

(1)训练目的 检测油墨的密度值并计算其色强度、灰度、色相误差及色效率。

(2)工具和材料 彩色反射密度计、黄色油墨实地色块、品红油墨实地色块、青色油墨实地色块,如图3-2-8所示。

(3)训练步骤

① 接通反射密度计的电源后开机,等待15min后利用标准白板对仪器进行清零。

② 分别测量黄、品红、青三色油墨的反射密度值。

③ 根据色强度、灰度、色相误差和色效率的计算公式分别计算出黄、品红、青三原色油墨的四个参数值。

④ 将测量计算结果记录到表3-2-8中。

图3-2-8 彩色反射密度计及三原色油墨实地色块

表3-2-8 油墨颜色参数的评定

油墨颜色 测试项目	黄墨		品红墨		青墨	
	1	2	1	2	1	2
色强度						
灰度						
色相误差						
色效率						

(4)工艺要求

① 彩色反射密度计要准确清零。

② 测量时应注意干湿密度的区别。

结果分析_____

成绩评定_____

2. 油墨颜色GATF色轮图评价

(1)训练目的

① 检测油墨的密度值并计算其灰度和色相误差。

② 在GATF色轮图上描绘油墨呈色区域。

（2）工具和材料

彩色反射密度计，两组黄、品红、青三原色油墨实地色块及相应的叠印后的红、绿、蓝实地色块，铅笔，直尺。

（3）训练步骤

① 接通反射密度计的电源后开机，等待15min后利用标准白板对仪器进行清零。

② 分别测量两组黄、品红、青、红、绿、蓝色油墨实地色块的反射密度值。

③ 根据灰度、色相误差的计算公式分别计算出两组黄、品红、青、红、绿、蓝六种颜色的色偏和灰度。

④ 用铅笔把两组六种颜色的灰度值和色偏在图3-2-9所示色轮图上找点，用直尺把坐标点连接起来。

⑤ 将圈连起来的两个面积进行比较。

⑥ 将测试结果记录到表3-2-9中。

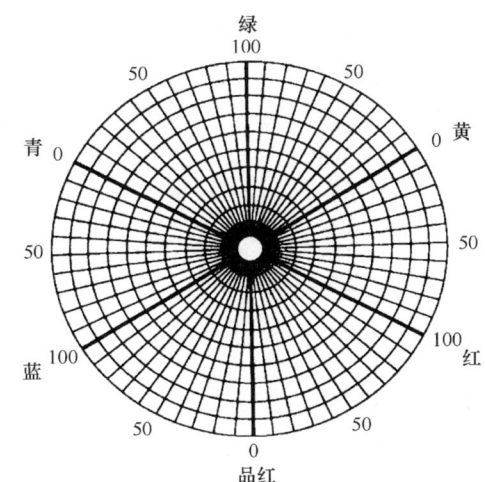

图3-2-9　GATF色轮图（空白）

表3-2-9　　　　　　　　　　油墨颜色GATF色轮图评价

测试项目 \ 油墨颜色	黄色	品红	青色	红色	绿色	蓝色
色相误差						
灰度						

（4）工艺要求

① 彩色反射密度计要准确清零。

② 描点前应确定颜色偏向，准确找点。

结果分析＿＿

成绩评定＿＿

习题

1. 油墨的呈色利用了什么原理？
2. GATF色轮图利用哪两个参数作为其坐标？
3. 理想的青色油墨应完全反射什么色光，完全吸收什么色光？
4. 黑墨在印刷中的作用是什么？
5. 表3-2-6是某三原色油墨的密度值，试计算其中黄色油墨的色强度、色相误差、灰度及色效率，并分析该黄色油墨偏向哪个颜色。

知识点3 油墨的流变性能

油墨作为一种流体具备普通流体的一切性质。与其他普通液体相比，油墨又具有固-液双重形态，这就使油墨的流变性能变得更为复杂。油墨要在印刷机上转移、分配，如果油墨的流变性能不好，在印刷中可能会出现一系列的问题，如不下墨、飞墨、堆辊、堆版、拉毛、网点变形、印迹暗淡无光等问题。油墨只有具有合适的流变性，才能在印刷机上顺利的传递、转移、分配，抵达印版，直至最后转移到承印物表面而完成印刷。

一、黏度

印刷实例：冬天环境的温度低，印刷时墨辊上的油墨转移到印版的速度较慢且不均匀，导致印品上的墨量不足，墨色不匀。在其他条件相同情况下，高温的夏天就不会出现这种故障。产生这种现象的原因就是油墨黏度受环境温度影响所致。

油墨黏度

1. 黏度的概念及理解

概念：黏度是流体抗拒流动的一种性质，是流体分子间相互吸引而产生的阻碍分子间相对运动能力的量度。

理解：黏度表现了油墨阻止流体流动的一种性质及油墨自身抗流动的程度，实质上是油墨内聚力强弱的表现。

可以通过平行板中间放置流体产生流动的实验来说明。假设在两块平行板之间存在流体，如图3-2-10所示。下边一块平行板是静止的，上边一块平行板是移动的。以正切方向作用于上面可移动的板，这时两块平行板之间的流体也跟着产生移动。紧靠着上板的流体

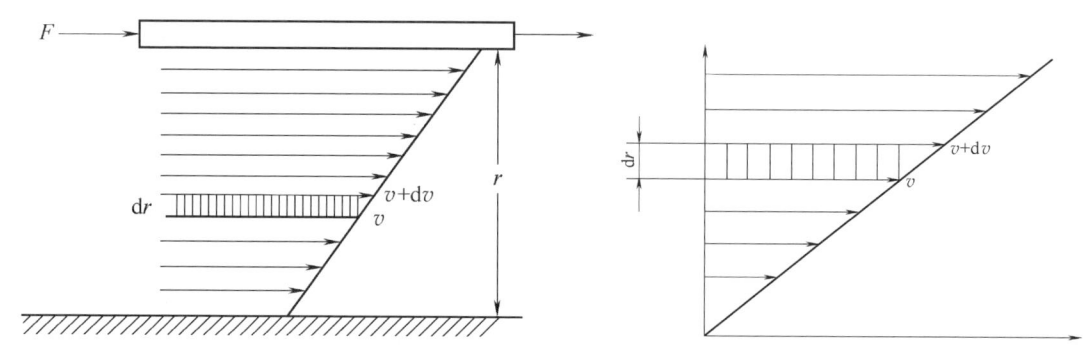

图3-2-10 简单流动平行板模型示意图　　图3-2-11 流体层运动情况分析图

层速度最大，中间的流体层速度中等，紧靠下板的流体层速度最小。

由于流体的各层之间具有不同的速度，因而形成了速度梯度。这种不同流层之间的速度差称为剪切速率，用符号D表示。我们设平行板间的距离为r，如图3-2-11所示。取流体某一质点的运动速度为v，其上面相邻的一质点的速度为$(v+dv)$，两相邻质点间的距离为dr，于是在两平面间任意的两质点层间产生了速度差dv。因此，剪切速度D可表示为：

$$D = dv/dr$$

推动上面动板的力称为剪切应力，作用在单位面积流体上的剪切力用符号τ表示。黏度

（用η表示）即为剪切应力与剪切速率之比，即：
$$\eta=\tau/D$$

黏度的国际单位为Pa·s，它的厘米克秒制单位为P。其换算关系为：

1泊（P）=100厘泊（cP）=1000毫泊（mP）=10^{-1}帕·秒（Pa·s）

这种通过剪切应力与剪切速率之比计算出来的黏度称为绝对黏度，在生产控制上，还经常使用相对黏度和条件黏度。

⊕ **专业术语**

相对黏度流体的绝对黏度与同条件下标准液体（例如水）的绝对黏度之比。

条件黏度一定量的流体在一定温度下从规定直径的小孔中全部流出所需的时间，以s为单位，如图3-2-12所示。

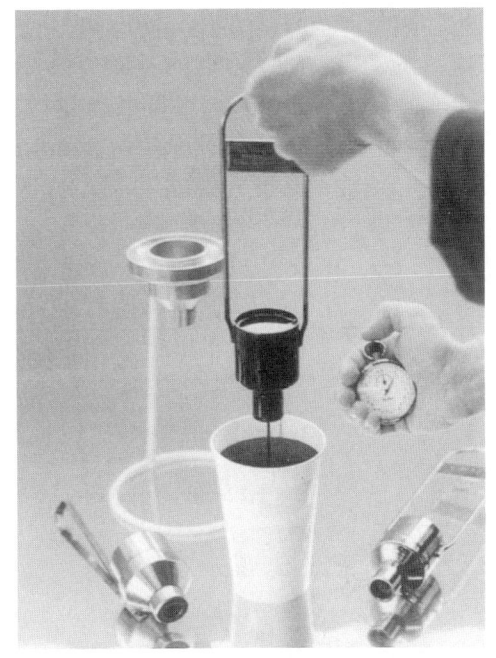

图3-2-12 黏度测量杯（蔡恩杯）测量条件黏度

2. 油墨黏度的测量及标准

（1）油墨黏度的测量 油墨的黏度可以用锥板式黏度仪、旋转式黏度仪、平行板黏度仪等仪器测量。测定的原理是流体在外力作用下，流体层发生位移，分子间产生摩擦，对摩擦所表现的抗性称为黏度。下面以国内广泛应用的平行板黏度仪为例来介绍油墨黏度的测量。

平行板黏度仪是一种简易黏度计，这种仪器有上下两块平行板，其结构如图3-2-13所示。

具体操作步骤是：将0.5cm³的被测油墨放在平行板中间的凹下处，测定时将活塞上推，使其顶部与下板持平，卡棒正好走到活塞的凹位置，弹簧将卡棒顶入活塞方向，上平行板失去支撑，沿支柱下落，通过上板对试样的压力而产生相应的剪切应力，同时促使油墨流动而产

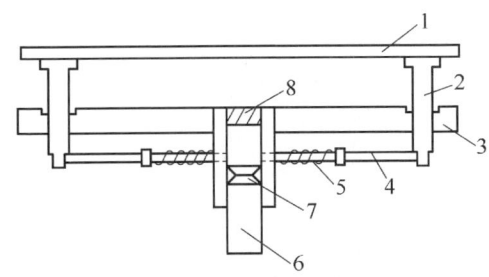

图3-2-13 平行板黏度计示意图
1—透明有机玻璃上板 2—上平板支柱 3—下金属平板 4—支柱的卡棒 5—弹簧 6—活塞 7—活塞凹槽 8—受试油墨凹槽

生剪切速率D。此时，启动秒表，读出10、20、60、100s时油墨的铺展直径，再根据以下公式求出油墨的黏度。

$$\tau=\frac{2PgV}{\pi^2 R^5}; \quad D=\frac{6\pi R^2 \times 0.4343sl}{Vt}; \quad \eta=\frac{\tau}{D}$$

式中　τ——剪切应力

　　　D——剪切速率

　　　η——黏度

　　　P——上平板重，为115g

　　　g——重力加速度，为980cm/s²

V——油墨体积，为0.5cm³

R——在时间t时的扩展半径，mm

sl——100s时铺展直径D_{100}减去10s时的铺展直径D_{10}，mm

t——测定时间，以小于120s为条件

（2）油墨黏度的标准

常用油墨的黏度范围见表3-2-10。

表3-2-10　　　常用油墨黏度的范围

类别	品种	黏度范围/Pa·s
平版油墨	卷筒纸胶印墨	10.0~40.0（25℃）
	单张纸胶印墨	20.0~80.0（25℃）
	其他平版油墨	40.0~200.0（25℃）
柔性版油墨	溶剂型柔性版墨	0.09~0.15（25℃）
	水型柔性版墨	0.15~0.3（25℃）
凸版油墨	卷筒纸墨	2.5~5.0（25℃）
	书刊墨	10.0~80.0（25℃）
	其他铅印墨	20.0~100.0（25℃）
凹版油墨	塑料凹版墨	0.02~0.2（25℃）
	照相凹版墨	0.05~0.3（25℃）
	雕刻凹版墨	500.0~800.0（25℃）

3. 油墨黏度的控制

黏度是油墨内聚力强弱的表现，它对油墨的流动性影响很大。凡流动性差的油墨黏度必然就高，凡黏度高的油墨流动性自然差。同时油墨的黏度过小也会使油墨的高速运转下产生墨丝断裂形成"飞墨"现象，使印品上出现小墨点。另外，油墨的黏度过大，对纸张强度的考验很大，如果纸张强度稍小，油墨就会将纸毛拉起，甚至将纸张成片剥离。纸张结构疏松所用油墨的黏度应该小一些，否则容易产生掉毛；纸张质地紧密所用油墨的黏度可稍大一些，否则会因黏度太少造成分散不匀而产生条纹现象。所以对油墨黏度的控制意义很大。

油墨黏度的大小主要与油墨结构、环境温度和印刷速度有关。

① 油墨结构：连结料的黏度大，颜料和填充料的用量多、颗粒小及颜料和填充料在连结料中分散差都会使油墨具有很高的黏度。这就要求我们在油墨的制造过程中根据需求合理配制成分，采用先进的加工工艺来保证。

② 环境温度：随着温度的增加，油墨的黏度会减小。应严格控制印刷车间的温度。

③ 印刷速度：随着印刷速度的提高，油墨的黏度也会减小。应根据纸张和油墨的情况选择最佳的印刷速度。

二、屈服值

印刷实例：某次印刷采用一种新油墨，印机开动时发现墨斗里的油墨不随墨斗辊的转动而转动，好像两者是分开的一样。此时，油墨无法从墨斗中顺利转出，印刷无法顺利进

行，这就要考虑油墨的屈服值了。

1. 屈服值的概念及理解

概念：屈服值指使塑性流体开始流动时的最小外力。

理解：屈服值表明了油墨的稀稠和软硬。

⊕ **专业术语**

牛顿流体 牛顿流体是指在任何小的外力作用下就能流动的流体，如图3-2-14所示。生活中的水就是一种典型的牛顿流体，印刷中这一类流体包括照相凹印油墨和柔性版油墨。

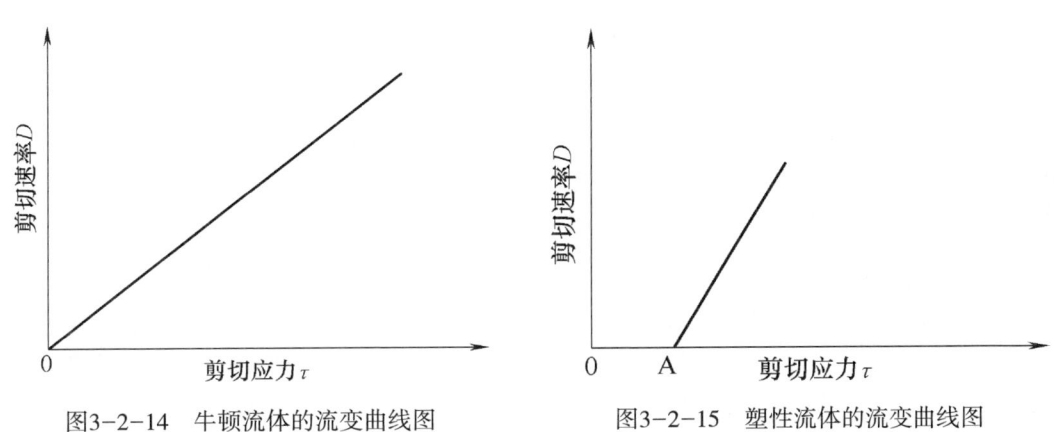

图3-2-14 牛顿流体的流变曲线图　　　　图3-2-15 塑性流体的流变曲线图

塑性流体当一种流体受到外力作用时并不立即开始流动，只有当所施加的外力到某一程度时才开始流动，这种流体叫做塑料流体，如图3-2-15所示。大部分油墨属于这一类流体，如胶印油墨、雕刻凹版油墨等。

2. 油墨屈服值的测量及标准

（1）屈服值的测量　屈服值可以用旋转黏度仪、落棒黏度仪或平行板黏度仪来测量。用平行板黏度仪测定油墨屈服值的原理是：两平行板之间的被测油墨所受的压力是定值，油墨在这恒定压力的作用下逐渐铺展开来，因而油墨单位面积上所受的剪切应力逐渐减小，当油墨所受的剪切应力减小到与油墨屈服值相等时，油墨铺展的直径不再扩大。因此，可用被油墨铺展的最大直径间接地表示油墨屈服值的大小。油墨铺展的最大直径通常取30min时油墨所铺展的直径，以mm为单位。同时也可用公式来表达油墨的屈服值与扩展直径的关系，其计算单位为0.1Pa。

（2）屈服值的标准　常用油墨的屈服值范围见表3-2-11。

表3-2-11　　　　　　　　常用油墨的屈服值范围

油墨类别	品种	屈服值/0.1Pa
平版油墨	卷筒纸胶印油墨	2000～15000
	平板纸胶印油墨	10000～30000

续表

油墨类别	品种	屈服值/0.1Pa
凹版油墨	照相凹印油墨	0~20
	雕刻凹印油墨	≥10000
凸版油墨	柔性版油墨	0~20
	卷筒纸印刷油墨	50~1000
	书刊印刷油墨	2000~15000
孔版油墨	丝网油墨	100~500
	软管油墨	100左右

3. 油墨屈服值的控制

屈服值影响油墨的流动性和转移性。屈服值大的油墨流动度小，油墨从储墨机构中向外传递时产生困难，容易出现不下墨的现象。屈服值过小的油墨流动度大，在网线版及字线版印刷中易产生印迹铺展的现象。

油墨屈服值由油墨的结构决定。在油墨的分散体系中，当分散粒子的浓度达到一定程度时，就构成了塑性流体。这时分散体系中无数的相互之间具有引力的粒子连接成了油墨的结构。要使这种流体产生流动，必须有足够大的剪切应力来破坏这种结构，使结构黏度下降。这样，相应就产生了屈服值。油墨结构黏度的高低是由颜料及连结料的种类、性能、两者的应用比例和颜料在连结料中分散的程度、结合的状态所决定的。

三、触变性

油墨触变性

印刷实例：印刷生产中途要经常对墨斗中的油墨进行搅拌，否则会出现断墨现象，从而影响连续印刷时供墨量的均匀和准确程度。对油墨进行搅拌来保障供墨就是利用了油墨的触变特性。

1. 触变性的概念及理解

概念：在一定温度下，油墨搅动时会变得稀薄一点，放置一段时间后，又恢复到原来稠厚状态的现象。

理解：同屈服值一样，只有塑性流体才具有触变性。一般认为油墨的触变性主要是由于油墨中颜料的絮凝造成的，而颜料在油墨连结料中的絮凝则又往往是可逆的，如图3-2-16所示。

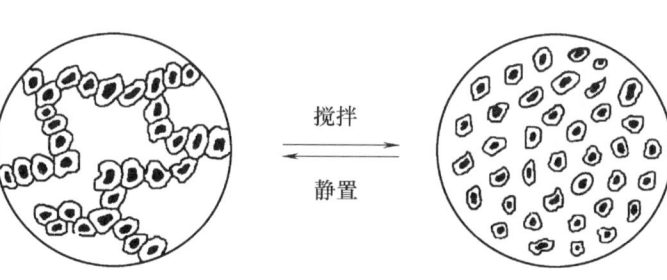

图3-2-16 油墨触变性示意图

2. 触变性的测量

触变性可以用流变曲线法和触变性破解系数法测定。

（1）流变曲线法　用一种可以变速的旋转黏度计，从低速开始，逐渐增加转速进行测定，达到某一选定的最大转速时再逐渐减低转速进行测定，这样将增加转速和减低转速所得的相应数据，标于以剪切应力为横坐标、切变速率为纵坐标的直角坐标图上，将各点连起来可得到如图3-2-17那样的封闭曲线，这个封闭的区域为触变性区域，其面积用来表示触变性的大小。面积越大，触变性越大，反之越小。

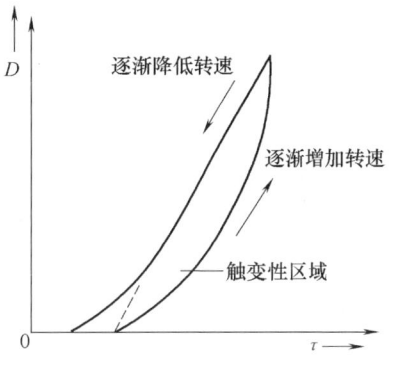

图3-2-17　触变性流变曲线图

（2）触变性破解系数法　用可变速的旋转黏度计，选用两种不同的速度来测定油墨黏度，一种较低的速度，一种较高的速度，然后用下列公式求出触变性破解系数。

$$T = 2\frac{\eta_1 - \eta_2}{\ln\left(\dfrac{\omega_2}{\omega_1}\right)}$$

式中　　T——触变性破解系数
　　　　η_1——低速时测出的黏度
　　　　η_2——高速时测出的黏度
　　　　ω_1——低速的角速度，rad/s
　　　　ω_2——高速的角速度，rad/s

如果$\eta_1=\eta_2$就表示油墨是牛顿流体，没有触变性。触变性破解系数越大，油墨的触变性也越大。一般旋转黏度计的转速都是用每分钟的转数来表示的，计算时要把它换成角速度，换算式如下：

$$\omega = \pi n/30$$

式中　　ω——黏度计角速度，rad/s
　　　　n——黏度计的转速，r/min

3. 油墨触变性的控制

油墨的触变性对于印刷工艺有很重要的意义。油墨在从印版转移到承印物的过程中，油墨的黏度由于触变作用而下降了，从而油墨能够顺利转移。油墨转移到承印物上以后，外界的机械作用没有了，油墨的表观黏度又回升，有利于油墨在承印物上固着，保证了油墨不向四周流溢，使网点清晰，印品的墨色鲜明而浓重。由此看来，某些印刷过程是利用了油墨的触变特性才得以实现的。

油墨的触变性大小要适当。触变性太大会造成输墨不畅，墨斗不下墨。经过研究发现使油墨不下墨的关键性指标是触变性和屈服值，两者任何一方过大，不论另一方如何，都将造成油墨的流动困难。其计算单位为Pa，通常精确到0.1Pa。当触变性大到一定程度时，屈服值不管是多少，油墨都将不下墨。以触变指数为例，若超3.2时油墨在使用时就会有困难，流动得好的油墨触边指数应在1.6左右；触变性过小则会使印刷网点不够清晰。

影响油墨的触变性的因素主要是颜料和连结料的性质，包括以下几个方面：

（1）颜料的颗粒形状　制成油墨中的颜料颗粒呈针状和板状粒子的比呈球状粒子的触变性要大一些，同时针形结晶的颜料重新聚集或絮凝的时间要长一些。

（2）颜料用量　油墨中颜料的用量大，其触变性也大，这是因为颜料由于其分子相互吸引而絮凝的缘故。

（3）颜料的润湿性　使用润湿性差的颜料，油墨触变性大。

（4）树脂的分子量　树脂的分子量大但正庚烷值小的油墨，触变性大。

四、黏性

油墨黏性

印刷实例：某次印刷生产中墨量调节过大，油墨在墨辊分离处发现很大的"嗞嗞"声，压印的纸张很容易成片的粘到橡皮布上，造成剥纸故障。要解决这个故障的关键是通过减小墨量来降低油墨的黏性。

1. 黏性的概念及理解

概念：油墨层分离时阻力的大小。

理解：在印刷过程中，随着墨辊的转动，油墨层被挤压和分裂，其内部产生一个抵抗墨层分离的力或者阻止墨层分裂的力，一般将其称为黏性，又叫黏着性。黏性和黏度是油墨内聚力的两种不同的表现形式。黏性是对油墨内聚力所产生的阻止油墨分裂的力的量度；黏度是对油墨内聚力所产生的阻止油墨相对移动的力的量度。例如当印刷速度增大时，油墨的黏度会降低，而黏性会增大。然而这两者之间有一定的关系，一般来说，黏度大的油墨其黏性必然也大，这是由油墨的内聚力大小所决定的。

◈ **专业术语**

黏性增值　油墨在工作一段时间后，油墨黏性仪（图3-2-18）上其黏性变化的情况，大小通常用15min时测得的油墨黏性值与1min测得的油墨黏性值之差表示。油墨黏性增值反映了油墨在印刷机上的稳定性。

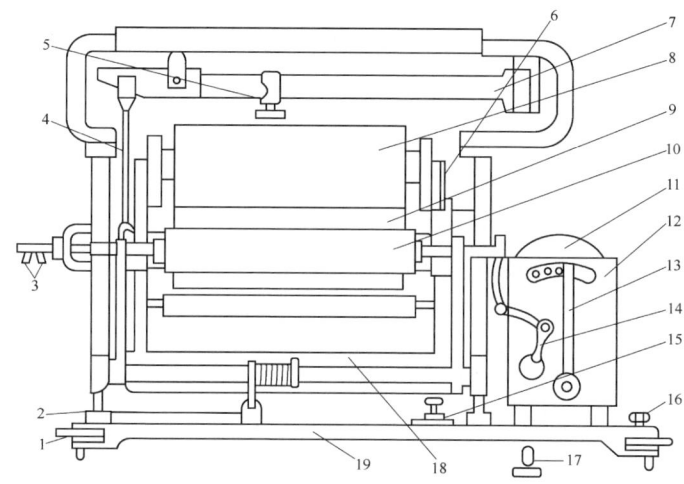

图3-2-18　油墨黏性仪示意图
1—水平调节螺丝　2—弹簧　3—水管　4—杠杆　5—游标　6—手柄
7—杆尺　8—合成胶辊　9—金属辊　10—匀墨胶辊　11—电动机
12—齿轮组箱　13—变速棒　14—曲柄　15—制动器　16—水平仪
17—吸墨器　18—横梁　19—底座

2. 黏性的测量及标准

目前国内大多采用油墨黏性仪（又称油墨表）来测定油墨的黏性。该仪器的主要部件及结构如图8-18所示。它在一根辊子上涂上一定体积的油墨，并按一定的速度使其旋转，这样油墨就转移到其他辊子上了，这时测出金属墨辊与橡胶墨辊之间油墨分离时所需要的力，就得出了油墨的黏性大小。由于该仪器只给出了力的相对大小，所以没有单位，只以数字表示。测定时墨辊旋转的速度越快，黏性的数值也越大。通常把在400r/min速度下1min时的测定值作为油墨的黏性值。

油墨黏性的大小也可用经验法加以判断，用手指蘸取少量油墨涂布于铜版纸的表面，以指尖加压后急速剥离并连续多次，以感知墨膜分裂时拉力的大小，如图3-2-19所示。

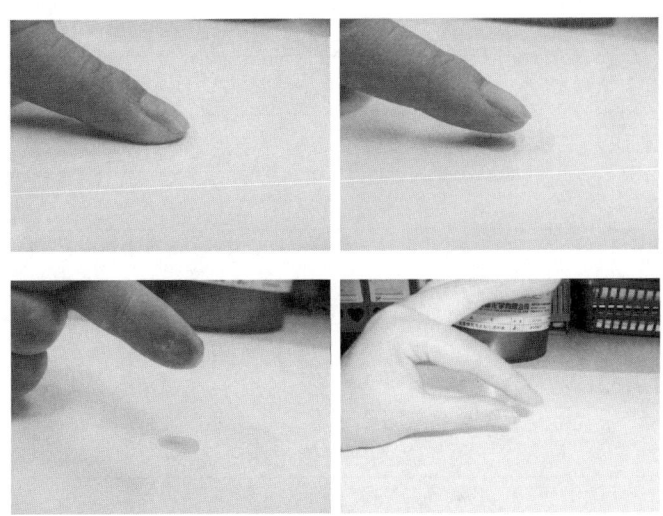

图3-2-19 感知油墨黏性大小

3. 油墨黏性的控制

油墨黏性与印刷关系密切，黏性过大，会造成纸张表面拉毛、掉粉，甚至大范围的剥离。在湿压湿的套印过程中，安排色序时必须考虑油墨的黏性，如果前一色油墨黏性大于后一色油墨黏性，则叠印可顺利进行。反之，后一色油墨黏性大于前一色油墨黏性，则前一色油墨被后一色油墨粘着而产生逆叠印（即混色）现象，这样叠色印刷也就无法正常进行。所以对油墨黏性的控制是正常进行印刷的保证。

油墨的黏性受外界环境的影响较大，环境温度、印刷速度及供墨量都能影响油墨的黏性。

环境温度升高，油墨黏性减小。表3-2-12为在不同温度的循环水作用下，400r/min时油墨黏性大小的变化情况，实验表明油墨的黏性随温度的升高而减小。因此，要尽量保持印刷车间的温度稳定，防止油墨黏性急剧变化。当印刷车间的温度有较大的变化时，必须相应地调节油墨的黏性值。尤其在寒冷的冬天，温度越低，油墨的黏性越大，拉毛现象越严重。所以工作环境的气温太低时，应延长机器空转时间，把油墨预热，使其黏性满足要求后方可印刷。

表3-2-12　　　　　　　　　　　　油墨黏性值与温度

循环水温度/℃	10	15	20	25	30	35	40	45
黏性值	26.5	20.5	16.5	13.0	10.0	7.5	5.5	4.0

印刷速度越快，油墨黏性越大。表3-2-13为在三种不同转速下对A、B两种油墨所测定的油墨黏性值，从中可以看出油墨黏性随转速提高而增大。从流体的黏弹性的观点分析，流体被剪切的速度慢时呈现流体状态，速度快时就趋向于固体状态。印刷速度的增加

就意味着油墨的黏性增大,过大时就会导致拉毛和转印效率降低。必须把油墨的黏性降到纸张表面所能承受的程度。

表3-2-13　　　　　　　　　　　　油墨黏性值与转速

油墨n/(r/min)	A黏性值	B黏性值	油墨n/(r/min)	A黏性值	B黏性值
400	10	4	1200	17	8
800	14	6			

印刷过程中油墨的供应量越大,墨层越厚,油墨黏性也越大。表3-2-14为在400r/min下,测定不同油墨量对油墨黏性大小的影响,从中可以看出油墨黏性随油墨用量增多而增大。为减轻印刷时纸张拉毛现象,也可适量减少供墨量,降低印刷墨层厚度。

表3-2-14　　　　　　　　　　　　油墨黏性值与油墨量

油墨量/mL	黏性值	油墨量/mL	黏性值
0.70	8.5	2.60	12.5
1.32	9.5		

五、油墨的拉丝性

当油墨受到拉伸后由于自身具有内聚力,会延伸成丝,最后在中间断裂,如图3-2-20所示。

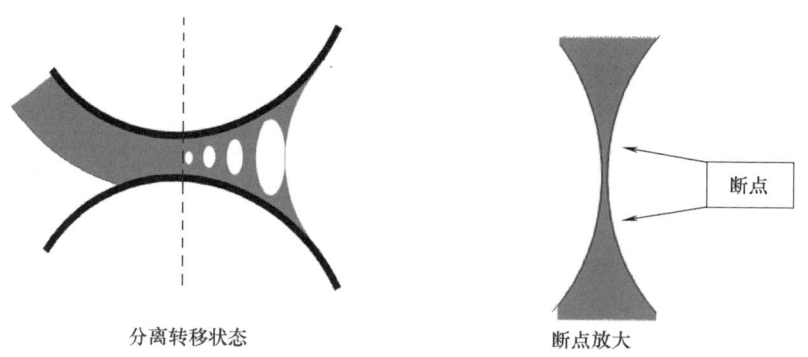

图3-2-20　油墨拉丝示意图

1. 拉丝性的概念及理解

概念：油墨受拉伸作用到断裂时形成丝状的能力。

理解：拉丝性强的油墨受拉断裂时,可以形成较长的细丝,墨丝断裂后产生急剧回缩。拉丝性弱的油墨,墨丝的长度短,回缩现象较轻。拉丝性是由油墨的黏性和弹性形成的,所以拉丝性实质上是指油墨的黏弹性。

2. 油墨拉丝性的测量

油墨拉丝性普遍采用的是一种间接的表示方法——油墨斜率的数值来表示。首先使用平行板黏度仪分别测定油墨在10s和100s时扩展的直径，然后按下式计算油墨的斜率：

$$SL = D_{100} - D_{10}$$

式中　SL——油墨特性线的斜率
　　　D_{100}——100s时油墨扩展的直径，mm
　　　D_{10}——10s时油墨扩展的直径，mm

油墨的斜率值大时，拉丝性强，丝头长。胶印油墨在25℃时的斜率一般为5～10，其中以6～7为宜。

⊕ **专业术语**

油墨的特性方程　在平行板黏度仪上测定油墨的扩展直径时，其扩展直径与扩展时间的对数近似地成线性关系，如图3-2-21所示。

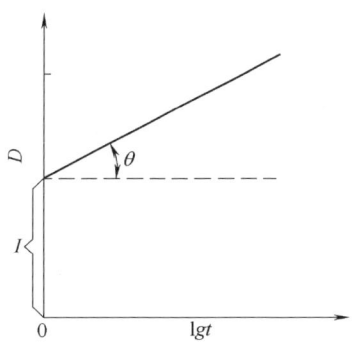

图3-2-21　油墨扩展直径与扩展时间的对数的关系

于是，有以下关系式：

$$d = SL \cdot \lg t + I$$

式中　SL——斜率，即油墨的拉丝性
　　　I——截距，表示油墨的身骨，即油墨的稀稠软硬

截距越大，油墨越稀软；截距越小，油墨就越稠硬。

油墨丝头的长短也可通过经验进行判断，如图3-2-22所示。在检验油墨丝头长短时，首先用调墨刀把被测定的油墨放于玻璃平板上，并对油墨搅拌20次左右，然后用小号调墨刀把油墨挑起，观察油墨从小号调墨刀上流下来的状态。如果油墨从小号调墨刀上流下来时其细丝连续不断，当细丝一旦断开时又出现回缩现象，这就说明被测油墨的丝头较长；如果油墨从小号调墨刀上流下时其细丝断断续续，不完全连贯，而且细丝流下时断开较快，细丝断开处的回缩现象又不够明显，这就说明被测油墨的丝头较短。

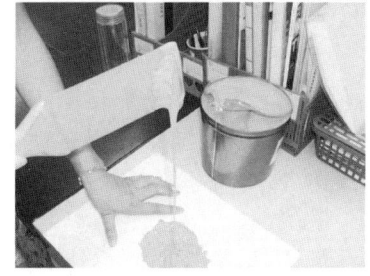

图3-2-22　经验法判断油墨丝头长短

3. 油墨拉丝性的控制

油墨拉丝性主要取决于油墨的组成成分，决定于颜料和连结料的种类、性质、组成比例及分散的结构状态，并与印刷的方式有关。在一定速度范围内，印刷速度越快，线头越短，油墨所表现出的拉丝性越弱。

拉丝性影响油墨在印刷过程中墨层的分离及转移性，并关系到油墨的流平性。拉丝性差、丝头短的油墨，印刷后印迹的墨层较厚，而且油墨的分布比较均匀。但丝头过短的油墨流平性差，从储墨机构向外传输时困难，当油墨的斜率小于4时，印刷机上未装搅拌装置的墨斗常常会出现不出墨的现象。拉丝性强的油墨流平性好，因油墨回弹能力强，所以印品字迹、网点清晰；但油墨传递、分布比较困难，油墨在分离、传递过程中容易产生飞墨现象。

印刷方式不同对油墨拉丝性的强弱要求不同。凹印和高速卷筒纸印刷要求油墨拉丝性较弱、油墨的丝头短。平版胶印和四色网线版印刷要求油墨拉丝性强，并有良好的回弹性。不同类型的印刷油墨丝头长短都应保持在适当的范围内,以保证油墨的拉丝与印刷工艺、印刷机械的要求相吻合。

六、油墨的流动性

油墨的转移、分配及在承印物表面的结膜效果是印刷过程中十分重要的主线,油墨流动性的好坏决定了上述过程能否顺利实现。

1. 流动性的概念及理解

概念：油墨的流动性是指油墨流体自身所具有的流动能力。

理解：油墨的流动性实际上没有一个固定的定义,目前主要从一般流体流动性、流平性和下墨性三个方面来定义说明油墨的流动性。

（1）一般流体的流动性　一般流体的流动性是指油墨从一个容器倒入另一个容器是否好倒。如果油墨从一个容器中能够比较顺利地倒入另一个容器中,则该油墨的流动性较好。

（2）流平性　流平性是指油墨在容器内或在涂层上使墨膜表面流平的性能,它是油墨在自身重力作用下发生的现象。如果油墨的流平性比较差,印刷品干燥后油墨膜层表面可能出现波纹或橘皮状;反之,如果油墨的流平性过好,印刷过程中油墨有可能产生流挂现象,即涂布好的油墨层在干燥之前只要不是水平放置就会往某个方向流动,流挂现象会使印刷品表面油墨层留下流动的痕迹,或者出现墨层厚薄不匀。较为理想的油墨流平性应是油墨在干燥之前已经流平但尚未产生流挂现象。

（3）下墨性　下墨性是指油墨在墨斗中是否容易下墨。流动性好的油墨在墨斗中会随着墨斗辊的转动而转动,如图3-2-23（a）所示;流动性稍差的油墨,只有靠近墨斗辊附近的油墨跟随墨斗辊转动,如图3-2-23（b）所示;流动性差的油墨,油墨和墨斗好像分开一样,不能顺利下墨,如图3-2-23（c）所示。

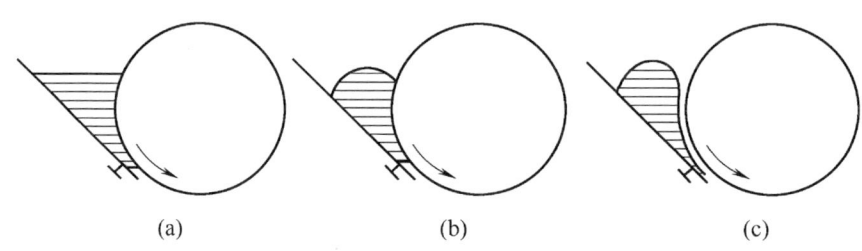

图3-2-23　油墨下墨性情况

2. 油墨流动性大小的测量及标准

（1）油墨流动性大小的测量　油墨流动性的大小用"流动度"来表示。

油墨流动度可用流动度测定仪测量,用夹在两块玻璃中一定量的油墨在15min时铺展开的直径（温度恒定）作为流动度的数值,如图3-2-24所示。

流动度还可以用平行板黏度仪测定,以60s时

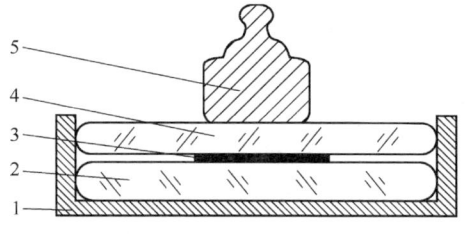

图3-2-24　油墨流动度测定仪
1—金属固定盘　2—圆玻璃片　3—被测油墨
4—圆玻璃片　5—砝码（200g）

的油墨受上平行板压力向四周扩展的直径表示，如图3-2-13所示。
（2）油墨流动性大小的标准　不同类型的油墨具有不同的流动性，常用的几种油墨的流动度的范围如表3-2-15所示。

表3-2-15　　　　　　　　　常用油墨的流动度（35℃）

油墨种类	流动度（直径）/mm
平板纸胶印油墨	28～36
卷筒纸胶印油墨	30～40
雕刻凹版油墨	20
卷筒纸凸印油墨	33～38
书刊油墨	27～32

3. 油墨流动性的控制

油墨的流动性不仅影响油墨的传递性能，而且对油墨在承印物上的呈色能力和效果有很大的影响。

油墨的流动性过强，在印刷压力的作用下印迹产生铺展现象，转移到纸张表面的印迹外形尺寸扩大。特别是在网线版、字线版的印刷中，将影响印刷品的清晰度、层次及颜色的表现。印刷后墨层较薄，印刷品的色彩鲜艳度下降、色相变浅。油墨的稀度大，增加了连结料的渗透，印迹的光泽和附着强度变差。

油墨的流动性过小，油墨从储墨机构向下传动很困难，无法向承印物提供连续均匀的墨量。

任务3　技能训练

1. 油墨黏度的测定（平行板黏度仪法）

（1）训练目的　检测油墨的黏度。

（2）工具和材料　平行板黏度仪（图3-2-13）、秒表、调墨刀、溶剂（汽油或煤油）、恒温箱。

（3）训练步骤

① 用软布和溶剂清洗仪器的装墨孔和上下平行板，注意不要在这些部件上留下溶剂。

② 利用仪器上的水平仪调节仪器支脚螺钉，使仪器处于水平状态。

③ 打下活塞，将上平行板支杆连同上平行板升起。

④ 取去上平行板，将被测油墨用调墨刀调动15次后装入仪器的装置孔内，墨面与下平板表面平。

⑤ 将上平行板重新放在支杆上，推上活塞的同时开启秒表。

⑥ 读取10s、100s时油墨受上平行板压力向四周扩展的直径。

⑦ 运用以下公式计算出被测油墨的黏度。

$$\tau = \frac{2PgV}{\pi^2 R^5}; \quad D = \frac{6\pi R^2 \times 0.4343 sl}{Vt}; \quad \eta = \frac{\tau}{D}$$

⑧ 将测量结果记录到表3-2-16中。

表3-2-16　　　　　　　　　　　油墨黏度的测定

样品种类	测试项目	10s时直径		100s时直径		黏度	
		1	2	1	2	1	2

（4）工艺要求

① 试验应不少于两次，数据误差大于0.5时，应重做试验。

② 在将被测油墨装入墨孔之前，应把油墨调动15次（往返为1次），还应尽量缩短装墨时间及装好墨至推上活塞的时间间隔，避免由于油墨触变性恢复速度不一致而影响测定的准确性。

③ 油墨装入受试油墨凹槽中，油墨表面应与下平板表面相平，并且不能有气泡。

④ 测定时需把平行板黏度仪放于恒温箱中进行，恒温温度为25℃。

结果分析_____

_____

成绩评定_____

_____

2. 油墨黏性和黏性增值的测定

（1）训练目的　检测油墨的黏性和黏性增值。

（2）工具和材料　油墨黏性仪（图3-2-18）、秒表、棉纱、NY-200溶剂。

（3）训练步骤

① 接通仪器电源，调节恒温箱水温至32℃。

② 把仪器变速杆置于低速位置，将合成胶辊及匀墨辊压在金属辊上。

③ 启动仪器，运转15min后，将游标置于标尺"0"位。调节仪器，使标尺处于平衡状态。

④ 将调好的试样油墨灌入金属吸墨器后，再把试样油墨从金属吸墨器内挤出，均匀涂布于合成胶辊上。用手转动马达，使油墨均匀涂于金属辊和匀墨辊上。

⑤ 启动仪器，匀墨。30s时移开制动器，移动游标，使标尺平衡，1min时读出黏性数据。

⑥ 将仪器变速杆移至中速或高速位置，测出相应的黏性值。

⑦ 在测定油墨黏性的基础上延长测定时间，测定时在1min时读取油墨的黏性值，仪器继续运转，至15min时再次读取油墨的黏性值。两个黏性值的差值即为被测油墨的黏性增值。

（4）工艺要求

① 实验条件：温度为（25±1）℃，相对湿度为（65±5）%。

② 金属吸墨器装入被测油墨后不能含有气泡。

结果分析_____

_____

成绩评定_____

_____

3. 油墨拉丝性的测定

（1）训练目的　检测油墨的拉丝性。

（2）工具和材料　平行板黏度仪（图3-2-13）、秒表、调墨刀、溶剂。

（3）训练步骤

① 用软布和溶剂清洗仪器的装墨孔和上下平行板，注意不要在这些部件上留下溶剂。

② 利用仪器上的水平仪调节仪器支脚螺钉，使仪器处于水平状态。

③ 打下活塞，将上平行板支杆连同上平行板升起。

④ 取去上平行板，将被测油墨用调墨刀调动15次后装入仪器的装置孔内，墨面与下平板表面平。

⑤ 将上平行板重新放在支杆上，推上活塞的同时开启秒表。

⑥ 读取10s、100s时油墨受上平行板压力向四周扩展的直径，单位为mm。两者的直径之差即为被测油墨的拉丝丝头的长短。

⑦ 将测试结果记录到表3-2-17中。

表3-2-17　　　　　　　　　　油墨拉丝性的测定

样品种类 \ 测试项目	10s时直径		100s时直径		拉丝性
	1	2	1	2	

（4）工艺要求　与用平行板黏度仪测定油墨黏度相同。

结果分析_____

_____

成绩评定_____

_____

4. 油墨流动度的测定

（1）训练目的　检测油墨的流动度。

（2）工具和材料　流动度测定仪（图3-2-24）、吸墨管（0.1mL）、透明量尺、秒表、玻璃板（200mm×200mm×5mm）、调墨刀、棉纱、工业乙醇。

（3）训练步骤

① 将油墨试样及流动度测定仪置于恒温室内保温20min。

② 用调墨刀取油墨试样2~3g，在玻璃板上调动15次（往返为一次）。用吸墨管吸取试样0.1mL，将管口及周围余墨刮去，使试样与管口平齐，管内油墨不得有气泡。

③ 将吸墨管内油墨挤出，用调墨刀把墨刮置于金属固定盘内的圆玻璃片中心，并将

吸墨管芯的余墨刮下，抹于上圆玻璃片中心。

④ 将上圆玻璃片放在金属固定盘内的圆玻璃上，使中间有墨部分重叠，立即压上砝码，开始计时（注意金属固定盘保持水平）。

⑤ 15min时移去砝码，用透明量尺测量油墨圆体直径，交叉测量两次。交叉测量的平均值即为被测油墨的流动度数据。

（4）工艺要求

① 实验条件：温度为（25±1）℃，相对湿度为（65±5）%。

② 如果交叉测量计数相差大于2mm，则试验必须重做。

结果分析_____

_____

成绩评定_____

_____

习题

1. 油墨的黏度与黏性有什么区别和联系？
2. 反映油墨流动性的指标有哪些？
3. 牛顿流体是否具有流动性、屈服值和触变性？为什么？
4. 平行板黏度仪可以测量哪些油墨的流变性能？
5. 为什么冬天印刷时机器预热时间要长一些？
6. 产生触变性原因是什么，为什么说油墨的触变性对印刷工艺有重要意义？
7. 油墨的拉丝性好坏对印刷有什么影响？
8. 油墨的屈服值或触变性过大会产生什么故障？

知识点4⊕油墨的干燥性能

油墨的干燥是指油墨转移到承印物表面形成液态的膜层，膜层经一系列物理或化学变化而成为固态或准固态膜层的过程。

油墨干燥性

油墨的干燥分为两个阶段：

固着阶段：油墨转移到承印物表面后，由液态变为半固态，不能再流动。其意义在于在进行下一道工序或成品堆放时，墨膜能够保持原有状态而不被破坏。鉴别油墨是否固着的依据是：用手指轻轻地压在油墨层表面，也不会使油墨沾到手上来（说明油墨初步固定于纸张的表面）；但用手指用力地在油墨层表面搓动时，油墨层还会从纸张表面被强行蹭掉，使印迹模糊不清（说明油墨层并未完全转变为固体状态）。

彻底干燥阶段：半固态的油墨中的连结料发生一定的物理、化学变化，使油墨完全干固成膜。

油墨的干燥形式是多种多样的，不同的干燥形式适用于不同的印刷方式和承印物。因为油墨的干燥是印刷油墨能否在承印物上形成理想印迹的重要因素。如单张纸胶印机进行多色高速印刷时，要求油墨在瞬间固着，因此多使用快固着树脂油墨；卷筒纸胶印机的印刷速度约为单张纸胶印机印刷速度的三倍以上，且绝大多数机器还要联机折页，因此要求油墨有更高的快干性；在卷筒纸胶印机上印刷涂料纸，必须使用热固干燥型油墨。

一、连结料的组合

油墨的干燥是一个由液态转变为固态，同时成膜（连结料干燥后如果不能成膜，则无法包裹颜料和填充料干固在承印物表面，会出现粉化现象）的过程，所以油墨中的液体连结料在油墨的干燥过程中起着决定性的作用。我们分析油墨的干燥形式，要从连结料入手，表3-2-18列举了常用连结料的干燥特性。

表3-2-18　　　　　　　　　　　常用连结料的干燥形式及成膜性

连结料		干燥形式	是否结膜	能否单独作连结料
油	植物油	氧化结膜	是	可以
	矿物油	渗透、挥发（加热）	否	不可以
有机溶剂		挥发	否	不可以
树脂		无（不能单独干燥）	是	不可以

从表3-2-18可以看出，如果仅采用单一的物质作连结料，只有植物油一种能同时满足固化和结膜的要求，因为只有它才能自行干燥，同时也能形成薄膜。所以只能通过各种连结料的组合才能配出多种干燥形式的油墨。表3-2-19对对连结料进行了组合。

树脂的分子量大，结构复杂，既有坚硬发脆的固体，也有黏稠的液体。不同的树脂可以在不同的有机溶剂和油类中溶解，溶解后成为树脂溶液；溶液变得越来越黏稠，最终因树脂分子的凝聚而形成薄而透明的薄膜，同时将颜料等油墨的固体颗粒包围起来，一起变为固体状态。树脂的这种干燥方式需要借助别的物质，称为凝聚干燥。

表3-2-19　　　　　　　　　　　连结料的组合

连结料组成	干燥形式	连结料名称	是否特殊
干性植物油	氧化结膜干燥	油脂型连结料	常规
矿物油+树脂	渗透干燥	不干性矿物油连结料	
溶剂+树脂	挥发干燥	溶剂型连结料	
干性植物油+矿物油+树脂	渗透氧化结膜干燥	树脂型油墨	
干性植物油（少）+矿物油（多）+树脂	热固干燥	热固型连结料	特殊
水+树脂	挥发干燥	水型连结料	
光固树脂+交联剂+光敏剂	UV干燥	UV型连结料	

通过一系列的组合，得到了七种组合方式和六种不同的干燥形式，分别是氧化结膜干燥、渗透干燥、渗透氧化结膜干燥、挥发干燥、热固干燥和UV干燥。这几种干燥方式是目前较常用的干燥方式。

二、常用油墨的干燥类型

1. 渗透干燥

由表3-2-19得得知，渗透干燥型油墨的连结料由矿物油、树脂组成，称为不干性矿物油连结料。其干燥的机理是依靠矿物油的渗透作用和纸张的吸收作用共同完成干燥。其干燥过程为：油墨转移到纸张上以后，连结料中的矿物油渗入到纸张内部，遗留在纸面的颜料与树脂迅速地固着，完成干燥过程。

在渗透干燥过程中，存在加压渗透和自由渗透两个步骤。前者为瞬间的快速变化行为，后者为缓慢的变化行为，这两个行为所形成的渗透深度都对油墨的干燥速度起着重要的影响。实践证明，加压渗透深度都大于自由渗透的深度。所以加压渗透干燥应该是渗透干燥的主导，而且纸张越疏松，毛细管作用越强，油墨黏度越小，油墨的渗透干燥进行得越好。由此可见渗透干燥的好坏与纸张、油墨的结构、性质有着直接的关系。

渗透干燥的优点是干燥速度快，特别适合在高速印刷机上使用。这种完全以渗透干燥方式完成干燥的油墨，虽然油墨可在较短的时间内在纸张表面形成一层固着层，但不是坚硬的皮膜，所以不耐摩擦。渗透干燥型油墨，必须使用在吸收性良好的多孔性的承印物上，否则将难以实现其干燥过程。另外，渗透干燥型油墨印刷到纸张上后，由于油墨被大量地吸收到纸张结构内部，因而印出的图文边界模糊，图文本身暗淡无光，严重时还会造成印迹粉化脱落。

影响渗透干燥的因素主要是纸张的结构。表面粗糙、结构疏松、孔隙率大的纸张对油墨的吸收快，油墨的干燥也快。

渗透干燥的油墨主要是胶印轮转油墨，用来印刷新闻纸、书写纸等结构较疏松的纸张。这是因为这些印刷品对印刷效果的要求不高，但时效性高，且批量大，需采用高速印刷，渗透干燥的油墨正好满足了这些要求。

2. 氧化结膜干燥

由表3-2-19得知，氧化结膜干燥型油墨的连结料由干性植物油组成，称为油脂型连结料。干燥机理是利用氧化聚合反应使油墨层由液态变为固态。干燥过程为：油墨转移到承印物上以后，油墨中的连结料即干性植物油吸收空气中的氧气发生氧化聚合反应，使呈三维空间分布的干性油分子变成立体网状结构的巨大分子，干固在承印物表面。

油墨中的干性植物油不是直接用来炼制油墨的，通常会先对干性植物油进行处理，处理后得到聚合油和氧化油两种。

⊕ 专业术语

聚合油 是用干性植物油加热聚合炼制而成的。

在加热条件下，干性植物油分子间的双键相互联结形成二聚体、三聚体或多聚体，随着聚合度的增大而黏度逐渐加大，故聚合油有许多规格。号外油黏度最大，零号油次之，1号油又次之，6号油黏度最小（部分聚合油的性能参数见表3-2-20所示）。这种产品在油墨行业统称为调墨油（凡立水）。

氧化油用干性植物油在加热下吹入空气氧化聚合炼制而成的。

表3-2-20　　　　　　　　　　　部分聚合油的性能参数

聚合油	性能参数		
	颜色	黏度/Pa·s（50℃）	酸值
号外油	13	3.6~4.2	<16
2号油	12	13~14	<11
3号油	10	8~9	<10
4号油	9	3.3~3.9	<9
5号油	9	1.1~1.7	<7
6号油	7	0.4~0.6	<4

氧化油用干性植物油在加热下吹入空气氧化聚合炼制而成的。

主要用以配制雕刻凹版油墨。氧化油与聚合油相比，黏度小而稠度大，用于雕刻凹版印刷，易打版，图文清晰，具有一定的干性，结膜坚牢并耐摩擦。但其颜色较深，不适于配制浅色油墨。表3-2-21是两种氧化油的性能参数。

表3-1-21　　　　　　　　　　　两种氧化油的性能参数

氧化油	黏度/Pa·s（25℃）	相对密度（35℃）	碘值	酸值	折射率（25℃）
1号氧化油	2.8~3.2	0.958	137.9	1.348	1.4845
4号氧化油	11.4~12.4	0.980	119.5	2.077	1.4868

氧化结膜干燥的速度很慢，一般要十几个小时才能使膜层完全硬化，但形成的墨膜光泽好，与纸张结合牢固，耐摩擦性好，并具有一定的弹性。

影响氧化结膜干燥因素较复杂，一般有以下几个主要方面的原因：

（1）油墨中颜料的种类　氧化结膜干燥属于化学反应型干燥，因此作为油墨中主要成分的颜料对干性植物油的氧化结膜过程有重要影响。大多数的有机颜料对油墨无催干或抑制作用，但分子结构中有酚、苯酚、胺、苯胺、萘酚等基团时，能抑制连结料的氧化聚合反应，用它们配制的油墨干燥速度都比较慢。无机颜料，除炭黑是无定形的碳元素之外，绝大部分都是金属的盐类，如铬黄、铁蓝等，本身对油墨就有催干作用，用它们配制的油墨干燥起来比较快。

（2）纸张与润版液的酸碱性　胶印润版液的pH对氧化结膜干燥速度的影响也很大，pH低于3.8时，油墨的干燥剂因酸度过大而失效，干燥时间因而增长。表3-2-22为润版液pH对胶印黑墨干燥时间的影响。同润版液一样，承印纸张的pH也会影响油墨的干燥速度，其影响程度见表3-2-22。

表3-2-22　　　　　　　润版液的pH对胶印黑墨干燥时间的影响

润版液的pH	2.0	3.0	3.6	3.8	7.0
干燥时间/h	70	22.5	17	16	12

（3）环境的温湿度　环境的温湿度是影响油墨干燥性能的主要因素。印刷环境的温度升高时，油墨干燥加快。一般来说，每升高10℃，干燥时间缩短一半。而当环境湿度升高时，油墨的干燥速度会减慢。一般环境的湿度每升高10%，干燥时间延长一倍，见表3-2-23。

表3-2-23　　　　　　　湿度、温度、纸张pH对油墨干燥时间的影响

纸张的pH	不同湿度、温度下油墨的干燥时间/h	
	65%，18℃	75%，20℃
6.9	6.1	12.4
5.9	6.6	14.1
5.5	6.7	23.1
5.4	7.0	30.1
4.9	7.3	38.1
4.7	7.6	60.0
4.4	7.7	80.0

（4）润版液的用量　水墨平衡是胶印的难点，润版液的用量过大，不但会造成印品质量问题，还会影响油墨的干燥速度。过大的润版液用量易造成油墨过度乳化。油墨乳化程度越严重，油墨中水分被析出和蒸发的速度越慢，越不利于油墨的干燥。另外，印刷时润版液用量过多，还会使纸张也含有较多的水分，同样会影响油墨的干燥。

影响氧化结膜干燥的因素还有很多，如干燥剂的添加情况、印刷环境的空气流动情况、印刷墨层厚度及叠印情况等。

氧化结膜干燥型油墨过去主要为单张纸胶印油墨和雕刻凹版油墨，被称为油脂型油墨。由于其干燥速度较慢，不能适应高速印刷的要求，故这种油墨逐渐淡出单张纸胶印油墨的应用领域。

3. 渗透氧化结膜干燥

由表3-2-19得知，渗透氧化结膜干燥型油墨的连结料由干性植物油、高沸点煤油、树脂组成，称为树脂型连结料。干燥机理是依靠高沸点煤油的渗透作用和干性植物油的氧化结膜反应完成干燥。干燥过程为：油墨转移到纸张上以后，高沸点煤油迅速向纸张渗透，树脂因高沸点煤油向纸张的渗透而产生凝聚，同时干性植物油吸收空气中的氧气而发生氧化聚合反应，最终完成干燥。

渗透氧化结膜干燥固着快、光泽好、色彩鲜艳、墨膜坚固，是较为理想的一种干燥形式。渗透氧化结膜干燥集合了渗透和氧化结膜两种干燥方式的优点，它利用高沸点煤油的迅速渗透能力达到快固着，这样就不会发生背面蹭脏的现象；接着再利用干性植物油慢慢氧化形成一层牢固而平滑的墨膜。所以渗透氧化结膜干燥既能达到高速印刷的干燥要求，又能实现鲜艳、高光泽的质量要求。

渗透氧化结膜干燥的影响因素是渗透干燥和氧化结膜干燥影响因素的集合，具体可参

考上述两种干燥形式的论述。需要注意的是,承印纸张不能太疏松,否则印出来的墨层光泽度不好。

渗透氧化结膜干燥型油墨主要应用于现代单张纸胶印油墨,它可以在中高档纸张承印物上印刷精美的图文信息。

4. 挥发干燥

由表3-2-19得知,挥发干燥型油墨的连结料由有机溶剂和树脂或水和树脂组成。前者是传统的挥发干燥油墨,广泛用于凹版印刷。后者是新型环保油墨的代表,发展势头迅猛。

(1)溶剂型挥发干燥 溶剂型挥发干燥的机理是依靠油墨中的溶剂向空间挥发来完成干燥。其干燥过程为:油墨转移到承印物上以后,连结料中的溶剂在空气中挥发,剩余的连结料(主要是树脂)与颜料一起形成固体膜层,固化在承印物表面。

溶剂的挥发速度是这种油墨干燥速度的直接体现,溶剂的挥发速率越高,油墨的干燥越快;反之,则越慢。表3-2-24列出了常用溶剂的挥发速率。

⊕ **专业术语**

溶剂的挥发速率 可以用每分钟内每平方厘米面积上溶剂挥发的质量(mg)来表示,即用mg/(cm²·min)来表示,也可用每毫升溶剂在过滤纸上完全挥发所用时间(s)来表示。单一溶剂的挥发速率可按下列公式计算:

$$E_r = K \frac{p_{25°} \times M}{d_{25}}$$

式中 E_r ——溶剂的挥发速率,mg/(cm²·min)

         $p_{25°}$ ——25℃时溶剂的饱和蒸气压,kPa

         ρ_{25} ——25℃时溶剂的密度,g/cm³

         M ——溶剂的相对分子质量

         K ——常数为1.64(假定甲苯的挥发速度为100时所取的常数)

表3-2-24常用溶剂的挥发速率。

表3-2-24   常用溶剂的挥发速率

溶剂类别	溶剂名称	挥发速度 E_r/[mg/(cm²·min)]	沸点范围/℃
芳香烃类	苯	288	79~81
	甲苯	100	109~112
	二甲苯	34	135~143
醇类	甲醇	254	64~65
	乙醇	17	75~80
	异丙醇	96	81~83
	正丁醇	19	116~119
酯类	醋酸甲酯	500	52~58
	醋酸乙酯	260	72~80
	醋酸正丁酯	42	115~130

油墨中溶剂的挥发，要比纯溶剂的挥发情况复杂。树脂溶于有机溶剂以后，使溶剂的挥发速度降低。图3-2-25表示了几种情况下溶剂的挥发量随时间变化的关系，可以看出纯溶剂的挥发速度最高，连结料的挥发速度次之，而油墨的挥发速度最低。这是由于树脂分子和颜料粒子存在于油墨表层，溶剂分子和树脂分子、颜料分子之间有较大的牵引力，使溶剂分子难以脱出而造成的。

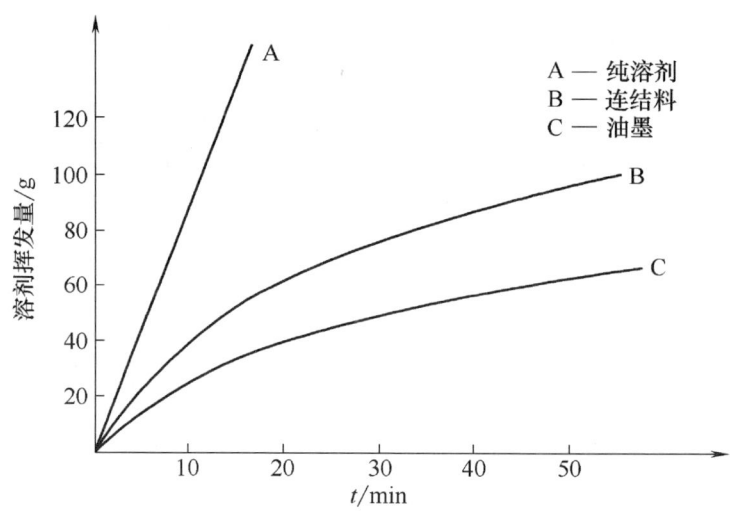

图3-2-25　溶剂挥发速度曲线图

不同树脂对溶剂挥发速度的减缓程度不同。溶解度越大的树脂，溶剂越难从中脱出，挥发速度越低。在配制溶剂型连结料时，选用的树脂和溶剂一定要搭配好，树脂对溶剂要有一定的释放性。

颜料对溶剂挥发的影响主要在于颜料的用量、颗粒大小以及种类。颜料在油墨中所占比例越大，溶剂的挥发速度越低，如表3-2-25所示。颜料颗粒的半径越小，比表面积越大，溶剂的挥发速度越低，如表3-2-26所示。不同种类的颜料对溶剂的脱出性也不相同，黑墨、蓝墨的脱出性较差，挥发速度较低。

表3-2-25　　　　　　　　颜料所占比例对溶剂的挥发速度的影响

颜料在油墨中所占比例（以炭黑计）/%	0	5	10	15	20
溶剂挥发速率（25℃）[mg/(cm^2·min)]	3.54	2.21	2.01	1.78	1.51

表3-2-26　　　　　　　　颜料粒子大小对溶剂挥发速度的影响

颜料名称	平均粒子直径/μm	挥发速率/[mg/(cm^2·min)]
铁蓝	65	1.75
炭黑	30	1.81
立索尔红	90	3.25
铬黄	210	3.49

溶剂型挥发干燥油墨主要包括照相凹版油墨和柔性版油墨，在中高档包装材料进行印刷，如纸板、瓦楞纸板、塑料等。

（2）水性挥发干燥　水性挥发干燥的机理和过程和溶剂型是一样的，只是挥发的主角由溶剂换成了水。水的挥发速度直接影响着这种油墨的干燥速度。

水性连结料是由水和树脂组成的。目前，树脂在水中的溶解通常有三种形式：

① 水溶性连结料：把水溶性树脂（如聚乙烯醇、羟乙基纤维素）用水来溶解和稀释。

这种溶解方式与溶剂型连结料相同，只是水性连结料选用的树脂是溶解于水的，溶剂型连结料选用的树脂是溶解于溶剂的。这种水性连结料干燥后的墨层是由水溶性的树脂包裹着颜料固化形成的，一旦墨层遇到水，水溶性的树脂会再次溶于水，这种油墨就会发生化水现象。所以，这种连结料印出的产品只能使用在没有水的场合。

② 碱溶性连结料：在酸性树脂中加入氢氧化铵，生成可溶于水的树脂盐。油墨转移到承印物上后，水和氨气都挥发到空气中，树脂与颜料就固化在承印物表面。

这种溶解方式利用了铵盐不稳定而释放出氨气的化学原理。先用酸（酸性树脂）和碱（氢氧化铵）生成可溶于水的盐（树脂盐），再用水将产生的树脂盐溶解形成连结料，印刷完成后水会挥发，同时这种不稳定的树脂盐会释放出氨气，树脂从树脂盐中分解出来，包裹颜料固化在承印物表面。因为这种树脂本身不溶于水，所以印品墨层遇水后不会溶解。

③ 扩散型连结料：把细小的树脂粒子（含有丙烯、乙烯或丁苯等聚合物）悬浮在水中形成乳状液。

这种方式严格来讲不属于溶解，而是树脂粒子同颜料粒子一样分散悬浮在水中。油墨转移到承印物上后，水向空间挥发，树脂粒子会凝结到一起形成薄膜。

水性挥发干燥油墨相对于溶剂型挥发干燥油墨，明显减少了有机溶剂向大气中的排放，防止了大气污染，改善了作业环境，有利于职工健康，同时还降低了由于静电和易燃溶剂引起的火灾危险和隐患。但由于水的挥发速度远小于溶剂，水性油墨的干燥速度较慢，通常需要加装烘干装置，另外油墨的印刷适性也不如溶剂型油墨，干燥后的墨层光泽度也与溶剂型油墨有一定的差异。

同溶剂型油墨一样，水性挥发干燥油墨主要有照相凹版油墨和柔性版油墨，特别是柔性版油墨目前正大量改用水性油墨，以提高其环保性。

5. 热固干燥

由表3-2-19得知，热固干燥型油墨的连结料由少量的干性植物油、较多的矿物油（主要是窄馏程的高沸点煤油）和树脂组成，称为热固型连结料。干燥机理是利用加热烘干装置加快高沸点煤油的挥发干燥速度。干燥过程为：油墨转移到承印物上以后，通过加热装置使墨层中的高沸点煤油迅速挥发，同时油墨内的树脂被加热软化，固体颜料颗粒渗入半流动状态的树脂中，经冷却后一起固化在承印物表面。

油墨的加热装置有热风干燥、煤气火焰干燥、热风混合式和电子干燥等方式，图3-2-26所示为热风干燥装置。冷却装置一般有2~4根通冷却水的冷却辊，通过表面低温将树脂冷却固化。

热固干燥型油墨的干燥速度快，但干燥时消耗大量能量，高达200℃的高温对印品的质量也有影响。

热固干燥型油墨主要应用于商业轮转胶印机对涂料纸的印刷，它满足了在高平滑度纸张上进行快速印刷的要求。

6. 光固干燥（UV干燥）

由表3-2-19得知，光固干燥型油墨的连结料由光固树脂、交联剂、光敏剂组成，称为光固（UV）型连结料。其干燥机理是利用紫外线照射使光敏剂分解形成自由基，这些自由基使光固树脂与交联剂交联固化在承印物表面。其干燥过程为：油墨转移到承印物

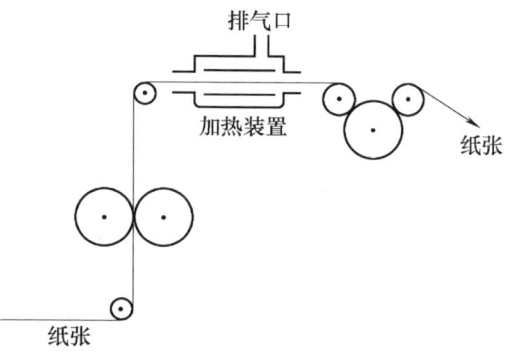

图3-2-26　热风干燥加热装置

上以后，光敏剂受到紫外线的照射被激发形成自由基，自由基使光固树脂和交联剂交联共聚，从而完成干燥过程，如图3-2-27所示。

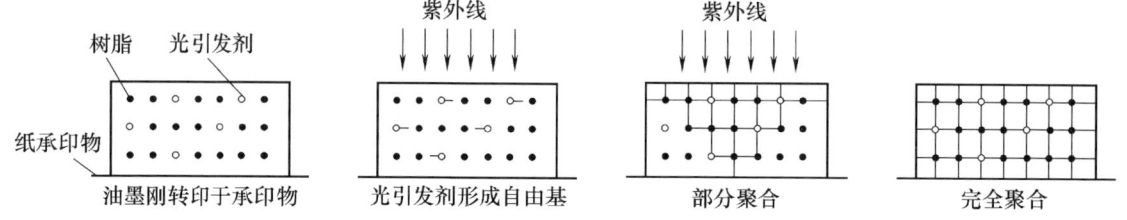

图3-2-27　紫外线固化示意图

光固树脂是光固干燥型油墨中的最主要成分。在所有的光固树脂中都含有可进行聚合的双键，双键的光固化率按以下次序排列：丙烯酸基＞甲基丙烯酸基＞乙烯基＞顺丁烯二酸基，即丙烯酸不饱和的聚合物具有最高的紫外光反应性能。

交联剂是光固型连结料中的稀料部分，它可以对树脂进行稀释，降低油墨的黏度，提高其流动性。同时它还可以与光固树脂交联固化形成网状结构，完成干燥。凡是能与这种高聚物进行交联共聚的多官能单体或预聚物称为交联剂。

在油墨中使用的光固树脂一般要求加入光引发剂（光敏剂的一种），当它吸收了一定波长的光能后，分子中的电子即能从低能级跃迁到高能级，分裂成两个游离基，伴随着电子跃迁，还产生振动和振动能级的跃迁。

UV油墨的性能优异，干燥速度快，可在0.1s内完成干燥，不会粘脏。它没有溶剂挥发，不会污染环境，属于环保型油墨。这种油墨在照射紫外线之前不会干燥，清洗印版、橡皮布容易。油墨干燥不受承印物及润版液pH的影响，可以适用多种承印物。同时还具有良好的附着性能，适用于高级胶版纸、金属箔纸、合成纸、复合金银卡纸、PE、PVC、PET等非吸收性材质的印刷。UV油墨的缺点主要在于成本方面：如干燥设备投资较大，需要配备新的墨辊，需要使用专门的洗涤剂以及较高的油墨成本。

UV油墨的应用十分广泛，这主要得益于其独特的干燥方式。目前，UV油墨在平版印刷、凹版印刷、凸版印刷、孔版印刷四大印刷方式上均可进行印刷。UV油墨作为环保油墨的一个重要分支，其发展一直受各大印刷厂商的关注。油墨厂商也在不断地改进其性能，降低成本。就连印刷设备厂商也在为UV油墨的发展扫清障碍，不断地改进与UV油墨

干燥配套的干燥系统。如海德堡专为Speedmaster XL105和CD 102胶印机设计DRY STAR 3000 UV固化系统,据了解,加入这种干燥器可使连续印刷速度提高达25%。该干燥装置可使光程准确地聚焦在印张的表面,加速了油墨固化速度,并使油墨固化彻底。

知识拓展

（一）油墨产业的"绿色"风暴

油墨的环保问题一直受到各界的关注,印刷业的发展使油墨产生的环境污染问题日益凸显。每年几十万吨的有机挥发物（VOC）可以形成比二氧化碳更严重的温室效应,而且在阳光照射下形成氧化物质和光化学烟雾,严重污染大气。长期处于高浓度的VOC中将会对人体特别是神经系统造成极大的危害。另外,油墨中使用的有机颜料中含有铅、铬、镉、汞、砷、钡等有害金属元素,对人体危害极大。

我国在2007年由国家环境保护总局组织相关部门,在参考了日本、澳大利亚、韩国、新西兰等国家的环境标志标准情况下,制定了HJ/T370—2007胶印油墨环境标志产品技术要求和HJ/T 371—2007凹印油墨和柔印油墨环境标志产品技术要求,具体指标见表3-2-27、表3-2-28、表3-2-29、表3-2-30所示。

表3-2-27　　HJ/T371—2007环境标志产品技术要求　凹印油墨和柔印油墨产品中禁止人为添加物质

禁用种类	禁用物质
元素及其化合物	铅（Pb）、镉（Cd）、汞（Hg）、硒（Se）、砷（As）、锑（Sb）、六价铬（Cr^{6+}）等元素及其化合物
乙二醇醚及其酯类	乙二醇甲醚、乙二醇甲醚醋酸酯、乙二醇乙醚、乙二醇乙醚醋酸酯、二乙二醇丁醚醋酸酯
邻苯二甲酸酯类	邻苯二甲酸二辛酯（DOP）、邻苯二甲酸二正丁酯（DBP）
酮类	3,5,5-三甲基-2-环己烯基-1-酮（异佛尔酮）

表3-2-28　　产品中有害物质限量要求

控制指标		单位	溶剂基油墨	溶剂	水基凹印油墨	水基柔印油墨
卤代烃类溶剂	≤	mg/kg	5000	—		
苯含量	≤	mg/kg	500		—	—
苯类溶剂含量	≤	mg/kg	5000			
甲醇含量	≤	%	2	—	2	0.3
氨及其化合物含量	≤	%	3	—	3	3
铅、镉、六价铬、汞的总含量 　　铅 　　镉 　　六价铬 　　汞	≤	mg/kg	100 90 75 60 60	—	100 90 75 60 60	100 90 75 60 60
VOC	≤	%		—	30	10

HJ/T370—2007 环境标志产品技术要求 胶印油墨

表3-2-29 产品中禁止人为添加的物质

禁用种类	禁用物质
元素及其化合物	铅（Pb）、镉（Cd）、汞（Hg）、硒（Se）、砷（As）、锑（Sb）、六价铬（Cr^{6+}）等元素及其化合物

表3-2-30 油墨中有害物限量要求

控制指标		单位	限量要求	
			热固轮转	单张、冷固轮转
挥发性有机化合物含量	≤	%	25	4
苯类溶剂含量	≤	%	1	
铅、镉、六价铬、汞总量	≤	mg/kg	100	
铅			90	
镉			75	
六价铬			60	
汞			60	

注：这两项标准于2007-11-02发布，2008-02-01开始实施。

中国油墨环保标准的颁布标志着油墨行业进入了一个产品绿色化有据可信、消费者健康保障有案可查的可持续发展新阶段。同时，绿色油墨作为印刷领域的重要上游产品，还将配合与支持印刷行业的绿色化建设工作。

目前，已得到应用和正在研发的绿色环保油墨主要包括以下几类：

1. 大豆基胶印油墨

传统胶印油墨成分中的溶剂是矿物油，有些矿物油中芳香烃含量较高，它的挥发会污染印刷车间的空气，印刷品（书刊、报纸、包装）在使用过程中还会缓慢地释放出石油溶剂，危害人体健康。大豆油属于安全物质，可替换部分石油系溶剂，多环芳烃化合物含量低，从而减少对环境造成的危害，同时也利于制造者及使用者的健康。另外大豆油取自天然，可无限再生，又能生物降解，无论从资源利用还是从环保角度，都具有传统胶印油墨无可比拟的优势。

大豆基胶印油墨是目前油墨中应用较为广泛的环保型油墨之一。除了环保优势外，大豆油对连结料中的树脂有很好的溶解性，对颜料有良好的润湿性，因此油墨具有良好的流动性，在印刷机上能获得稳定的转移性。另外采用大豆油的胶印油墨耐摩擦性能强，使报纸读者不受沾黑的困扰。同时，大豆油墨具有良好的脱墨性，有利于再生纸的回收利用。

大豆油的缺点在于大豆油属于半干性植物油，在油墨配方中直接使用20%以上的大豆油无法满足实际印刷对干燥性能方面的要求，一般通过采用同质催化的方法改善大豆油油墨氧化干燥性能，但与矿物油相比，渗透速度、固着和干燥性能上有一定差距。还有一点应注意的是，大豆基胶印油墨中依然存在石油溶剂，依然有有机溶剂的挥发。

2. 水性油墨

水性油墨在环保方面最具优势，被称为"世界上最优秀、最有发展前途的印刷油墨"。水性油墨近年来发展极快，在发达国家均已大量使用，特别是在柔性版印刷方面。水性油墨和溶剂型油墨最大的不同在于使用的溶剂是水而不是有机溶剂，所以没有有机溶剂的挥发，不污染大气环境，不影响人体健康，不易燃，其质量已接近溶剂型油墨水平，特别适用于食品饮料、药品等包装印刷，是世界印刷业公认的环保型印刷材料。

水性油墨在生产和使用上都很方便，可以用水任意比例地稀释和清洗油墨，主要应用在柔性版印刷、凹版印刷和滚涂型罩光油的印刷。水性油墨的缺点在于水的表面张力较高，导致油墨在塑料薄膜上难于润湿，印刷性能和质量仍达不到溶剂性凹版油墨的标准。

3. 能量固化型油墨

能量固化型油墨包括UV油墨和EB油墨，它们分别利用紫外线和电子束来实现油墨的干燥，这种干燥过程能真正实现"零"VOC排放，是目前较为成熟的环保油墨。能量固化型油墨干燥速度快，光泽度高，色泽鲜艳，化学性能优良。缺点是油墨成本高，储存时间短，特别是UV油墨的刺激性气味问题仍没有解决。

油墨的环保进程不可能一帆风顺，其间会遇到诸如成本、技术、推广等各方面的压力，但世界性的"绿色"趋势一旦形成，将不可改变。

（二）UV固化技术的创新

目前UV固化技术取得了长足的进步，在印刷行业也广受关注，下面从三个方面对UV技术的创新进行阐述。

1. 传统UV固化技术的创新

UV固化是指在UV灯的辐射光波照射下，UV油墨和UV光油发生交联固化反应，进而使印品干燥的过程。使用UV油墨和UV光油时，需要配置UV固化装置。在印刷墨层较厚时，各印刷机组之间需要安装内置UV固化装置。有时，为了保证印品充分干燥，在加长收纸干燥部分中还需要安装UV固化装置。

（1）传统UV固化装置　传统UV固化装置内安装了一个或数个水银灯，波长范围是100~380nm。常用的水银灯工作时会产生高温和臭氧，因此UV固化装置还配有冷却和排除臭氧的装置。为充分利用水银灯的能量并保护人身安全及环境，整个UV固化装置都是封闭在一个反射室中的。

现在，海德堡的Dry Star3000UV固化系统和高宝的UV固化装置都采用反蓝光的URS镀膜反射镜，通过URS镀膜反射UV光，并吸收红外光热量，再通过水冷系统将吸收的热量排出。与铝或玻璃反射镜相比，其能够明显减少对承印物的热辐射，并且能避免油墨和污垢在反射镜表面燃烧而影响反射镜的反射效率和性能稳定。

（2）UV-Quickstart移动带式固化装置　德国Kuhnast辐射技术公司推出了UV-Quickstart移动带式固化装置。实验表明，在印刷同样数量的印品时，UV-Quickstart移动带式固化装置的实际工作时间比传统UV固化装置的实际工作时间减少一半以上。这就可以节省能量消耗、减少维修费用，此外，还可以用风冷系统替代水冷系统。

（3）激发物辐射装置　为解决水银灯能量有效利用率低并产生大量红外辐射和臭氧的缺点，激发物辐射装置（低温UV固化装置）应运而生。激发物辐射装置是一种采用单色光（其主要波长为308nm）UV灯的特殊固化装置，这种辐射装置不会产生红外光，承印物不会被加热，提高了能量利用率，且不会产生臭氧。由于目前激发物辐射装置需要在惰性气体（如氮气）中进行，因此，其固化需要密闭空间。而单张纸胶印机由于牙排的存在，实现密闭空间比较困难，目前这种固化装置在卷筒纸胶印机上比较容易实现。

2. LED-UV固化技术

（1）LED-UV固化装置　LED是Lighting Emitting Diode的缩写，即"发光二极管"。LED具有低电耗、长寿命、小型化、轻量化、高应答性、高输出性和不含水银成分等许多优点，被称为"解决环境问题的一张王牌"。

目前，LED-UV灯照射强度比传统UV灯弱，照射距离短。传统UV灯照射距离为150～300mm，而LED-UV灯照射距离是20mm左右。因此，LEDUV固化装置照射光源与承印物表面的距离要小得多。一般传统UV灯距承印物表面的距离是100～150mm，而LEDUV固化装置照射光源距承印物表面的距离是10～20mm。

（2）LED-UV固化装置的优点　①油墨瞬间固化。②不产生臭氧，无须配备排气管道，有利于环保。③附属设备小且紧凑。④LED-UV灯寿命长（是传统UV灯的10倍以上），发热低，可以瞬间点燃或熄灭，不需预热，只在印刷时开灯，耗电低（只有传统UV灯的1/9），经济性好。⑤由于LED-UV固化装置发热少，可以防止非耐热性承印物变形，也不会使纸张失去水分变形、手感发生变化，不产生静电等。

3. H-UV固化技术

由于该固化系统采用改进的传统UV灯固化，以及与LED-UV配套的油墨，故命名为"H-UV固化系统"即"混合（Hybrid）型UV固化系统"。H-UV固化系统配置在收纸装置的斜坡处。

H-UV固化系统的特点：①配置H-UV固化系统的胶印机价格较低，初期投入成本增加不多。②与LED-UV固化系统相比，H-UV固化系统的UV灯更换成本得到降低，耗电与之相当。③发热少，不会对机械部件和印刷质量产生影响。④不产生臭氧，不需要排气管道。⑤印刷厚纸时，不需要采取纸张弯曲控制措施。⑥与H-UV固化系统配套的油墨价格仍然较高。

任务4　技能训练

1. 油墨固着速度的测定

（1）训练目的　检测油墨的固着速度。

（2）工具和材料　印刷适性仪（图3-2-28）、调墨刀、胶水、裁纸刀、铜版纸（270mm×270mm）、0.1mL吸墨管。

（3）训练步骤

① 将印刷适性仪开动，把胶辊、钢辊及手摇夹纸器等部件擦洗干净。

② 用调墨刀将试样在玻璃板上调动15次，然后用调墨刀将试样装入0.1mL的吸墨管内装平。

③ 把吸墨管中的油墨滴放在印刷适性仪的胶辊上，并把胶辊与钢辊之间距离调节好。

④ 用手摇夹纸器上夹住两张铜版纸。

图3-2-28　IGT印刷适性仪

⑤ 用手摇动胶辊数转后再开动机器2min，将油墨打匀，立即掀开机器后面松紧手轮，再关掉机器。

⑥ 用手摇夹纸器在胶辊上进行印刷，并开始记录时间。

⑦ 将印刷好的铜版纸取下，用裁纸刀横裁成10mm宽的条子数张备用。

⑧ 将印刷适性仪洗净，并掀开松紧手轮。

⑨ 把截下印好的条子两条沾少许胶水，反贴在铜版纸距离上端45mm处，放在印刷适性仪的手摇夹纸器上，用手摇动夹纸器作定时、间隔复印，直到铜版纸上没有颜色为止（每印一次需调换一张裁下备用印刷好的条子），需要的总时间即为被测油墨的固着速度。

⑩ 将测试结果记录到表3-2-31中。

表3-2-31　　　　　　　　　　油墨固着速度的测定

样品种类＼样品序号	1	2	3	4	5	6	7	8	9	10	总时间

（4）工艺要求

① 实验条件：温度为（25±1）℃，相对湿度为（65±5）%。

② 测定所用的纸张必须在此条件下存放24h以上。

③ 装入吸墨管内的油墨应与吸墨管管口相平，而且不能有气泡。

④ 手摇夹纸器速度要均匀。

⑤ 每张印样的油墨层厚度必须严加控制，印迹必须均匀一致。

结果分析＿＿＿＿＿＿＿＿＿＿＿＿＿＿＿＿＿＿＿＿＿＿＿＿＿＿＿＿＿＿＿＿＿＿＿＿

成绩评定＿＿＿＿＿＿＿＿＿＿＿＿＿＿＿＿＿＿＿＿＿＿＿＿＿＿＿＿＿＿＿＿＿＿＿＿

2. 油墨干性的测定（自动干燥仪法）

（1）训练目的　检测油墨的干性。

（2）工具和材料　自动干燥测定仪（图3-2-29）、分析天平（千分之一）、调墨刀、刮墨刀、标准白燥油、硫酸纸、标准油墨样。图3-2-29自动干燥测定仪。

（3）训练步骤

① 按照95∶5的比例在天平上称取试样及标准白燥油并充分调匀，以同样的方法称取标准样及标准白燥油并充分调匀。

② 将已调匀的油墨标样和试样并列刮

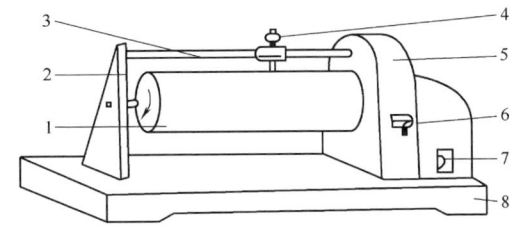

图3-2-29　自动干燥测定仪
1—圆筒　2—支架　3—螺旋细杆　4—砝码　5—圆轮压轮
6—速度调节器　7—电钮　8—底座

成约30cm长的刮样，立即记录时间，覆盖硫酸纸一起包在自动干燥测定仪的圆筒上，并用嵌条将纸夹紧。

③ 将装有100g砝码的压轮移至螺旋杆的左边，将其压于覆盖有硫酸纸的刮样上，接通电源，根据需要将速度调节器旋至10min的位置上，开启电钮，此时圆筒立即开始旋转，加压轮开始画线，并向左慢慢移动，使加压轮走完所需时间。

④ 检视经加压轮压过的硫酸纸，不致沾上墨痕即为油墨干燥（沾上条状墨痕为油墨尚未干燥）。当加压轮转到尽头时，将硫酸纸取下，检视纸上墨痕条数，并换算成小时数，即为油墨的干燥时间。求出试样与标准样干燥时间之差，看是否与标准相等。

（4）工艺要求

① 实验条件：温度为（25±1）℃，相对湿度为（65±5）%。

② 测定所用的纸张必须在此条件下存放24h以上。

③ 油墨加入白燥油后应立即做干性测定。

④ 实验不得中断。

⑤ 油墨刮样的厚度要均匀一致（刮样也可用印刷适性仪印出）。

结果分析_____

_____

成绩评定_____

_____

习题

1. 溶剂型油墨的连结料是由哪些物质组成，它的干燥方式和干燥机理是什么？
2. 水性油墨主要应用于哪些印刷？
3. 影响渗透氧化结膜干燥型油墨干燥的因素有哪些？
4. 为什么渗透干燥型油墨不能用于印刷涂料纸？
5. 热固干燥型油墨主要应用于哪种印刷？
6. 目前单张纸胶印油墨主要采用何种干燥形式？
7. 有机溶剂、矿物油、树脂能单独做油墨的连结料吗，为什么？
8. 为什么使用UV油墨时印版和橡皮布清洗较方便？

项目三
常用印刷油墨的性质分析

不同的印刷条件对油墨的要求是不一样的,如采用新闻纸印刷的报纸需要能快速渗透的油墨,采用涂料纸印刷的精美画册需要又光泽又耐磨的油墨,印刷具有特殊功能的印刷品需要特种油墨(如香味印刷需要香味油墨),采用数字印刷方式需要专门的数字印刷油墨。需求的多样化产生了多样性的油墨,不同类型的油墨从外观到性能都有相当大的差异。

油墨有很多种分类方式,具体见表7-1。我们以其中的印版版型为分类依据,把油墨分为平版油墨、凸版油墨、凹版油墨、孔版油墨和特种油墨。平版油墨在目前印刷油墨市场上占有很大的比例,它主要包括单张纸胶印油墨、卷筒纸胶印油墨、软管油墨和印铁油墨。凸版印刷是最早的印刷方式,随着其他印刷方式的发展进步,凸版也发生了巨大的改变,以往的古老活字印刷方式逐步淘汰,取而代之的是新兴的柔性凸版印刷。因此,凸版油墨由原来占主导地位的油脂型油墨转变为柔性版油墨。凹版印刷有着独特的立体感,它主要包括雕刻凹版油墨和照相凹版油墨两种。孔版印刷是一种灵活的印刷方式,它可以适应不同的承印物,特别是不规则的承印表面。根据承印物的不同,孔版油墨可分为织物印花油墨、陶瓷印花油墨、金属油墨、玻璃油墨等。特种油墨又称为功能型油墨,它是为了适应各种各样的功能要求而生产的,如UV油墨、EB油墨、金银墨、珠光油墨、荧光油墨、示温变色油墨、导电油墨、磁性油墨、防伪油墨等。

需要我们特别注意的是,数码印刷的飞速发展使数码印刷油墨登上了历史的舞台。

知识点1 ⊕ 平版印刷油墨

平版印刷油墨(也可直接称为胶印油墨)是基于油-水不相溶原理来进行印刷的。在油墨的配方设计原则上,首先要考虑平版油墨在印刷过程中会与水频繁地接触,油墨要具有较强的抗水性,防止油墨过度乳化。这就要求油墨中的颜料必须是抗水性强的颜料,不溶于水和溶剂,否则在印刷过程中颜料会在机械摩擦的作用下脱离连结料,溶于润版液,导致印版非图文部分着墨上脏;另外平版印刷的墨层较薄,一般在1μm左右,为了产生足够的色彩效果,要求油墨中颜料的着色力要高,其比例也适当高一些(但不应超过临界值)。同样,油墨中的连结料也应具有良好的抗水性,否则会产生严重的乳化,引起油墨传递不良,也会影响油墨的干燥性能;另外,连结料的颜色、黏度和pH都会对油墨的性质产生明显的影响。

平版印刷油墨包括单张纸胶印油墨、卷筒纸胶印油墨、印铁油墨、软管油墨、无水胶印油墨以及混合油墨。

⊕ 一、单张纸胶印油墨

单张纸胶印是指印刷机的给纸方式为单张供给,其印刷速度一般在20000张/h以下。

目前单张纸胶印油墨主要为树脂型油墨，它分为普通型、亮光型、快干型和快固亮光型。其差别在于普通型光泽较差，固着较慢，但价格低廉；亮光型光泽好，但固着慢；快干型能在纸上快速固着，避免粘脏，但光泽较差；快固亮光型则综合了亮光型和快干型的特点，既能快速固着，形成的墨膜光泽度又高。

树脂型油墨的干燥方式为渗透氧化结膜干燥，其连结料由干性植物油、高沸点煤油、树脂组成。不同的树脂型油墨区别在于使用的固体树脂、液体树脂和高沸点煤油的比例不同，炼制树脂油的方法也不同。下面是亮光胶印青墨和快固胶印黑墨的配方：

亮光胶印青墨：
色料	酞菁蓝GBS	15%
连结料	酚醛树脂	42%
	长油醇酸树脂	25%
	胶质油	15%
	高沸点煤油（沸程250～290℃）	1%
填充料	胶质碳酸钙	2%

快固胶印青墨：
色料	炭黑	18%
	射光蓝AG膏	8%
连结料	固体树脂型酚醛树脂油	46%
	液体树脂型酚醛树脂油	12%
	快固型胶质油	8%
	高沸点煤油（沸程250～290℃）	4%
助剂	聚乙烯蜡	2%
	萘酸钴（6%）	1%
	萘酸锰（3%）	1%

以上配方中固体树脂型酚醛树脂油主要成分是二酚基丙烷甲醛松香改性酚醛树脂36份、桐油24份、亚麻油25份、油墨油15份。

液体树脂型酚醛树脂油主要成分是松香14份、桐油酸20份、二酚基丙烷甲醛缩合物10.5份、亚麻油53份、乙酸钙0.017份。

胶质油是由树脂油和铝油组成。树脂油的主要成分是二酚基丙烷甲醛松香改性酚醛树脂42份、亚麻油19.5份、桐油18.5份、油墨油20份。铝油主要成分是亚麻油43.5份、桐油45.8份、硬脂酸铝10.7份。

胶印油墨的流变性能直接影响其印刷适性。在印刷过程中油墨的乳化程度、转移性能、网点的质量都与油墨的流变性能相关。油墨的流变性能包括黏度、黏性、屈服值、触变性、截距、流动性等。从设计思路来讲，单张纸胶印油墨应具有高黏度低黏性，因为这样对油墨的转印和网点都有好处。特别是当承印纸张表面强度差、印刷速度高时应选用黏性小一点的油墨。对于单张纸胶印油墨来说，合理的黏性在8～14。另外要注意四色油墨进行湿叠印时，油墨的黏性要从第一色开始依次减小，减小量在0.5～1。此外，单张纸胶印油墨应具适当的屈服值和触变性，这样才能使印刷实地均匀和网点清晰。这两者过大，会使墨斗内或导管内出现输墨不良而造成断墨，印件会因此而越印越浅或细网点消失；过小，容易使印件网点过度增大。油墨的流动度也应注意，过大会造成下墨不良故障，过小易造成飞墨故障。一般来讲，流动度应在28～36mm（35℃）之间。表3-3-1列出了胶印油墨的流变性指标与范围。

表3-3-1　　　　　　　　　　　　　　　墨性指标及范围

	黏度（25℃）/Pa·s	屈服值/（N/cm²）	黏性	流动度/mm	斜率	截距	触变指数
单张纸胶印墨	20~80	0.02~0.2	8~14	28~36	<4	6.5~8	1.6（或<3.2）
卷筒纸胶印墨	10~40	0.02~0.15	3~6	30~40	<4	5~10	1.6（或<3.2）

单张纸胶印油墨的干燥分为两个阶段。首先是矿物油向纸张渗透、完成固着阶段，接着是干性植物油吸收空气中的氧气缓慢地结膜固化。如果承印纸张的吸收差，渗透固着阶段会受到影响，甚至无法进行，此时为了防止背面蹭脏的现象出现，应对印品进行喷粉。还有纸张和润版液的pH、润版液的使用量、环境的温湿度都会对油墨的干燥性能产生影响。

单张纸胶印油墨在使用过程中应保持印刷车间的恒温在18~24℃、恒湿在55%~65%。同时，由于油墨会吸收空气中的氧气发生氧化结膜反应，使用过程中应避免墨罐内剩余的油墨与空气长时间接触，取墨后应立即紧闭盖口。

二、卷筒纸胶印油墨

卷筒纸胶印是指印刷机的给纸方式为整卷连续供给，其印刷速度可高达200000张/h，一般的印刷速度都在20000张/h以上。报纸大部分都是由这种方式印刷的，目前还有很多要求不高的文字印刷品也是卷筒纸胶印而成。另外，还有一种特殊的卷筒纸胶印油墨——热固型卷筒纸胶印油墨，它是为了满足表面平滑但吸收性差的涂料纸进行高速印刷而研制的。

1. 普通卷筒纸胶印油墨

卷筒纸胶印油墨与单张纸胶印油墨不同之处是连结料的组成，卷筒纸胶印油墨的连结料是以矿物油和树脂为主，其干燥方式为渗透干燥，利用矿物油的渗透作用和纸张的吸收作用共同完成。相对于单张纸胶印墨，卷筒纸胶印油墨的黏度要小一些，一般为10~40Pa·s/（25℃），以适应高速印刷。下面是普通卷筒纸胶印油墨和印报卷筒纸胶印油墨的配方：

普通黑色卷筒纸胶印油墨：
色料	槽法炭黑	16.5%
	酞菁蓝	1.5%
连结料	快固型酚醛树脂油	40%
	长油醇酸树脂	2%
	沥青油	30%
	高沸点煤油（沸程250~290℃）	5%
助剂	聚乙烯蜡	5%

印报黑卷筒纸胶印油墨：
色料	优质炭黑	16%
	酞菁蓝	2%
	碱性蓝色色浆	3%
连结料	松香改性酚醛树脂油	23%
	石油树脂调墨油	23%
	亚麻油调墨油	5%
	沥青油	5%
	机械油	15%
	高沸点煤油（沸程250~290℃）	8%

卷筒纸胶印油墨的流变性要求见表3-3-1。

2. 热固型卷筒纸胶印油墨

热固型卷筒纸胶印油墨的组分类似于快干性单张纸胶印油墨，只是连结料中的干性植物油的含量要更少一些，高沸点煤油的含量要更高一些，见表3-2-19。这种油墨采用商业轮转印刷机进行印刷，承印物主要是轻涂纸、涂料纸、画报纸等结构较为紧密的纸张。普通的轮转印刷机虽然印刷速度快，但其配套的油墨干燥方式是渗透干燥，这种干燥方式虽然在新闻纸、书写纸等结构较疏松的纸张上渗透较快，但无法对上述结构紧密的高档的纸张进行有效的渗透，也就不能以较快的干燥速度适应高速印刷。因此，通过在高速轮转印刷机上安装加热烘干装置实现对涂料纸的高速印刷是个完美的思路，与之相配对的油墨自然是以加热挥发干燥为主，这就是热固型卷筒纸胶印油墨。

下面是一例典型的热固型卷筒纸胶印黄墨的配方：

色料	联苯胺黄	7%
连结料	快干热固着连结料	60%
	快干热固着凝胶连结料	8%
	慢干热固着连结料	15%
助剂	调墨油	7.5%
	PE微晶蜡	2%
	PETE微晶蜡	0.5%

三、印铁油墨

铁片（以马口铁为主）的印刷普遍采用胶印，相对于纸张，只是承印物的性质有差异而已。由于铁片不具备吸收性，所以印铁油墨无法进行渗透干燥，目前的做法是用高温烘干来加快油墨的干燥速度。铁片印刷通常会先用白色油墨打底，再印彩色图文。

印铁油墨的颜料通常占油墨成分的1%～35%，颜料的用量决定油墨的浓度，对油墨的相对密度、透明度、耐热性和耐光性等也有很大影响。在油墨配色过程中，要根据印铁工艺、墨层厚度、印件性质等要素选择油墨，同时还必须考虑油墨本身的光泽、色相、着色力、遮盖力等性质。

印铁油墨必须具有以下特点：

① 耐热性：油墨必须在受热固化成膜后与马口铁有良好的附着力，并且烘烤后颜料不变色。

② 加工性：能承受弯曲、冲压、拉伸等制罐加工。

③ 无铅：油墨组分中不含有铅。

④ 干燥性：一般在油墨厂时已在油墨中加入1%的干燥剂，在印刷时还需再加入1%～2%的干燥剂，但是不宜过多，否则油墨在涂层时易结皮或烘烤过度。

⑤ 湿涂印性：不发生油墨流失、褪色、掺色等弊病。

⑥ 耐高温杀菌性：食品罐头杀菌时油墨不发生变化。

⑦ 耐光、耐候性：尤其对金属容器油墨涂层时(无面涂料)显得特别重要。

⑧ 透明性：当利用金属表面光泽作印刷体时，其油墨的透明性很重要。

⑨ 白油墨：在金属表面先打底漆再涂印。

四、软管油墨

软管油墨是指在金属软管、复合软管和合成树脂软管上印刷的油墨,主要用于牙膏、医用药膏、鞋油等膏体包装产品的印刷。软管油墨分为软管滚涂油墨和软管彩色油墨两种。软管滚涂油墨属于溶剂型油墨,通常为白色,用于软管底色印刷。软管彩色油墨属于渗透氧化结膜干燥型油墨。

与铁片一样,软管也不具有吸收性,软管油墨的干燥同样采用高温烘干的方式。软管油墨应具有墨膜黏附性强、耐热性和耐溶剂性好的特点,软管油墨在印刷中的使用与印铁油墨相似。

软管一般是先以白墨滚印底色,然后放入烘箱内烘烤干燥,干燥后再印刷软管彩色油墨形成图文,接着再一次进行烘干形成印刷品。

五、无水胶印油墨

无水胶印是指不需要润版液、采用特殊的印版和特殊的油墨进行印刷的平版印刷方式。无水胶印的操作程序简易,去掉了印刷前的套印调节工作,节省工时、纸张和油墨,生产过程中又不排放有机溶剂气体,减轻了环境负担,因而获得保护环境的绿色印刷之美誉。

无水胶印的优点,主要集中在以下几个方面:

(1)印刷成本由于没有润版水,起印时不需花费大量的时间调节水墨平衡,加快了起印速度,减少了试印纸张的浪费;油墨能自行干燥,可以降低干燥温度,减少能源消费;减少由于水墨平衡变化而造成的停机时间,提高生产效率和经济效益。

(2)印品质量无水胶印的网点扩大率低,有很好的网点再现性,尤其是暗调的细节都能很好的再现;无润版水,不会造成纸张伸缩变形,提高了套印精度;印品的墨色均匀厚实、鲜艳,印版耐印率大大提高;承印物范围广,既可在纸张上印刷,也可在塑料和金属上印刷。

(3)环保性能无水胶印不含酒精,可以保护环境、防止污染。

无水胶印的印版是在铝版基上涂布感光层和硅酮橡胶,图文部分由铝版基组成,而硅酮橡胶不需要润湿也不黏附印刷油墨,为非图文部分。晒版时用阳图底曝光,见光部分固化与硅酮橡胶一起形成非图文部分。当用1:5的甲苯与环己烷溶剂显影时,未感光部分的硅酮橡胶与感光膜一同洗去,形成亲油表面,处理后即可上机印刷。

根据无水胶印的特点和印刷机理,无水胶印油墨应具有较高的黏度和较低的黏性。同时,在保证油墨传递性良好的条件下,触变性越大越好。为了满足这些要求,无水胶印油墨在连结料的制备方面与一般胶印油墨有差异。

无水胶印油墨的连结料所用的主体树脂在大类上和普通胶印油墨相似,无水胶印的油墨常用的树脂以经松香改性的酚醛树脂、胶质化松香改性酚醛树脂及用亚麻油等植物油改性醇酸树脂为主体。但由于无水胶印过程中没有润版液的蒸发来冷却油墨,印刷过程对温度的敏感性相对较高,因而对组成油墨的树脂有特殊流变学性能要求,尤其是对树脂连结料的黏弹性影响就更应引起注意,一般比普通胶印油墨的黏弹性要高些,但黏性要略柔软些。这两者是有矛盾的,但力求找到一个合适的平衡范围是油墨配方的重点。此外,树脂连结料要有适当的高内聚能物质，这样才能促使油墨完整、清洁地从印版上和橡皮布上实现剥离和转移。树脂组分的黏弹性与其相对分子质量的大小、交联和支链化程度有比较复杂的关系。一般可以选用相对分子质量为2万～40万的树脂，较高的相对分子质量和较大的支链和交联程度会表现较高的黏弹性，但在植物油和矿物油中的溶解度会减小，因而树脂在溶剂中的溶解度也应十分注意。常用的松香改性的酚醛树脂所用酚有双酚A、叔丁酚、辛基酚、壬基酚、十二烷基酚等。

随着无水胶印市场份额的不断扩大，无水胶印油墨也在不断地改进中。近年来，美国太阳化学公司和富林特油墨公司成功开发了水可洗无水胶印的油墨，目前已进入工业性试验和试用阶段。另外，紫外光和电子光束固化的无水胶印的油墨也在研究发展之中。

六、混合油墨

混合油墨技术（Hybrid Ink Technology）是指将传统印刷油墨与足够量UV材料混合形成混合油墨，UV油墨占80%，普通油墨占20%，目前主要应用于胶印油墨。它将一般油墨和UV固化技术相结合，在印刷机上安装一个或多个UV固化灯，使油墨能在传统单张纸印刷机上印刷，让UV上光油能快速印在混合油墨上并固化，获得均匀一致的高光泽上光效果。即混合油墨印刷后，先采用UV干燥方式对已印刷油墨层进行彻底干燥，随后再进行UV上光加工，使最终印品获得十分均匀的高光泽表面。

1. 混合油墨出现的前提

普通油墨印刷后由于干燥不彻底，在进行UV上光时不能很好地和光油结合而效果不好，因为UV涂料与普通油墨在化学成分方面的巨大差异性和相互之间的低相溶性而造成涂布附着性不好和印刷品光泽度下降。如果普通油墨在上光前彻底干燥，那么UV上光效果就很好。但是普通油墨为防止在干燥阶段出现背面蹭脏，需要喷粉，喷粉会使本来应是光亮平滑的印张表面出现砂目状，影响了上光后印刷品的外表美观。后来用水性上光油联机上光并尽可能减少喷粉，效果较佳。但印张要在印刷机中送纸两遍，就使成本升高，效率降低。为克服这种缺点，印刷机械厂家研制出带双上光机组的印刷机，纸张在印刷机内一次送纸就由两个上光机组在普通油墨上印上两层上光油。首先印上一层水性上光油打底覆盖普通油墨层，然后再印上UV上光油使其具有高光泽度。由于水性光油很难充分干燥，水性上光油的真正干燥需要上光油中的丙烯酸乳剂聚结。要加快它在印刷机上的干燥必然引起其他问题，虽然有些印刷品用这种上光效果很好，但面对品种繁多的印刷品来说还有一定难度，所以出现了混合油墨技术。混合油墨技术就是针对这种缺陷开发出来的。

2. 混合油墨的优点

混合油墨技术与采用传统油墨印刷加上光技术相比较，减少了干燥时间，提高了印刷速度，可实现完全联机UV涂布，经过UV上光后的光泽不会褪去。虽然成本上升，但不会产生机上结皮或墨斑，还可减少墨辊清洗次数，即能通过作业效率的提升来抵消成本的增加。该油墨可推广应用到局部上光或特殊纸印刷等领域，如图3-3-1所示为混合油墨加局部UV上光效果图。

混合油墨技术可以应用在传统印刷机上，通过在印刷机的收纸部安装UV固化装置，可将其改造成UV印刷和普通印刷兼用机。根据不同的产品，进行普通印刷与UV印刷的转换非常简单。这样，印刷厂在需要联机上光时就用混合油墨，不需上光时就用普通油墨印刷。混合油墨与普通油墨印刷时的情况一样，不同的墨辊、橡皮布同混合油墨一起使用时效果可能会有些差别。在印刷时可采用普通的印刷墨辊和橡皮布，无须采用UV油墨印刷所要求的特殊墨辊和橡皮布，印刷中也不需要特别的润版液。与UV油墨相比，该油墨使用简单且印刷适性优良，图文再现良好，可减少印刷试机纸耗，生产效率可望进一步提升。此外，还能削减油墨成本。不足之处是该油墨墨膜耐磨性差(与UV油墨相比而言)，所以要根据不同产品区分使用。

混合油墨印刷结合了UV光固化和传统胶印材料的特点，使油墨经UV光固化后能最大限度地呈现UV油墨的特点。这种工艺的关键在UV光固化技术，高能量UV灯在印刷机和上光装置之间瞬间使混合油墨固化干燥。这种瞬间固化大大减少耗能量，降低生产、储存和处理的成本，提高生产效率。

混合油墨技术的优势表现在组合油墨使用宽容度较大，在一般情况下与传统油墨的印刷适性相似。因此，在网点增大、套色和印刷反差等印刷质量方面与传统油墨相差无几，比单纯采用UV油墨更好。混合油墨在印刷机上的印刷性能也像普通油墨。UV油墨的水墨平衡一般较难控制，但混合油墨则和普通油墨类似，控制水墨平衡并不难。UV油墨的印刷特性如网点增大、叠印和印刷反差等不如普通油墨，混合油墨则和普通油墨相似。另外，因为混合油墨中的UV固化材料在UV灯照射前不干燥，因此混合油墨在印刷机上一直是流动的，所以不会像普通油墨那样在墨辊上结皮而引起印刷故障。用混合油墨印刷由于实现了瞬间干燥，故可在印刷机上联机UV上光而无需用水性上光油打底，其印刷质量丝毫不逊于普通胶印油墨。

混合油墨整体性能比标准UV油墨稍逊，但对那些想以较少投资获利的印刷生产厂家而言，混合油墨是个不错的选择。早在20世纪中期，UV上光油以其高光泽、即时干燥及耐磨性好等优点已成了上光的首选，然而因UV上光油和普通油墨的化学成分及化学性质差异较大，两者不相容导致普通油墨与上光油之间的粘着性不佳。此外，印刷上光成品的最初高光泽度在印好后保留时间不长，出现光泽度减退（gloss back）现象，导致印刷成品光泽不均匀，油墨覆盖区域大的深色区的光泽

图3-3-1　混合油墨印刷加局部UV上光效果图

度减退程度最大，而覆盖区域小或没印刷油墨的部位则仍然很亮。

混合油墨技术可以应用在传统印刷机上，通过在印刷机的收纸部安装UV固化装置，可将其改造成UV印刷和普通印刷兼用机。根据不同的产品，进行普通印刷与UV印刷的转换非常简单。这样，印刷厂在需要联机上光时就用混合油墨，不需上光时就用普通油墨印刷。混合油墨与普通油墨印刷时的情况一样，不同的墨辊、橡皮布同混合油墨一起使用时效果可能会有些差别。在印刷时可采用普通的印刷墨辊和橡皮布，无须采用UV油墨印刷所要求的特殊墨辊和橡皮布，印刷中也不需要特别的润版液。与UV油墨相比，该油墨使用简单且印刷适性优良，图文再现良好，可减少印刷试机纸耗，生产效率可望进一步提

升。此外，还能削减油墨成本。不足之处是该油墨墨膜耐磨性差(与UV油墨相比而言)，所以要根据不同产品区分使用。

混合油墨印刷结合了UV光固化和传统胶印材料的特点，使油墨经UV光固化后能最大限度地呈现UV油墨的特点。这种工艺的关键在UV光固化技术，高能量UV灯在印刷机和上光装置之间瞬间使混合油墨固化干燥。这种瞬间固化大大减少耗能量，降低生产、储存和处理的成本，提高生产效率。

混合油墨技术的优势表现在组合油墨使用宽容度较大，在一般情况下与传统油墨的印刷适性相似。因此，在网点增大、套色和印刷反差等印刷质量方面与传统油墨相差无几，比单纯采用UV油墨更好。混合油墨在印刷机上的印刷性能也像普通油墨。UV油墨的水墨平衡一般较难控制，但混合油墨则和普通油墨类似，控制水墨平衡并不难。UV油墨的印刷特性如网点增大、叠印和印刷反差等不如普通油墨，混合油墨则和普通油墨相似。另外，因为混合油墨中的UV固化材料在UV灯照射前不干燥，因此混合油墨在印刷机上一直是流动的，所以不会像普通油墨那样在墨辊上结皮而引起印刷故障。用混合油墨印刷由于实现了瞬间干燥，故可在印刷机上联机UV上光而无需用水性上光油打底，其印刷质量丝毫不逊于普通胶印油墨。

混合油墨整体性能比标准UV油墨稍逊，但对那些想以较少投资获利的印刷生产厂家而言，混合油墨是个不错的选择。早在20世纪中期，UV上光油以其高光泽、即时干燥及耐磨性好等优点已成了上光的首选，然而因UV上光油和普通油墨的化学成分及化学性质差异较大，两者不相容导致普通油墨与上光油之间的粘着性不佳。此外，印刷上光成品的最初高光泽度在印好后保留时间不长，出现光泽度减退(gloss back)现象，导致印刷成品光泽不均匀，油墨覆盖区域大的深色区的光泽度减退程度最大，而覆盖区域小或没印刷油墨的部位则仍然很亮。

混合油墨的适应范围广，投资少。对已有UV技术的印刷厂，只需购买混合油墨即可；而对尚未使用UV技术的印刷厂，除购买混合油墨外，只需投资UV固化设备和UV灯就可以了。 目前混合油墨的最大不足是价格比普通胶印油墨贵一些。但是，使用混合油墨印刷能瞬间干燥，节省了劳动力，减少了废品，加快了印刷准备时间，因此总体成本并没有增加。同时，可以印好后立刻搬运出厂，从而提高了生产率，降低了喷粉和相关的保养成本。混合油墨的另一个尚待改进的地方是用多色混合油墨印刷高亮光产品时，技术还未达到完美无缺的境界。

混合油墨的未来市场潜力是惊人的，它将是油墨技术的一个新的发展方向，并且将创造一个新的未来。未来的混合油墨将主要向着以下几个方向发展：开发针对混合油墨印刷的高效UV固化技术；开发价廉且具有高亮光效果而光泽度不减退的彩色混合油墨。

知识点2⊕凹版印刷油墨

凹版印刷是用图文部分低于空白部分的印版进行印刷的工艺技术。凹版印刷的图文墨层饱满，艳丽夺目，色彩浓烈，立体感强，套印精度居中。虽以不透明聚酯感光阴图作原版，制版费用相对较高，但由于墨层最厚（10～30μm），颜色密度充足，再辅以专色，被广泛用于高档烟酒及食品精细包装所用的折叠纸盒印刷。

凹印刷油墨主要包括雕刻凹版油墨和照相凹版油墨。

一、雕刻凹版油墨

雕刻凹版油墨主要用于钞票、邮票等有价证券的印刷，对油墨的性能要求高。油墨的耐光、耐水性要好。雕刻凹版油墨的稠度高、黏度小、墨性短，一般需要在50℃左右使用。

雕刻凹版油墨的干燥方式为氧化结膜干燥，利用干性植物油吸收空气中的氧气发生氧化结膜反应完成干燥，其连结料主要由聚合油或氧化油组成。这种干燥形式干燥速度较慢，因此油墨中要加入干燥剂来加快氧化结膜反应。下面是两例雕刻凹版油墨的配方：

黄色雕刻凹版油墨：
色料铬黄　　　　　53%
连结料氧化油　　　24%
填充料高岭土　　　22%
助剂硼酸锰　　　　1%

蓝色雕刻凹版油墨：
色料铁蓝　　　　　20%
连结料4号聚合油　 39%
6号聚合油　　　　 11%
填充料碳酸钙　　　30%

雕刻凹版油墨的着墨孔比照相凹版的网穴大而且深，印刷时油墨不是被注入而是被挤进去的，所以要求雕刻凹版油墨稠而不黏，油墨的丝头硬立而短，黏度在500~800Pa·s的范围内。如果油墨过稀，会产生印品线条过细、墨层厚度过薄以及粉化、透印等现象，但也不能太稠，否则易造成墨辊的给墨量很多却无法充填入印版的着墨孔内的现象。黏性也不能过大，否则在印刷过程中印版空白部分的油墨不易被擦拭掉而影响印刷品的清晰度，或造成纸张与印版粘连，剥离困难。另外油墨的干燥方式为氧化结膜干燥且墨层厚（可达15μm左右），印刷时要注意防止出现印品背面蹭脏现象。

二、照相凹版油墨

照相凹版，又称影写版，是由于最早采用照相腐蚀法制版而得名。照相凹版油墨很稀软，属于牛顿流体。因此要求油墨中的颜料着色力强，吸油量低，易分散且不发生沉淀。

照相凹版油墨的干燥方式为挥发干燥，利用油墨中溶剂向空间挥发来完成干燥，其连结料由有机溶剂、树脂组成。现在，我们也可将有机溶剂换成水，制成环保性能优良的水性凹版油墨。因此，照相凹版油墨主要包括溶剂型和水性两种。

1. 溶剂型凹版油墨

溶剂型油墨是由颜料、溶剂型连结料、填充料和助剂组成的。其组成配比如下：

色料　　　颜料　　　　　10%~15%
连结料　　有机溶剂　　　40%~60%
　　　　　树脂　　　　　25%~35%
　　　　　填充料　　　　0~15%
　　　　　助剂　　　　　0.5%~4%

溶剂型油墨中含有大量的有机溶剂，流动性好，表面张力低，附着力强，既适用于吸收性承印物的印刷，也适用于非吸收性承印物的印刷。溶剂型凹版油墨的黏度较低，黏度值为0.05~0.25Pa·s（25℃）。油墨的干燥速度取决于溶剂的挥发速度以及树脂对溶剂的释放性能，同时与印刷车间的温湿度关系很大，应把印刷环境的温度控制在20~30℃。

下面是照相凹版油墨的配方：

深红照相凹版油墨：

色料	耐晒大红	6%
	耐晒深红	10%
连结料	季戊四醇酯树脂	42%
	150号汽油	42%

2. 水性凹版油墨

水性凹版油墨是一种无毒、无污染、无刺激性气味、无燃烧危险的环保、安全的新型油墨，最适合于印刷食品包装产品。水性凹版油墨除了符合安全、环保的要求外，在墨性上，具有油墨浓度高、性能稳定、印刷适性好、印迹附着性好等特点，适用于金卡纸、银卡纸、涂料纸、铸涂纸、瓦楞纸、不干胶纸、纸箱、纸品包装袋和书刊杂志以及塑料薄膜等印刷品。

水性凹版油墨与溶剂型凹版油墨相比，主要是把有机溶剂换成了水。下面是一例水性凹版油墨的配方：

色料	酞菁蓝	4%
	紫红F2R	1%
连结料	水性树脂液	68.5%
	蒸馏水	20%
	磷酸三丁酯	0.5%
	乙醇	5%
填充料	胶质碳酸钙	1%

水性凹版油墨的缺点在于不耐碱、不抗乙醇和水，光泽度差。在印刷中容易使纸张产生伸缩与变形的问题，因此印刷前需要对印刷用纸进行必要的调湿处理，使印刷用纸的平衡水分值达到最佳状态，保持纸张的印刷稳定性。

知识点3⊕柔性凸版印刷油墨

柔性版印刷使用的印版是一种有弹性、可绕曲的感光树脂凸版，使用双面胶纸将印版粘在印版滚筒上进行印刷。由于柔性版印刷具有弹性，印刷中增加了印刷压力，使得印刷图文清晰，墨色饱满。用于柔性版印刷的柔性版油墨黏度低，干燥速度快，类似于照相凹版油墨，同样属于牛顿流体。

柔性版油墨的种类很多，目前以溶剂型、水性两种挥发干燥的油墨为主，同时也可采用紫外线固化油墨。

柔性版油墨的干燥方式为挥发干燥，其连结料由溶剂、树脂组成。与照相凹版油墨不同的是，柔性版油墨所采用的溶剂应对感光树脂凸版无任何影响，如软化变形或膨胀等。下面是柔性版油墨的配方：

柔性版蓝色油墨：

| 色料 | 酞菁蓝 | 13.5% |
| 连结料 | 异丙醇 | 38% |

	聚酰胺树脂	23%
	乙酸乙酯	1.5%
	硝基纤维素	2%
	正庚烷	13%
助剂	聚乙烯蜡	4%
	络合物添加剂	5%

柔性版印刷在近年来发展十分迅猛。一是由于可采用水性油墨进行印刷，具有先天的环保优势；二是国内柔性版印刷的质量正逐步提高，已能满足精细产品的印刷。如2005年，东莞英杰激光数字制版有限公司选送的"金盛唐"烟包荣获了美国FTA组织的国际柔性版印刷精品质量竞赛银奖。

知识点4⊕丝网印刷油墨

丝网印刷是油墨经过刮板的压力从带有网孔的印版挤过去而转移到承印物上的印刷方式，印品的墨层厚实，有20～100μm，立体感强，但精细度差。丝网印刷的承印物非常广泛，纸张、织物、玻璃、金属、陶瓷、塑料、电路板、建材等平面或曲面都可以用丝网进行印刷。由于承印物的跨度大，性能差异大，丝网油墨根据承印物的不同也具有很大的差异。以下我们主要介绍织物、金属/玻璃和陶瓷贴花三种丝网油墨。

一、织物丝网油墨

织物丝网油墨是水包油型乳液油墨。固着剂是丙烯酸系列乳液。颜料一般占10%～15%，依靠烷基磺酸钠一类阴离子型表面活性剂将颜料分散于水型连结料中制成乳液，用丝网的方式印在织物上，干燥后再进行热处理，印成的纺织品能耐摩擦和洗涤。配方举例如下：

织物丝网红墨：

色料	镉红	13%
连结料	聚乙烯丙烯酸乳液	45%
	氨水（28%）	3%
	蒸馏水	20%
	乙醇	19%

二、金属/玻璃丝网油墨

在金属、玻璃上进行丝网印刷可以使用氧化聚合型丝网油墨。这种氧化聚合油墨属于二液反应型，它是利用化学性质完全不同的两个组分在印刷前充分混合，立即进行印刷。印刷后发生化学反应，进行高分子聚合而干燥结膜。二液反应型油墨配方举例：

丝网白墨（二液反应型）：

甲组：

色料钛白粉40%

连结料环氧树脂37%

乙二醇-丁醚13%
100号溶剂油10%
乙组：
连结料聚酰胺树脂74%
乙二醇-丁醚10%
100号溶剂油16%

甲组全部在印前混合，乙组混合物的15%~25%在即将印刷前与甲组混合。用于金属、玻璃或处理过的聚烯烃塑料的印刷。加热至100℃，15~20min后指触变干，但彻底固化需5~7日。

三、陶瓷贴花丝网油墨

陶瓷贴花印刷属于转移印刷的一种，它将油墨印在特制的转移纸上，干燥后再反贴在陶瓷的表面，撕去纸基。陶瓷颜料的煅烧温度一般在400~500℃，最高在800℃左右。陶瓷贴花油墨配方举例：

陶瓷丝网油墨：

色料陶瓷颜料	58%
连结料甲基丙烯酸丁酯	14%
醇酸树脂	12%
乙二醇醚	8%
松油醇	8%

知识点5 ⊕ 特种油墨

随着印刷技术、材料学、计算机科学及多种交叉学科的发展，新型高科技油墨也越来越多地得到应用，其用途多是应对一些特殊的要求：如对油墨干燥效果的要求，提高干燥速度和干燥的环保性是现在主流的诉求；对油墨附加增值的要求，提高印刷品的外观档次，如金银墨、珠光油墨和香味油墨等；对钞票、邮票以及各种债券、发票、期票等的防伪要求。新型油墨用于票券印刷主要是为了提高它的防伪性能，各种新型油墨除了正常地表达相应的色相外，还能在外来的光、热、试剂或磁场的作用下发生特殊的变化，以此来作为识别的手段。这种类型的油墨通过改变油墨的配方或在油墨中添加一些特殊的敏感材料如光敏材料、热敏材料、磁性材料等来实现其防伪性能。

一、能量固化油墨

能量固化体系的油墨是利用外部能量使油墨完成干燥的油墨。在能量的辐射下，这种油墨能迅速干燥，同时没有溶剂挥发，安全、环保。目前这种体系的油墨主要包括紫外线固化油墨和电子束固化油墨。

1. 紫外线固化油墨

紫外线固化油墨，简称UV油墨，是当前应用非常广泛的一种较成熟的能量固化油墨，100%的反应活性组分，不含挥发性溶剂，其污染物排放几乎为零。UV油墨不用溶剂，干燥速度快，光泽好，色彩鲜艳，耐水、耐溶剂、耐磨性好。

UV油墨主要由颜料、光固树脂、单体（交联剂）、光引发剂、填料和助剂等成分混合而成。由于固化机理不同，UV油墨与传统油墨在配方和特性方面有显著差异，以胶印油墨为例进行比较，见表3-3-2。

表3-3-2　　　　　　　　　　　UV胶印油墨和传统胶印油墨的比较

项目		UV胶印油墨	传统胶印油墨
组成	主体树脂	丙烯酸酯预聚物	松香改性酚醛树脂
	稀释溶剂	丙烯酸酯活性单体	植物油和矿物油
	颜料	有机颜料	有机颜料
	干燥剂	光引光剂	钴锰催干剂
干燥方式	机理	UV固化交联	常温氧化结膜
	干燥时间	1/10s	24h
印刷特性	VOC	无	有
	印刷效率	高	低
	油墨成本	高	低

UV油墨主要由颜料、光固树脂、单体（交联剂）、光引发剂、填料和助剂等成分混合而成。由于固化机理不同，UV油墨与传统油墨在配方和特性方面有显著差异，以胶印油墨为例进行比较，见表3-3-2。

UV油墨是利用紫外线的照射，引起油墨连结料的聚合反应而完成干燥的。其干燥速度约为1/10s，印刷线速度可达150m/min，因此不用担心粘脏问题，也无需对印品进行喷粉；由于油墨在紫外线照射之前不会干燥，所以印版和橡皮布上的油墨清洗方便；同时UV油墨的干燥不受纸张和润版液的影响，UV油墨可适应一些非吸收性材料的印刷，如塑料、铁皮等，所以它可以适应多种承印物。

UV油墨的缺点主要在于使用成本高。首先，干燥设备投资较大，另外紫外线灯管耗电量相当大，寿命短，更换价格较贵。其次，UV油墨本身的价格比普通油墨要高得多，一般是普通油墨的1.5～2倍。还有使用UV油墨进行生产必须更换配套的墨辊，使用专门的洗涤剂，这些都进一步地增加了UV油墨的使用成本。除了成本较高，UV油墨还有以下缺点：

① 印刷适性不如一般胶印油墨，印品的光泽也差一些；
② 油墨对皮肤有一定的刺激性（见表3-3-3），同时还有较重的气味。

表3-3-3　　　　　　　UV油墨常用单体的皮肤刺激性和毒性数据指标

单体种类	刺激性	PII	LD_{50}（兔）/（mg/kg）
丙氧基化（4）甘油三丙烯酸（GPTA）	微小	1.5/8.0	13000
三亚丙基二醇二丙烯酸酯（TRPGDA）	微小	2.5/8.0	2000
乙氧化三羟甲基丙烷三丙烯酸酯（TMPEOTA）	微小	2.6/8.0	10000
季戊四醇三丙烯酸酯（PETA）	中等	4.6/8.0	2000

续表

单体种类	刺激性	PII	LD_{50}（兔）/（mg/kg）
三羟甲基丙烷三丙烯酸酯（TMPTA）	中等	5.0/8.0	5170
1,6己二醇二丙烯酸酯（HDDA）	强烈	6.2/8.0	3600

注：PII，初期皮肤刺激指数，用来表示皮肤刺激性指数。

LD_{50}（兔），通过实验动物（兔）经口吸收，造成死亡率的50%来确定毒性的大小。

基于以上原因，UV油墨在普通彩色印刷上使用较少，但在罩光油、纸板盒、金属软管和金属薄膜板上大受欢迎，应用广泛。

UV胶印油墨的一例配方如下：

颜料　　　　　　　　　　　　　　　20%
P-甲苯磺酰胺-甲醛树脂　　　　　　　37%
二苯基乙醇酮甲基醚　　　　　　　　4%
二乙基羟胺　　　　　　　　　　　　0.4%
三羟甲基丙烷三丙烯酯　　　　　　　37%
环己酮　　　　　　　　　　　　　　1.6%

纸板盒用UV单张平版胶印油墨配方如下：

颜料　　　　　　　　　　　　　　　25%
多元醇丙烯酸酯　　　　　　　　　　27%
环氧丙烯酸　　　　　　　　　　　　40%
光聚合引发剂（混合剂）　　　　　　3.9%
甲基对苯二酚（稳定剂）　　　　　　0.1%
三羟甲基丙烷三丙烯酸酯（TMPTA）　 4%

UV油墨中的水性UV油墨是目前UV油墨领域研究的新方向。因为普通UV油墨中的预聚物黏度一般都很大，需加入活性稀释剂稀释，而目前使用的稀释剂丙烯酸酯类化合物具有不同程度的皮肤刺激和毒性，因此在研制低黏度预聚物和低毒性稀释剂的同时，另一个发展方向是研究水性UV油墨，即以水和乙醇作为稀释剂。目前水性UV油墨已研制成功，并在一些印刷企业中得到应用。

2. 电子束固化油墨

电子束固化油墨，简称EB油墨，是指在高能电子束的照射下能够迅速地从液态变为固态的油墨，是一种新型的环保油墨。EB油墨的主要优点是不污染环境，其成分中也不含危害人体的有机挥发物质，运行费用低、生产效率高、能耗低、印刷质量稳定、可重复性好、印刷品光泽度高、立体感强。

EB油墨的固化机理与UV油墨相同，所以油墨成分相似。不同的是EB油墨依靠能量更高的电子束射线使油墨在瞬间固化，由于电子束能量极高，油墨配方中不必加入光引光剂，其他成分完全与UV油墨相同。EB油墨在颜料的选择上要注意所选颜料必须在高能量电子束照射下，颜色不发生变化。连结料方面，EB油墨则选择流动性较好的丙烯酸类树脂和组合型活性稀释剂单体。

除了不需要光引光剂外，EB油墨的1/200s内的固化速度也远远优于UV油墨。另外EB

油墨所使用的电子束干燥属于冷加工，其耗能和释放的热量都比较小，同时散发的气味也较小。EB油墨的缺点主要是对配套的固化设备要求比较高，为保障人身安全，需要昂贵的照射防护装置，印刷时还需要通入惰性气体，否则固化效果差，墨层发黏和发黄。

随着EB油墨的原料和配套设备的降价以及设计配方的进一步成熟，将成为可以大力推广的实用、经济型油墨。现在EB油墨在软包装印刷中呈不断增长的趋势。EB油墨优越的性能以及较高的生产效率，为其提供了更为广阔的市场。相信EB油墨应用范围将会进一步扩大，成为未来新型的环保油墨中的主导品种。

二、金银墨

金银墨以能够表现印刷品的特殊金属质感为特点，目前在印刷品中普遍使用，如图3-3-2中银墨在银行卡上的应用。

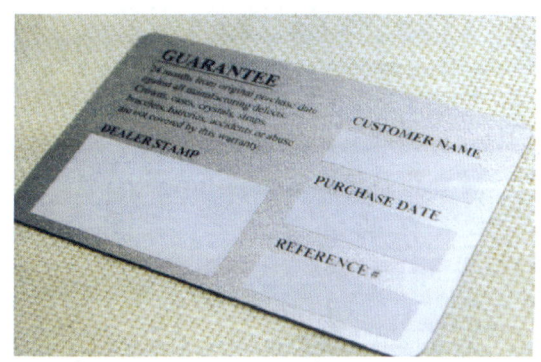

图3-3-2　银行卡

金墨中的金粉由一定比例的铜和锌组成，并根据铜、锌比例不同又分为青金和红金，如图3-3-3所示。其中青金中锌的比例较高，红金中锌的比例较小。另外，金粉还可由铝粉和透明的黄墨组成，但光泽度不如前者。银墨中所采用的银粉实际上就是铝粉，如图3-3-4所示。由65%的片状铝粉与35%的挥发性碳氢类溶剂组成，其密度较小，易于在连结料中漂浮。金银墨的连结料称为调金油或调银油，主要成分是油、树脂、有机溶剂和辅助材料。一般采用酸性值或胺值极低的树脂，如硝酸纤维素、聚醋酸乙烯、聚酰胺树脂。在金银墨的配制过程中常会用到亮光浆，用来改善油墨的光泽度。在改善油墨流动性方面，一般采用邻苯二甲酸二丁酯和0号调墨油，同时也要加入一些干燥剂，加速油墨干燥。下面是一例金银墨的配方：

青铜粉（800～1000目/in）	55%
树脂调墨油（低酸值）	30%
胶质油	9%
号外调墨油	3%
催干剂（钴干燥剂）	3%

红金

青金

图3-3-3　金粉

国产银粉

图3-3-4 银粉

在印刷金银墨时要注意控制印刷环境温湿度和印刷速度。一般来说，相对湿度控制在55%~60%，温度控制在20~28℃为宜。湿度过高，空气中水蒸气的含量高，容易使金墨发生变色，而且还会影响纸张承印物材料的含水量，发生变形，从而造成套印不准等故障。如果湿度太低，空气太干燥，容易发生静电现象。特别是在PVC卡上用丝网进行银墨印刷时静电现象非常严重。同时，印刷速度不能太快，否则由于摩擦作用而产生的热量不断积累，很容易使金墨氧化变黑，不仅影响金属光泽，还有可能造成糊版。

三、珠光油墨

珠光油墨是特种油墨中的一部分，其印刷品具有细腻的珍珠般光泽和较强的光折射率，能够提升印刷品的档次，主要用于印刷高档包装、商标和画册等。

与普通油墨一样，珠光油墨也是由颜料、连结料、填充料和助剂等物质组成并具有一定流动度的浆状胶黏体。不同的是，珠光油墨的颜料采用的是特殊的珠光颜料。这种颜料是一种既不溶于水也不溶于连结料的新型颜料，这种颜料可以再现珍珠、贝壳等所具备的珍珠光泽。早在17世纪，欧洲大陆就开始制造珠光颜料，目前最普遍的珠光颜料是由锐钛型或金红石二氧化钛包覆云母薄片构成的，能够表现出多种细腻、柔和的银白光泽，这种高雅大方的色泽，越来越被人们所喜爱和接受。需要特别指出的是，由于珠光颜料是片状结构，非常脆，极容易破损，在分散过程中，不允许像普通油墨那样进行研磨，否则会破坏珠光颜料的结构，影响印刷品的光泽和珠光效果。胶印珠光油墨的基本配方如下：珠光颜料20%~50%，连结料30%~70%，填充料10%~20%，助剂1%~10%。

由于珠光油墨颜料的特殊性，珠光油墨的印刷适性并不是很理想。首先，珠光油墨不适合网目调印刷。这是因为珠光油墨所用颜料是片状的锐钛型或金红石二氧化钛包覆云母薄片，所以珠光颜料需要有序地排列之后，才能使印刷品达到满意的珠光效果。而网目调印刷不利于颜料的有序排列，因此珠光油墨比较适合实地色块的印刷。其次，珠光油墨印刷中特别容易出现印刷品粘脏现象，这是因为胶印珠光油墨的黏性小，流动性大，珠光颜料的颗粒大，且多用来印刷实地，用墨量大，一般为普通胶印油墨的2~3倍，印刷墨层相对较厚，容易发生粘脏。所以，要适当喷粉，并控制适当的堆叠高度。珠光油墨在印刷中还要注意控制好印刷车间的温湿度和润版液的用量，珠光油墨的印刷墨层比较厚，油墨的干燥速度较普通胶印油墨慢，此时不可用添加干燥剂的方法调整，而是需要控制纸张和印刷环境的温度、湿度。环境温度应当控制在（25±3）℃、相对湿度控制在55%左右为最佳。由于胶印珠光油墨比较稀软，在印刷过程中容易发生乳化，所以在不脏版的情况下，把给水量控制到最小，润版液的pH调整到5左右比较适宜。

随着我国印刷业的蓬勃发展，珠光油墨的市场前景也被业内人士看好，特别是在高档化妆品的外包装、高档商标和宣传品的印刷方面，珠光油墨具有较强的竞争力和发展潜力。虽然目前珠光油墨的市场占有率和用量还比较小，但是，珠光油墨属于今后发展速度快的油墨行列，增长速度将超过20%。近几年来，新型云母钛珠光颜料的诞生，使珠光颜料的产品质量和档次上升到一个新的高度。其中，默克集团开发的Iriodin&Pearlets系列珠光油墨颜料预制剂使珠光油墨的印刷适性有了极大的提高，Iriodin&Pearlets系列可用于水性珠光油墨、溶剂型珠光油墨和UV固化珠光油墨。和传统的干粉状珠光颜料相比，Iriodin&Pearlets系列具有以下优点：① 操作简便、无粉尘；② 可以精确地计量控制，减少浪费；③ 在油墨中具有优异的分散性，不需润湿；④ 最短的配墨时间；⑤ 减少沉淀现象，便于油墨重复使用；⑥ 更优异的珍珠光泽效果。

另外，默克集团还在传统粉状Iriodin珠光颜料基础上为胶印珠光油墨开发了Pearlprint Litho 系列颜料预制剂，使胶印珠光油墨具有良好的印刷适性和更好的光泽效果。

四、荧光油墨

荧光油墨是指在可见光或紫外线的照射下可发出荧光的油墨。作为一种特种油墨，荧光油墨主要应用于防伪和包装印刷领域（如应用于钞票、银行支票、邮票、证卡，以及高级烟、油、药品、化妆品等名牌商品的防伪和包装印刷等），可采用凹印、胶印、柔印、丝印等印刷方法。

荧光油墨的主要成分是荧光颜（染）料，它是功能性发光颜料，与一般颜料的区别在于当外来光（含紫外光）照射时，吸收一定形态的能，不转化成热能，而是激发光子，以可见光形式将吸收的能量释放出来，产生不同色相的荧光现象。不同色光结合形成异常鲜艳的色彩，而当光停止照射后，发光现象即消失。

荧光油墨是使用荧光颜料加入一定比例的高分子树脂连结料、填充料、稳定剂和干燥剂，研磨加工或用制墨三辊研磨机加工而成。根据其分子结构的不同可分为无机荧光颜料和有机荧光颜料。无机荧光颜料又称为紫外光荧光颜料，它是由金属（锌、铬等）硫化物或稀土氧化与微量活性剂配合，经煅烧而成，无色或浅色，在紫外光照射下呈现不同颜色。其稳定性好，但在油性介质中难以分散，耐水性差，对版材有一定磨损和腐蚀。有机荧光颜料又称日光型荧光颜料，主要是含有荧光染料的合成树脂固溶体，是由荧光染料（荧光体）充分分散于透明、脆性树脂载体中而制成，当日光照射时，发射不同于普通颜色的高亮度可见光，通过适当掺和或配以适量的非荧光颜料，可得到不同色调的荧光颜料。有机荧光颜料特点是容易合成，在油性介质中分散性好，但多是日光激发，目前多数稳定性不好。此外，还有有机稀土荧光络合物，它具有制备简单、易细化、在油性介质中分散、溶解性好、在可见光下无色、在紫外光激发下表现出较强的荧光效果且稳定性高等优点，但成本较高，并且由于有机稀土荧光络合物荧光墨黏度小，极易在印刷中引起乳化而产生浮脏或墨辊脱墨现象，特别是无色透明墨，需常检查，以防止出现由于脱墨而产生的漏印现象，所以，这类荧光墨一般不适合平版印刷。

目前，荧光油墨的主要印刷方式为网版印刷。这是因为网版印刷具有印刷墨膜厚的特点，非常适合荧光油墨印刷。经网版印刷的荧光油墨印刷品可形成均匀一致的油墨膜层，这是良好的光泽、稳定性和耐风化性所需要的。同时，理想的荧光油墨承印物是白度高的纸张和乙烯类薄膜，在这些承印物上印刷可获得较好的印刷效果。下面是荧光丝网油墨的配方：

荧光丝网油墨：
色料由荧光染料制成的固体颜料45%
连结料乙基羟乙基纤维素5%
松香季戊醇酯16%
石油溶剂28%
丁基溶纤剂3%
甲苯3%

应用荧光油墨进行印刷时应注意以下几个方面：

（1）在使用荧光油墨前，必须彻底洗净墨辊、印版等相关部件，以免混入其他颜色，当然最好使用新墨辊。

（2）荧光油墨和普通有色墨的颜色搭配时以无色红印油墨荧光效果最好。无色红印蓝墨或无色蓝印红墨荧光效果较差。底色的深浅不同，对荧光亮度有较大影响，油墨底色越深荧光效果越差。另外要注意，荧光油墨不能与大量普通有色油墨混合配色，并尽量不要与一般的油墨混合使用，否则会失去荧光效果。

（3）由于荧光油墨耐光性差，不适于使用在长期在室外使用的印刷品上。另外，当承印物是透明物体时，在印刷荧光油墨前最好先印一层白色油墨，可提高荧光效果。荧光油墨不宜使用干燥剂，最好不加罩光油或用透明度较好的亮油。

（4）为提高印刷效果，要合理安排印刷色序。纸张印刷时，荧光油墨一般作最后色印，否则会被其他油墨遮盖，影响发光效果。透明塑料印刷时，情况有所不同。外印时荧光油墨作最后一色；内印时，作第一色。荧光油墨用于底色时，如能用同类色进行印刷，颜色饱和度可提高，耐光性也有所改善。

（5）注意控制印刷压力。由于无机荧光物等是晶体发光的，若压力过大，会使晶体破裂，从而使发光亮度降低，所以一般不采用凸版印刷。而在进行网印、凹印等印刷时，除注意其黏性、连结料、干燥性等特性外，还要注意印刷压力的调节，不宜使印刷压力过大，影响印刷效果。

（6）控制印刷速度。由于荧光墨流动性大，干燥较为缓慢，如果墨层较厚，快速印刷时容易因墨未完全干燥而产生铺展造成糊版，所以印速不能太快。

近年来，荧光油墨在广告和防伪印刷领域应用广泛，荧光油墨技术也不断地向前迈进。如今，电子油墨的生产技术已应用于荧光油墨的生产上，使其质量和功能有更大的提高。

五、示温变色油墨

示温变色油墨，又叫热敏油墨，是一种能在温度变化下发生颜色变化的特种油墨。示温变色油墨在超温报警、指示食品温度、日用工艺品、测量物体表面温度分布情况和防伪标识等方面应用广泛。例如将医学用的针头、针管等放入包装袋中用蒸气灭菌，当温度达到灭菌要求时，袋上的示温油墨就改变颜色，说明袋内的医疗器械已经完成消毒灭菌处理。

示温变色油墨分为无机、有机、液晶三大类。无机类变色油墨的示温材料是重金属盐类，本身有较强的毒性，而且该材料与油墨连结料的亲和性不好，印刷适性差。有机类变色油墨的示温材料的变色温度低，无毒，是适合制造印刷油墨的变温材料。颜料受热发生颜色变化的情况很常见，但作为示温变色油墨的颜料必须具备下列条件：首先，对热作用要敏感，在常温下有固定明显的颜色，且当达到预定温度时变色要迅速；其次，要有明显的变色界限，即变色温度区间要窄，变色前后色差要大；最后，对外界环境耐抗性要强，在光照、潮湿气候条件下性能稳定，不分解，不褪色。下面是一例变色油墨配方：

碱性品红0.1g

二氧化钛1000g

虫胶液781g

镉黄1g

该油墨在温度从80℃升至90℃时，颜色从青莲紫色变为浅蓝色。

下面是当前航空应用最广的一种多变色示温油墨，组分内含5种颜料，在400～600℃范围内出现5种颜色。

酞菁绿0.4g

镉红2g

中性碳酸铅2g

草青1g

氧化钙1g

HW-28树脂3.84g

无机类和有机类变色油墨以前多采用丝网印刷，现在也采用凹版印刷；另外，随着柔性版印刷技术的发展，柔印工艺也将成为这类油墨一种主要的印刷手段。

液晶变色油墨的示温材料是液晶，一般由胆甾醇型液晶制成。液晶油墨不是以墨层颜料构成彩色图文的，这是一种以墨层中的液晶感温，引起有序排列分子方向的改变，有选择性地反射特定波长的可见光，吸收其他波长的光的光学特性，而呈现色彩变化的特种油墨。制作时为了不让液晶被其他物质污染，保证成色效果，需将液晶包覆在微球胶囊里，再与连结料混合制成所谓的微胶囊型油墨。

液晶变色油墨由于其微胶囊结构宜采用丝网印刷工艺。在印刷时应注意墨量要一次性装够，中途最好不要补墨，否则会起泡。干燥最好采用自然干燥方式，也可用40℃左右温风烘干，千万不可高温急剧加热。干燥后尽量不要重叠堆放，裁切时也应尽可能减小压力，以免破坏其胶囊结构。

示温变色油墨作为一种新型的特种油墨，正向示温精确化、环保化方向发展。在未来的印刷领域中将会有更大的发展空间，应用范围也会越来越广。

六、导电油墨

导电油墨又称为导电胶，是指印刷于非导电体承印物上，使它具有传导电流和排除积累电荷能力的油墨。导电油墨一般是印在塑料、玻璃、陶瓷或纸板等非导电体承印物上。随着科学技术的发展，导电油墨正参与电子标签、射频识别（RFID）方面的应用，甚至或许在某一天，我们熟知的集成电路，也将全部由导电油墨印刷而成。

导电油墨主要由导电材料、黏合剂、溶剂及助剂组成。导电材料按导电性能不同可分为导体和半导体，按导电材料性质不同可分为无机颜料系和有机颜料系两类。

在无机系导电材料中，金属材料是具有代表性的良导体，如Ag、Cu、Au、Al、Pt、Pd等，除此之外，还有无机半导体Ge；非金属中有无定形碳、石墨、氧化锡、氧化铟等。有机系导电材料从导电材料结构看可分为两种类型：π电子共轭体系和分子间化合物。π电子共轭体系包括：乙炔及其衍生物的聚合物，例如聚乙炔、聚苯乙炔；热解聚合物，例如聚丙烯腈在600℃真空中的热解产物；含金属的多共轭聚合物，例如聚酞菁铜。这一类材料的共同特点是具有大的共轭双键，其中π电子可在共轭体系中自由运动，故具有导电性能。分子间化合物，称为传荷配合物。例如，分子间化合体系T.T.F和T.C.N.Q自由基-阴离子盐的堆叠结构。这类材料是由一个电子给予体（D^+）和一个电子接受体（A^-）作用后发生电荷转移而形成的。

黏合剂是组成导电油墨的主要成膜物质，有天然树脂、合成树脂、碱金属硅酸盐等。

溶剂是用来溶解树脂黏合剂的，因此溶剂必须具有能溶解树脂的能力；另一方面，溶剂不能使导电材料的导电性变得不稳定，降低墨膜的物理化学性能。对于溶剂的选择还要考虑溶剂挥发速度对印刷适性的影响。

导电油墨按干燥固化条件的不同可分为低温干燥型、高温烧结型和紫外线或电子束固化型三大类；按导电材料的性质分类可分为无机系导电油墨和有机系导电油墨。目前，使用较多的是无机系导电油墨，如以导电炭黑、银粉为导电材料的油墨。

导电油墨主要以丝网版作为其印刷方式，现在可以用这种方式印刷薄膜开关、全动式薄膜键盘、接触式传感面板、精细印刷、多层电路及装潢艺术面板等。

导电油墨和导电印刷作为一种新材料、新技术，在微电子产品领域的应用是多种多样的，除上述列举的各种用途外，还可用于厚膜电阻的印制、面状发热体的应用、通孔的导电印刷、线路的修补、印刷扁平电缆、塑料电镀打底、低成本太阳能电池、液晶显示器用电极以及红外线探测器敏感元件等。最近，导电转印箔的出现，又为塑料、陶瓷、玻璃等物体表面转印导电图形，提供了既方便又实用的新材料。

七、磁性油墨

磁性油墨属于磁性记录材料，主要用于信用卡等制卡材料上的编码印刷而形成的磁性文字信息，通过磁性文字识读装置来解读信息。磁性油墨是在20世纪60年代前后发展起来的。当时，人们致力于解脱银行和邮政业务简单而繁琐的劳动，实现了银行票据自动分类和邮政业务处理自动化。磁性油墨之所以有磁性，是由于油墨配方中所用的颜料在经过磁场处理后具有保留磁性的能力的缘故。

磁性油墨的组成与普通油墨相同，即由颜料、连结料、填充料和助剂组成。不同的是，磁性油墨所用的颜料不是一般的色料，而是具有强磁性的颜料。最好的磁性颜料是氧化铁黑（Fe_3O_4）和氧化铁棕（Fe_2O_3）。这些颜料大多为小于1μm的针状结晶，这样的颗粒大小和形状使它们极易在磁场中均匀排列，从而得到较高的残留磁性。带有这种残留磁性的符号与数码通过自动处理装置内的摩擦作用而实现辨认识别功能。我们在银行卡或存折处理业务时划磁条的动作就是这样的识别过程。下面是平印磁性油墨的一个配方：

炭黑11%

铁蓝1%
氧化铁50%
醇酸树脂27%
亚麻油10%
卵磷脂1%

磁性油墨通常采用平版、凸版两种印刷方式，现在也有用孔版和凹版的印刷方式。由于磁性油墨中磁性颜料的密度比较大，导致油墨的流动性差，所以颜料与连结料的配比上要精益求精，使生产出来的磁性油墨与其采用的印刷方式相适应。

随着社会和科技的进步，人们对印刷品的特殊需求也将越来越强烈，特种油墨也将迎来一个跨越式的进步阶段。在这个阶段，新的产品出现和原产品的改进将呈现百花齐放的局面。

知识点6⊕数字印刷油墨

数字印刷这个概念到目前为止国际上还没有最后的标准定义，主要存在两个观点：一个是计算机行业的观点，在计算机行业人们把数据输出到纸上的技术过程均称为数字印刷，不管它是黑白的还是彩色的，因此人们也把这种意义上的数字印刷机称为打印机；另一个是印刷行业的观点，在印刷行业，人们则把由数字信息代替传统的模拟信息、直接将数字图像信息转移到承印物上的印刷技术叫做数字印刷。尽管如此，这并没有阻碍数字印刷的飞速发展，也不能阻碍客户对它的喜爱。2005年8月18日，经中国科学技术协会和中华人民共和国民政部批准，中国印刷技术协会数字印刷分会在北京成立，这标志了数字印刷在中国印刷业已占据了重要地位。作为印刷数字流程的完美体现，数字印刷已成为印刷界一种主流的发展趋势。

作为数字印刷过程中的重要元素，数字印刷油墨近几年的发展可谓日新月异，数字印刷油墨技术已日臻成熟。

数字印刷的成像原理包括静电成像、喷墨成像、热成像、电子照相、电凝聚成像和磁记录成像六种，其中又以静电成像、喷墨成像和热成像三种为主。这三种成像方式所使用的油墨在组成、性能等都各有不同。

静电成像：静电成像是应用最广的数字印刷成像技术。它利用激光扫描法在光导体上形成静电潜影，再利用带电色粉与静电潜影间的电荷作用形成潜影，转移到承印物上即完成印刷。以显影方式不同分为两种，一种是采用电子油墨显影，分辨力达800dpi，以HP Indigo为代表；另一种是采用干式色粉显影，分辨力为600dpi，Xeikon、Xerox、Agfa、Canon、Kodak、ManRoland和IBM等的数字印刷机都采用此方法。无论采用哪种方法，曝光后均会在表面产生可吸附或可排斥带电粒子的潜像，成色剂可以由固态颗粒载体直接转移到承印物表面，或将其混合在液态介质中形成液态油墨而转移到承印物上。

喷墨成像：喷墨成像是油墨以一定的速度从微细喷嘴有选择性地喷射到承印物上实现油墨影像再现。喷墨印刷分为连续喷墨印刷和按需喷墨印刷。连续喷墨系统是利用压力使墨水通过细孔形成连续墨流，高速下墨流变成细小液滴，之后使液滴带电，带电的墨滴可在电荷板控制下喷射到承印物表面需要的位置而形成打印图文。墨滴偏移量和承印物上墨点位置由墨滴离开细孔时的带电量决定。按需喷墨与连续喷墨的不同在于作用于储墨盒的压力不是连续的，而是受成像数字信号的控制，需要时才有压力作用而喷射。按需喷墨由于没有墨滴偏移，可省去墨槽和循环系统，喷墨头结构相对简化。

热成像：热成像是以材料加热后物理性能的改变在介质上成像的，分为直接热成像和热转移成像。直接热成像是使用经专门处理的带有特殊涂层的承印材料，加热后涂层发生颜色转变。热转移成像的油墨涂布于色带上，对色膜或色带加热即转移到承印材料上，成像质量可达照片级。

以满足上述数字印刷成像原理为基础，数字印刷油墨包括干粉数字印刷油墨、液态数字印刷油墨、固态数字印刷油墨、电子油墨、UV/EB油墨等。

1. 干粉数字印刷油墨

干粉数字印刷油墨由颜料粒子、有助于电荷形成的颗粒荷电剂与可熔性树脂混合而形成的干粉状油墨。带有负电荷的墨粉被曝光部分吸附，形成图像，转印到纸张上的墨粉图像经加热、定影后墨粉中树脂熔化，固着于承印物上形成图像。

2. 液态数字印刷油墨

液态数字印刷油墨常用于喷墨印刷，油墨种类与喷墨头结构有关。喷墨头可分为热压式和压电式两大类，而压电式又可分为高精度和低精度。如EPSON的喷头属于高精度喷头，而Xaar及Spectra的喷头属于低精度喷头。高精度喷头多采用水性染料或颜料油墨，后者以溶剂型的颜料油墨居多。

（1）水性液态数字印刷油墨　水性油墨主要由着色剂（相当于普通油墨中的色料）、水、助剂组成。

着色剂主选染料，因其在水或溶剂中是完全溶解的，可以以大分子的形式与水或溶剂很好地融合而显现出良好的着色性。选用的着色剂可以单独使用，也可以选用两种或两种以上的着色剂组合使用，颜料粒子的平均直径优选50~500nm，其含量根据油墨用途或印刷特性适当选择，相对于油墨组合物总重量的1%~10%。

虽然水性油墨的主要连结料是水，但仍需添加适量的有机溶剂来改善性能，添加的量为油墨重的0.1%~1%。

助剂主要有表面活性剂、分散剂和pH调节剂等。其中表面活性剂以苯磺酸盐、氧化烷基胺和铵盐、炔二醇、含氟表面活性剂为主，一般为油墨重的0.1%~1%。分散剂的作用是保证颜料基的水性油墨中的颜料在水中的分散稳定性，一般为油墨重的0.05%~2%。pH调节剂又称为缓冲剂，一般采用无机酸或碱来调整油墨的pH。

下面是一例水性油墨的配方：

染料4%

去离子水74.5%

乙二醇20%

苯磺酸钠0.5%

硼酸钠0.5%

螯合剂0.5%

（2）油性液态数字印刷油墨　油性油墨主要由着色剂、溶剂、助剂组成。油性油墨中着色剂和助剂的选用与水性油墨基本类似。不同的是，连结料的主体由水换成了有机溶剂，所占油墨重的比例为50%~99%。

下面是一例油性油墨的配方：

颜料4%

混合有机溶剂93.1%

聚酯类高分子化合物2.4%

聚环己烯衍生物0.5%

热成像数字印刷油墨中的热升华油墨也是采用的液态数字印刷油墨，与喷墨数字印刷油墨不同的是着色剂和助剂的选用。热升华油墨需采用专门的着色剂。下面是一例热升华数字印刷油墨的配方：

分散蓝AC-E10%

水76%

三氯甲烷2.5%

乙二胺四乙酸3%

羧甲基纤维素钠3.3%

多元醇2%

焦磷酸钾1%

乳化硅油2.2%

3. 固态数字印刷油墨

固态数字印刷油墨主要应用于喷墨印刷，其在常态下呈固态。印刷时油墨加热，黏度减小后而喷射到承印物表面上。

固态数字印刷油墨由着色剂、荷粒电荷剂、黏度控制剂和载体等成分组成。

着色剂：采用液态油墨中的颜料和不溶的染料作为着色剂。

颗粒电荷剂：固态喷墨印刷油墨中的颗粒电荷剂包括金属皂、脂肪酸、卵磷脂、有机磷化合物、琥珀酰亚胺、硫代琥珀酸盐、石油磺酸盐或其混合物，其主要作用是有助于荷电过程的顺利实施。

黏度控制剂：包括乙烯乙酸酯共聚物、聚丁二烯、聚异丁烯或其混合物。

载体：在固体喷墨油墨中，载体的作用与液态油墨中的溶剂的作用相同，包括低熔点的蜡或树脂。蜡或松香来自于低相对分子量的聚乙烯、氢化的蓖麻油、石蜡、松香以及乙烯乙酸酯共聚物或其混合物。

下面是一例固态喷墨油墨的配方：

颜料5g

6%辛酸锆5g

黏度控制剂9g

石蜡81g

4. 电子油墨

电子油墨是用于印刷涂布在特殊片基材料上作为显示器的一种特殊油墨，由微胶囊包裹而成，其直径在纳米级。微胶囊内有许多带正电的白色粒子和带负电的黑色粒子，且分布在微胶囊内透明液体中。当微胶囊充正电时，带正电的微粒子聚集在朝向观察者一面，而显示为白色；充负电时，带负电的黑色粒子聚集在观察者一面，而显示为黑色。粒子的位置及显示的颜色由电场控制，控制电场由高分辨力的显示阵列底板产生。

5. UV/EB油墨

UV/EB油墨同属于能量固化油墨，将这两种油墨应用在喷墨数字印刷油墨上最大的特点是稳定性好，只在紫外线或电子束照射下固化的优势可以有效避免打印头堵塞，延长打印头的实际使用寿命。不足之处是采用UV/EB油墨打印将导致印刷速度降低，比如说油墨供应环节的限制以及大量油墨通过打印头的速度等。目前，Xennia的新型XenJet Vivide系列CMYK颜料型UV固化油墨已经通过了Xaar公司的认证，并将这种新油墨用在Omnidot 760打印头上。

在欧洲及美、日等发达国家，数字印刷已成为按需印刷、个性化印刷、可变数据印刷的主选印刷方式。中国的数码印刷装机量也正成倍增长，虽然数码印刷收入只占中国印刷业份额的1%～2%，但也显示了中国数字印刷还处于发展初期，发展空间巨大。当前，世界各大油墨厂商加快了数字印刷油墨的研发和生产。有理由相信，数字印刷油墨将伴随、甚至推动数字印刷技术的发展。

知识拓展

2021年中国油墨行业市场规模现状、竞争格局及发展趋势

1. 中国油墨产销衔接较好　市场规模持续攀升

在印刷业快速发展的推动下，我国油墨行业快速发展，目前我国已经成为全球第二大油墨生产国。根据中国油墨协会公布的数据显示，2019年我国油墨产量达79.4万t，同比增长3.4%，2020年我国油墨行业产量约为80万t，同比增长0.8%，如图3-3-5所示。

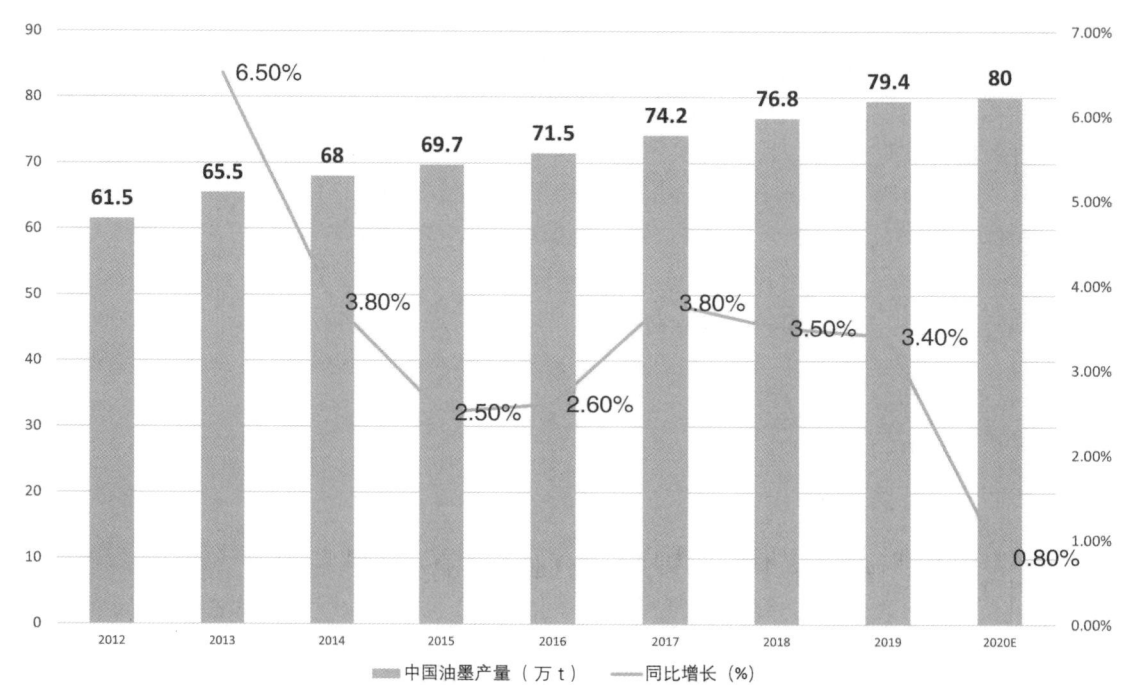

图3-3-5　2012—2020年中国油墨行业产量

从产销率来看,我国油墨行业产销衔接较好,2012年以来,我国油墨行业产销率均在99%以上,2019年油墨行业产销率达110.02%,较2018年有所下滑,如图3-3-6所示。

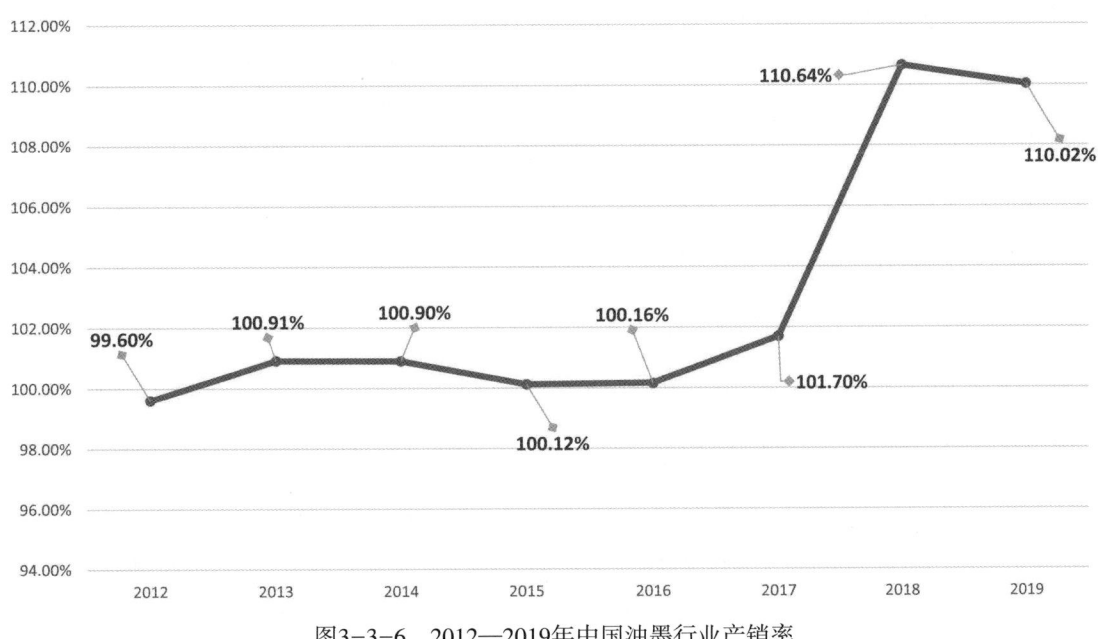

图3-3-6　2012—2019年中国油墨行业产销率

根据国家统计局公布的数据显示,近年来我国油墨行业规上企业销售收入逐年增长,市场规模不断扩大。2019年我国油墨行业规上企业实现销售收入433.71亿元,同比增长3.21%,估计2020年我国油墨行业规上企业销售收入约为436亿元,如图3-3-7所示。

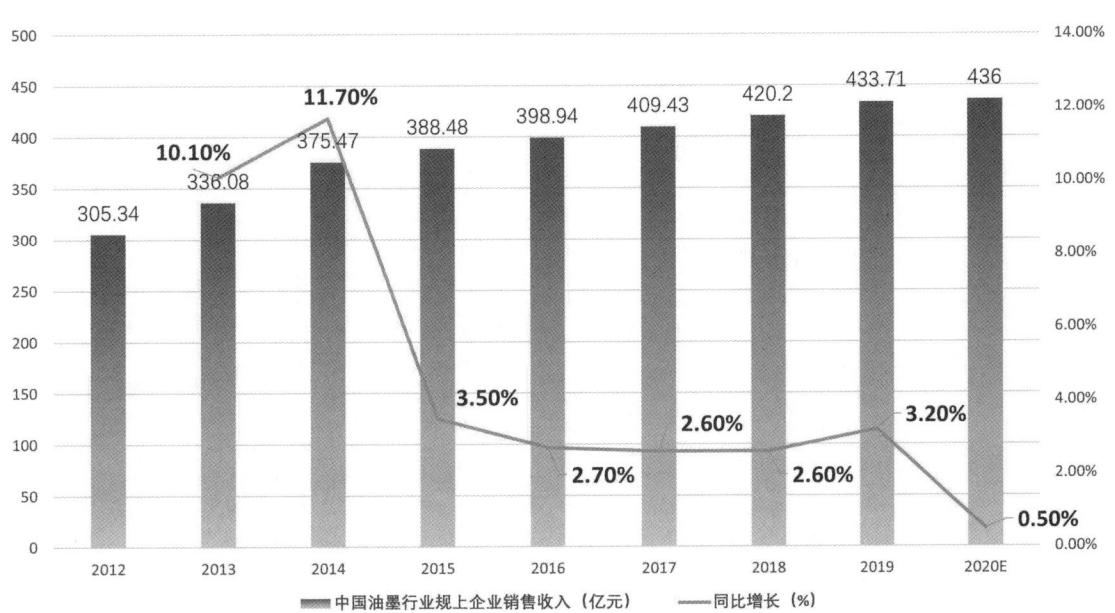

图3-3-7　2012—2020年中国油墨行业规上企业销售收入情况

2. 环保高压促使UV油墨市场崛起

为了配合经济发展的新要求、新局面，近些年来国务院等出台一系列政策规范，引导油墨行业健康有序发展，旨在淘汰一批污染严重的油墨生产企业，加快环保建设的步伐，为经济建设服务，促进我国经济更好更快发展，如表3-3-4所示。

表3-3-4　　2015—2020年油墨行业主要政策汇总

时间	政策名称	主要内容
2015年	《挥发性有机物排污收费试点办法》	污染油墨将逐渐退出，环保油墨在政策引导下，迎来大发展格局
2016年	《国家重点支持的高新技术领域》、《重点行业挥发性有机物削减行动计划》	重点扶持环保型油墨
2016年	《环境标志产品技术要求胶印油墨》（HJ2542-2016）	对胶印油墨生产过程、产品中有毒有害物质限量及包装与说明等提出了要求
2017年	《国家"十三五"时期文化发展改革规划纲要》	对于油墨行业的下游市场有着较大的促进作用，同时刺激着油墨行业的发展
2017年	《印刷业"十三五"时期发展规划》	印刷业作为油墨行业的主要应用领域之一，要求更加智能化、绿色化，对于环保的要求主要则集中在油墨行业，对于油墨行业的环保能力提出了较高的要求
2017年	《"十三五"节能减排综合工作方案》	《方案》提出，要全面推进现有企业达标排放，研究制修订农药、制药、汽车、家具、印刷、集装箱制造等行业排放标准，出台涂料、油墨、胶黏剂、清洗剂等有机溶剂产品挥发性有机物含量限值强制性环保标准
2017年	《涂料、油墨及胶黏剂工业大气污染物排放标准》、《挥发性有机物无组织排放控制标准》	规定了涂料、油墨及胶黏剂工业大气污染物排放限值、监测和监督管理要求
2018年	《环境标志产品技术要求凹印油墨和柔印油墨》（HJ371-2018）	本标准对凹印油墨和柔印油墨原材料、生产过程及产品中有毒有害物质提出了环境保护要求
2019年	《挥发性有机物无组织排放控制标准》、《涂料、油墨以及胶黏剂工业大气污染物排放标准》	要求加快推进重点行业挥发性有机物（VOCs）治理；制定实施重点行业VOCs综合整治技术方案，明确石化、化工、工业涂装、包装印刷等行业的治理要求
2019年	《产业结构调整指导目录》	政策颁布后，节能环保型油墨得到政策支持，利于行业淘汰落后产能，规范行业健康、可持续发展
2020年	《印刷工业污染防治可行技术指南》	本标准实施后，会有更多的企业选择在原辅材料、设备或工艺革新上进行调整，UV油墨、水性油墨、植物油基胶印油墨等原辅材料将逐步替代原有产品，油墨行业将迎来发展契机
2020年	《2020年挥发性有机物治理攻坚方案》	将低VOCs含量产品纳入政府采购名录，并在政府投资项目中优先使用；引导将使用低VOCs含量涂料、油墨、胶黏剂等纳入政府采购装修合同环保条款

在油墨行业污染防治要求不断提升的背景下,众多中小企业受到末端治理设备投资成本的压力也在积极寻求源头治理的途径,因此采取无溶剂油墨才是根本解决油墨行业VOCs排放的方法,具体替代方案主要包括:UV、EB、UV-LED等,如表3-3-5所示。

表3-3-5　　　　　　　　　　　溶剂型油墨及其替代方案比较

	溶剂型	水性	传统UV	UV-LED
安全性	安全	安全	不安全	安全
VOCs	80%	5%－30%	0	0
气味	高	中	中	低
能耗	1	2	0.5	0.1
成本	低	低	高	参考溶剂型产品
附着力	好	好	好	好
适印材料	通用	不适用PE、PP、PET、PVC	不适用PE、PP、PET、PVC	通用

UV油墨凭借固化速度快,不含溶剂、印刷时免喷粉等优势,在印刷行业得到广泛应用。根据中国辐射固化协会的不完全统计,2012年我国UV油墨产量为30935t,2018年我国UV油墨产量达67616t,2012—2018年年均复合增长率达13.92%,2019年我国UV油墨产量再创新高,全年产量达77420t,同比增长14.5%,2020年我国UV油墨产量约为83600t,如图3-3-8所示。

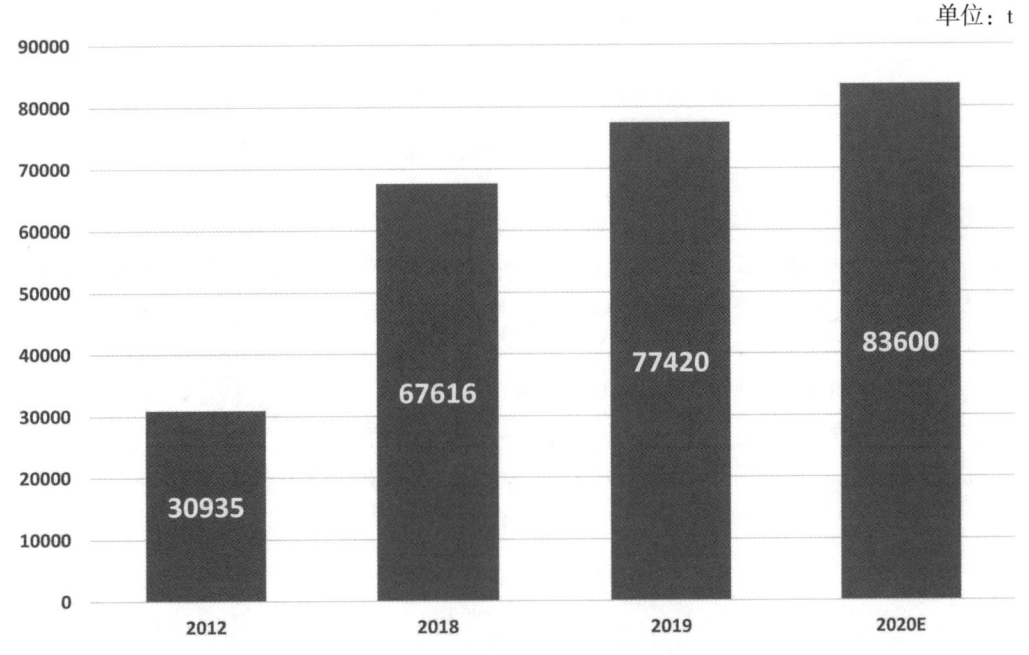

图3-3-8　2012—2020年中国UV油墨产量情况

UV油墨从用途上可分为两大类：UV印刷油墨和UV印刷电路板油墨。其中，用于印刷业的UV印刷油墨目前遍及平印（胶印）、凸印（包括柔性版印刷）、凹印、网印以及喷墨印刷的各个领域；而UV印刷电路板油墨主要用于电子行业印制电路板（简称PCB）。

随着全球电子信息产业从发达国家向新兴经济体和新兴国家转移，亚洲尤其是中国已逐渐成为全球最为重要的电子信息产品生产基地。伴随着电子信息产业链迁移，作为其基础产业的PCB行业也随之向中国、东南亚等亚洲地区集中。

自2006年开始，中国超越日本成为全球第一大PCB生产国，PCB的产量和产值均居世界第一。根据Prismark公布的数据显示，2019年我国PCB产值规模达329亿元，2020年PCB产值增加至约340亿元，其中PCB油墨占PCB产值的比重平均在3%左右，据此估算，2020年我国PCB油墨行业产值超10亿元，如图3-3-9所示。

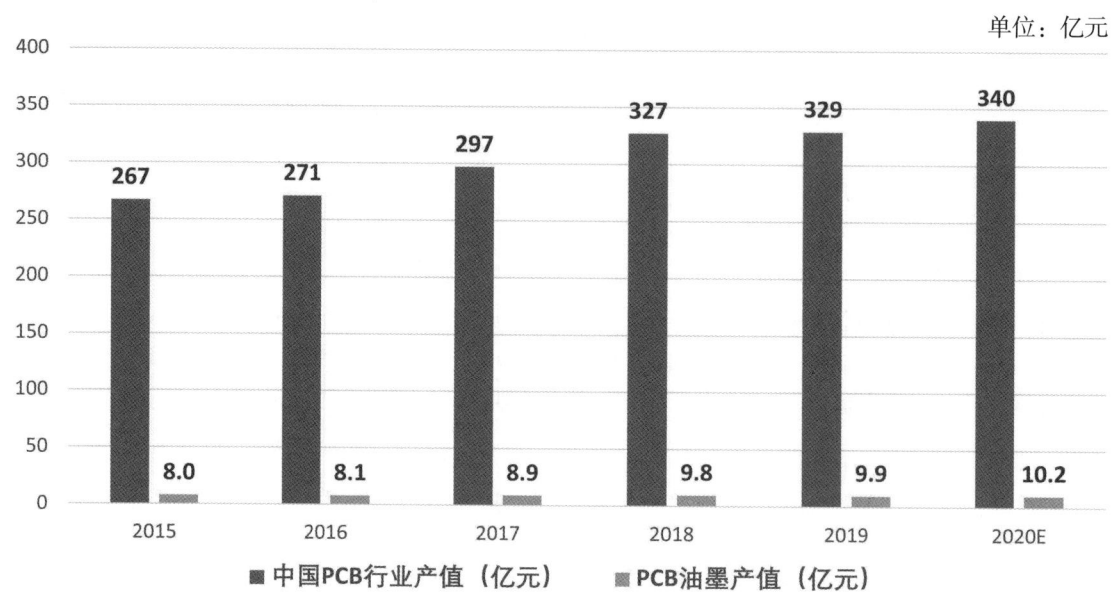

图3-3-9　2015—2020年中国PCB行业及PCB油墨产值

3. 中国油墨市场相对分散　企业竞争激烈

我国油墨行业最初主要以小规模企业为主，随着发展的需要，油墨企业不断提高自身技术水平，增强核心竞争力，逐渐发展壮大，总体来看油墨行业市场相对分散。近年来，在国家环保政策、淘汰落后产能等政策的推动下，许多低产能、高污染的油墨企业纷纷被市场淘汰，技术和生产实力较强的企业如上海紫江企业集团股份有限公司、河南新克耐实业股份有限公司等通过扩大生产，提升技术水平抢占市场，行业的市场集中度有所提升。

目前我国油墨行业具有一定影响力的品牌，2020—2021年中国油墨如下，如表3-3-6所示。

表3-3-6　　　　　　　　　2020—2021年中国油墨十大品牌

品牌名称	所属公司
洋紫荆	叶氏化工集团有限公司
天狮SKYEYLION	天津东洋油墨有限公司
DIC迪爱生	迪爱生投资有限公司
杭华油墨	杭华油墨股份有限公司
Flint富林特	富林特化学品(中国)有限公司
天龙油墨	广东天龙油墨集团股份有限公司
牡丹油墨Peony	上海牡丹油墨有限公司
新东方NewEast	新东方新材料股份有限公司
天女牌	天津天女化工集团股份有限公司
SAKATA阪田	阪田油墨（上海）有限公司

4. 中国油墨行业朝着更快、更广、更安全的方向发展

未来我国油墨工业的发展，除了增加产品外，将更注重于调整产品结构，主要在于提高生产集中度，加大研发力度，提高科技含量和产品质量及产品的稳定性，使之更好地适应当今多色、高速、快干、无污染、低消耗的现代化印刷业需要。总体来说，我国油墨行业的发展趋势如表3-3-7所示。

表3-3-7　　　　　　　　　　中国油墨行业发展趋势

全国印刷包装行业仍会继续发展，各种新型包装结构和创新模式会不断涌现是油墨行业发展的基础。前几年报墨和热固轮转油墨大幅下滑的局面得到改善。国内市场对包装的需求仍在增长，特别是国内的一些大的油墨厂商，更加关注油墨的性能和安全性。
油墨行业将继续沿着绿色环保型油墨为主线的发展思路前进，水性油墨、UV(LEDUV)/EB油墨和柔版等环保油墨将成为油墨行业的主要增长点。
环保治理和行业的规范经营将使油墨的成本有所上升，但也是油墨企业生存的必要保证，大型的油墨企业应该会得到更快、更多的发展机会。印刷包装行业的创新为油墨行业提供了更多的机会和挑战。
未来国内的油墨企业将朝着"三更"的方向发展：更快的印刷方式、更广的印刷应用、更安全的油墨品种。

参考文献

［1］郭伟，林润惠. 制浆造纸检验技术. ［M］. 3版. 北京：中国轻工业出版社，2019.
［2］王建清. 包装材料学. ［M］. 2版. 北京：中国轻工业出版社，2017.
［3］艾海荣. 印刷材料［M］. 北京：中国轻工业出版社，2015.
［4］唐裕标，艾海荣等.印刷材料［M］. 北京：中国劳动社会保障出版社，2005.
［5］［英］Bob Thompson 著. 印刷材料手册［M］. 杨永刚等译. 北京：印刷工业出版社，2006.
［6］刘武辉. 现代印刷材料［M］. 北京：印刷工业出版社，2007.
［7］严美芳. 印刷材料与印刷适性［M］. 北京：化学工业出版社，2006.
［8］周震等. 印刷材料［M］. 北京：化学工业出版社，2001.
［9］阎素斋. 印刷材料［M］. 北京：印刷工业出版社，2002.
［10］武军等. 包装印刷材料［M］. 北京：中国轻工业出版社，2007.
［11］沈希军. 油墨用松香改性酚醛树脂的研究［J］. 印刷技术，2006，8.
［12］杨红. 探索中国油墨业的未来之路［J］. 印刷技术，2007，9.
［13］王国庆. 印刷成本计算［J］. 北京：中国劳动社会保障出版社，2005.
［14］杨红. 我国包装印刷油墨市场未来发展趋势分析［J］. 中国印刷业年度报告，2014.
［15］齐福斌. UV固化技术的创新发展［J］. 印刷技术，2014，1.